浙江省高职院校“十四五”重点教材
高等职业教育“互联网+”创新型系列教材

变频与伺服控制技术

主　编　魏翠琴　王荣扬　何彦虎
副主编　孙勤良　贾少刚　简彦洪
参　编　沈琦琦　姚琦威　吴　侃

机械工业出版社

本书选用三菱公司 E840 变频器、FX5U PLC 和 MR-JE/J3 系列伺服驱动器作为载体，从变频器与伺服使用者的角度出发，介绍通用变频器的基础知识和基本操作与运行、常用功能解析、常用控制电路选择和使用技能、PLC 与变频器组成的综合调速系统、伺服电动机和步进电动机等内容。本书项目开发结合生产实际和技能大赛中典型的应用实例，按照理论到实践、设计到应用、由浅入深地阐述。

本书为校企专家团队合作编写的新形态教材，引入了企业真实的典型工程项目和典型的工作流程，引入了“现代电气安装与调试”技能大赛的典型案例，遵循了知识体系和项目体系双主线的原则，采用项目驱动、任务引领的编写模式，以职业活动为导向、以提高素质为基础、以提升能力为目标、以学生为中心、以项目为载体、以实训为手段设计本书体例结构，按照行动逻辑、工作逻辑、产学研融合逻辑编写本书微观结构和内容，并配有学习成果评价标准。

本书深入浅出、图文并茂，可作为高等职业教育电气自动化技术、机电一体化技术、智能控制技术等专业的教材，同时也可以作为相关职业技能培训教材或相关技术人员的参考用书。

本书配有电子课件、电子教案、模拟试卷及答案等，凡选用本书作为教材的教师，均可来电（010-88379375）索取或登录机械工业出版社教育服务网（www.cmpedu.com）注册下载。

图书在版编目（CIP）数据

变频与伺服控制技术 / 魏翠琴，王荣扬，何彦虎主编 . -- 北京 ：机械工业出版社，2025. 7. --（高等职业教育“互联网 +”创新型系列教材）. -- ISBN 978-7-111-78418-0

Ⅰ. TN773；TP275

中国国家版本馆 CIP 数据核字第 2025MZ0510 号

机械工业出版社（北京市百万庄大街 22 号　邮政编码 100037）

策划编辑：王宗锋　　责任编辑：王宗锋　王　荣

责任校对：韩佳欣　王　延　　封面设计：马若濛

责任印制：任维东

三河市航远印刷有限公司印刷

2025 年 8 月第 1 版第 1 次印刷

184mm × 260mm · 16.5 印张 · 428 千字

标准书号：ISBN 978-7-111-78418-0

定价：53.00 元

电话服务　　网络服务

客服电话：010-88361066　　机　工　官　网：www.cmpbook.com

010-88379833　　机　工　官　博：weibo.com/cmp1952

010-68326294　　金　书　网：www.golden-book.com

机工教育服务网：www.cmpedu.com

前 言

变频调速以其自身具有的调速范围广、精度高及动态响应好等优点，在许多需要精确控制速度的应用中发挥着提高产品质量和生产效率的作用。伺服控制则在印刷、包装等高端装备中得到了广泛使用。党的二十大报告指出“推动经济社会发展绿色化、低碳化是实现高质量发展的关键环节”。变频器与伺服技术能为企业实现“双碳”目标提供一条切实可行的道路。

本书共 8 个项目。项目 1 为认识通用变频器，具体包括认识变频器的电路结构、探究变频器的调速和节能过程、认识变频器产品；项目 2 为认识三菱 E840 变频器，包括认识三菱变频器家族成员、感知 FR-E840 变频器实物；项目 3 为用操作面板控制变频器运行，包括面板控制变频器点动正反转运行、连续正反转运行；项目 4 为用外部端子控制变频器运行，包括用外接开关、外接按钮、继电电路控制变频器正反转运行和外接开关控制变频器多段速运行；项目 5 为用 PLC 控制变频器运行，包括 PLC 与变频器的连接方式、FX5U PLC 开关量控制变频器正反转和多段速运行、FX5U PLC 模拟量控制变频器无级调速；项目 6 为用通信控制变频器运行，包括 RS485 通信，Modbus-RTU 通信和 CC-Link 通信控制变频器运行；项目 7 为伺服电动机控制系统安装与调试，包括伺服驱动器操作面板控制伺服电动机运行、PLC 控制伺服电动机正反转运行及精确定位；项目 8 为步进电动机控制系统安装与调试，包括认识步进电动机控制系统、PLC 控制步进电动机定位。

本书由湖州职业技术学院的魏翠琴、王荣扬、何彦虎任主编，湖州职业技术学院孙勤良、简彦洪以及浙江安防职业技术学院贾少刚任副主编，湖州职业技术学院沈琦琦、姚琦威，以及浙江久立集团吴侃参与编写。本书在编写过程中参考了大量的手册和相关书籍，在此向各位作者表示诚挚的感谢。

由于编者水平有限，书中难免存在不足，敬请广大读者批评指正，编者将不胜感谢！

编　者

二维码索引

（续）

序号	名称	图形	页码	序号	名称	图形	页码
17	PLC 控制变频器正反转运行		99	23	认识交流伺服系统		187
18	PLC 控制变频器可逆调速运行		108	24	认识交流伺服电动机		189
19	SFC 不同结构编程		116	25	认识交流伺服驱动器		191
20	PLC 控制变频器多段速运行 – 上		122	26	认识步进电动机		229
21	PLC 控制变频器多段速运行 – 下		123	27	认识步进驱动器		232
22	PLC 控制变频器无级调速		128				

目 录

项目 1

认识通用变频器

项目学习任务

- 任务 1.1　认识变频器的电路结构
- 任务 1.2　探究变频器的调速和节能过程
- 任务 1.3　认识变频器产品

项目学习目标

➢ **知识目标**

熟悉变频器主电路、控制电路中的主要元器件。

掌握变频器的工作原理。

了解通用变频器的节能原理、负载特性及使用场合。

了解通用变频器的调速原理和使用场合。

➢ **技能目标**

能根据负载特性选用变频器。

➢ **素养目标**

培养节能与环保意识，形成绿色发展、高质量发展理念。

了解碳达峰、碳中和。

任务 1.1　认识变频器的电路结构

本任务重点认识变频器主电路、工作原理和变频器中常用的新型电力电子元器件，简单了解变频器的基本电路结构和典型开关器件。

任务要求

对照一款变频器主电路和控制电路端子，深入理解变频器的主电路和控制电路结构，在实物上找到相应的端子；了解主电路各个环节的工作原理；认识逆变桥中常用的开关器件。

知识准备

变频器的基本结构与工作原理

1. 变频器的主电路

实际应用中，使用最多的是交－直－交结构的变频器，其主电路主要由整流电路、中间直流环节和逆变电路三部分组成，如图 1-1 所示。

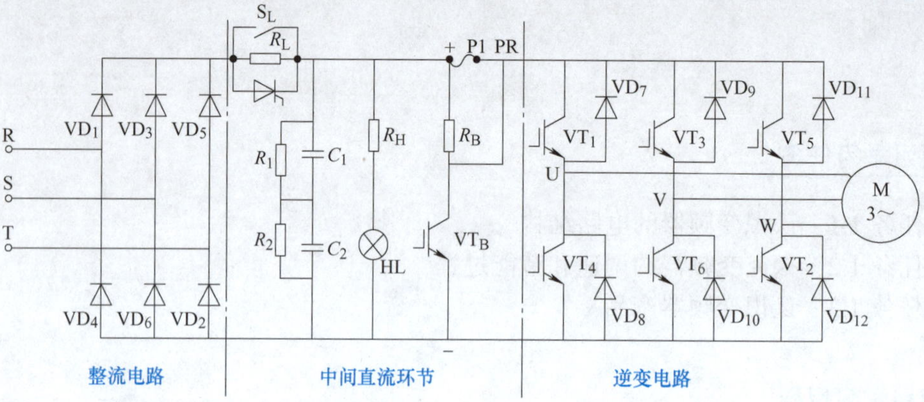

图 1-1　变频器主电路图

（1）整流电路　如图 1-2 所示，整流电路由 $VD_1 \sim VD_6$ 6 个二极管组成三相整流桥，采用二极管不可控整流的目的是提高功率因数。通过整流电路将三相 380V 工频交流电整流成直流电，如图 1-3 所示。

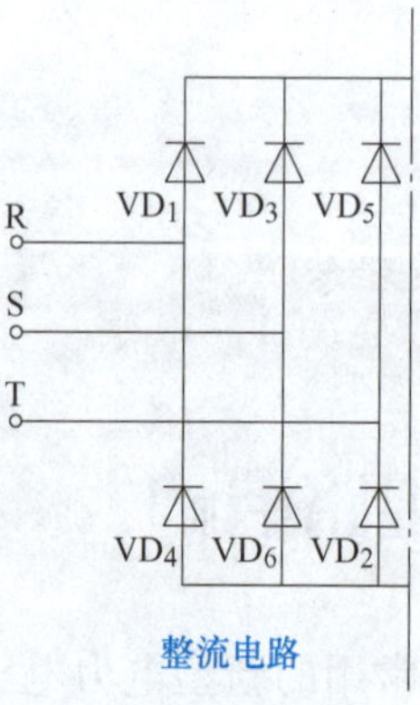

图 1-2　整流电路图

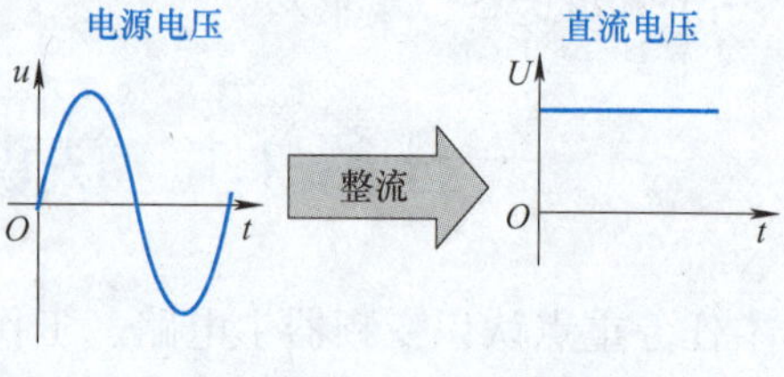

图 1-3　整流波形变换示意图

（2）中间直流环节　中间直流环节包含滤波电路、限流电路、制动电路和直流电压指示电路等。

1）滤波电路。整流电路输出的整流电压是脉动的直流电压，必须加以滤波。如图 1-4 所示，图中的滤波电容 C_1 和 C_2 的主要作用就是对整流电压进行滤波，为了均衡两个电容器上的电压，在电容器两端分别并联电阻值相等的均压电阻 R_1 和 R_2。另外，它在整流电路与逆变电路之间还起到了去耦作用，以消除两者之间的相互干扰。

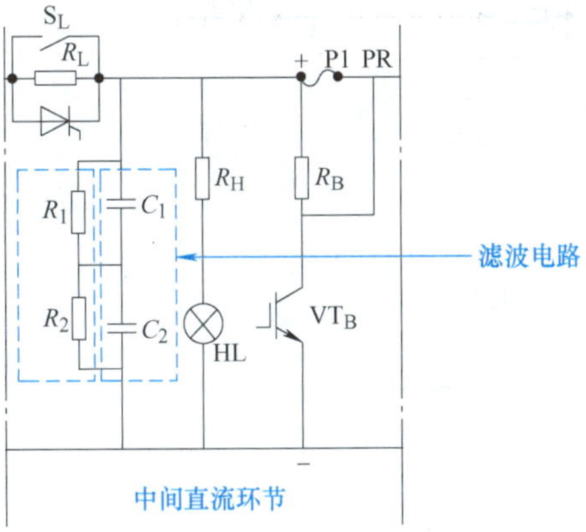

图 1-4　滤波电路

知识加油站！！！

滤波电容是大容量电容器，并联在直流母线两端，可使加于负载上的电压值不受负载变动的影响而基本保持恒定，通常称这样的变频器为电压型变频器。电压型变频器逆变电压波形为方波，而电流的波形经电动机绕组感性负载滤波后接近于正弦波。

如果将滤波电路的滤波元件改为电感，串联在直流母线上，就可使加于逆变器的电流基本稳定，所以输出电流基本不受负载影响，通常称这样的变频器为电流型变频器。电流型变频器逆变电流波形为方波，而电压的波形经电动机绕组感性负载的滤波后接近于正弦波。

2）限流电路。在电压型变频器的二极管整流电路中，在接通电源时，滤波电容的充电电流很大，该电流过大容易导致三相整流桥损坏，还可能形成对电网的干扰，影响同一电源系统的其他装置正常工作。

为了限制滤波电容的充电电流，如图 1-5 所示，在变频器开始接通电源的一段时间内，开关 S_L 断开，电路串入限流电阻 R_L，限制电流迅速增加，当滤波电容充电到一定程度时将 S_L 闭合，使 R_L 短接。早期通用变频器的短路器件采用开关 S_L 或接触器 KM，在变频器接通电源时会听到吸合的声音。目前，短路器件一般采用 SCR 或 GTR。

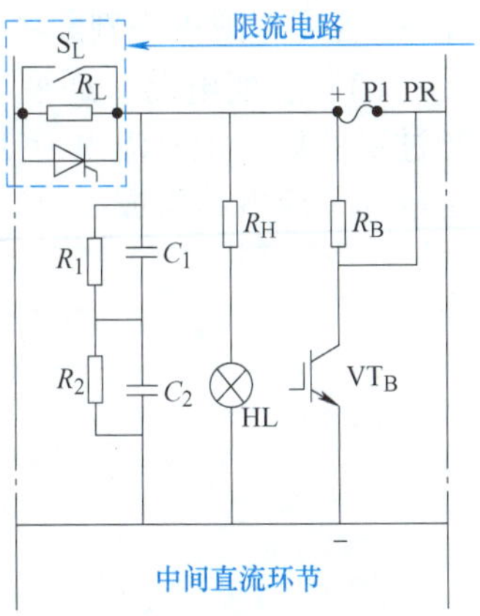

图 1-5　限流电路

3）制动电路。制动电路又称能耗电路，包括制动电阻 R_B 和制动控制管 VT_B，如图 1-6 所示。电动机在降速时处于再生制动状态，回馈到直流电路中的能量将使电压 U_D 不断上升，可能导致危险。因此需要将这部分能量消耗掉，使 U_D 保持在允许范围内，制动电阻 R_B 就是用来消耗这部分能量的。制动控制管一般由功率晶体管 GTR（或 IGBT、MOSFET）及采样电路、比较电路和驱动电路构成，其作用是控制流经 R_B 的放电电流。

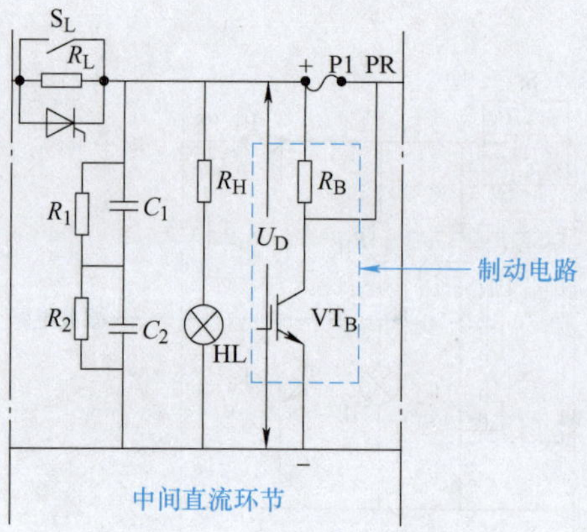

图 1-6　制动电路

知识加油站！！！

如果电动机功率比较大，经常处于正反转或需要急速减速等时，需要在外部安装专用制动电阻器（MRS 型、FR−ABR），专用制动电阻器连接到端子 +、PR 之间。PR 与制动控制管 VT_B 是接通的，可以看出外带制动电阻和内部制动电阻是并联的，电阻并联，阻值减小，消耗放电就更快。

一般情况下，直流母线正（+）端和 P1 端有短路片连在一起，不能把它拆除，一旦拆除，直流母线就断开了。在端子 + 和 P1 外接直流电抗器（需要把短路片拆除），可以改善电路的功率因数。

4）直流电压指示电路。电压指示部分由指示灯 HL 和电阻 R_H 构成。因为 $C_F\left(C_F=\dfrac{C_1C_2}{C_1+C_2}\right)$ 的容量较大，而切断电源又必须在逆变电路停止工作的状态下进行，所以 C_F 没有快速放电的回路，而 C_F 上升的电压又较高，如果没有完全放电就会对人身安全构成威胁。所以，由指示灯 HL 和电阻 R_H 实现对直流电压的指示。在变频器停止运行后，不可立即进行拆卸主回路端子接线或维修工作，需等待 5min 左右，可以通过观察指示灯 HL 是否完全熄灭来判断各电容是否放电结束，以保障操作者的安全。

（3）逆变电路　逆变器的基本作用是将直流电变成交流电，是变频器的核心部分。经过逆变后，把直流电逆变成频率和电压连续可调的交流电，如图 1-7 所示。它一般由逆变桥和续流电路组成。

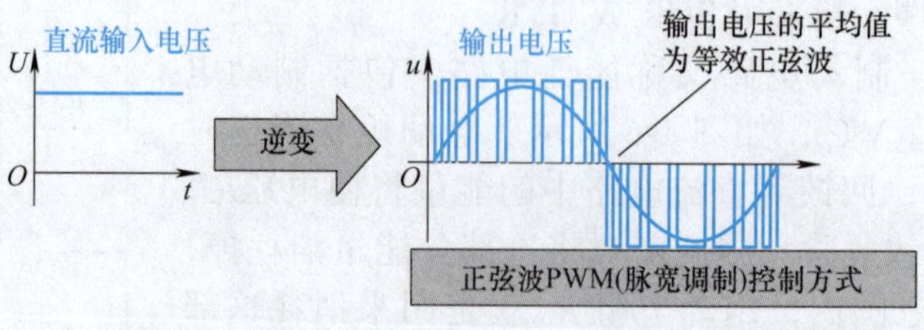

图 1-7　逆变波形变换示意图

1）逆变桥。由全控型开关器件 VT_1 ～ VT_6 6 个 IGBT 组成三相逆变桥，工作在开关状态，导通时相当于开关接通，截止时相当于开关断开。它们交替通断，将整流后的直流电压变成交流电压，如图 1-8 所示。

2）续流电路。续流电路由反向并联在 6 个开关器件上的 6 个续流二极管 $VD_7 \sim VD_{12}$ 组成，如图 1-9 所示，主要完成以下功能。

① 由于电动机是一种感性负载，在导通的桥臂开关器件关断时，电流不可能降为零，此时由与其并联的二极管进行续流，将其能量返回直流电源，即有续流作用。

② 当电动机降速时，电动机处于再生制动状态，为再生电流返回直流电源提供通道，即有反馈作用。

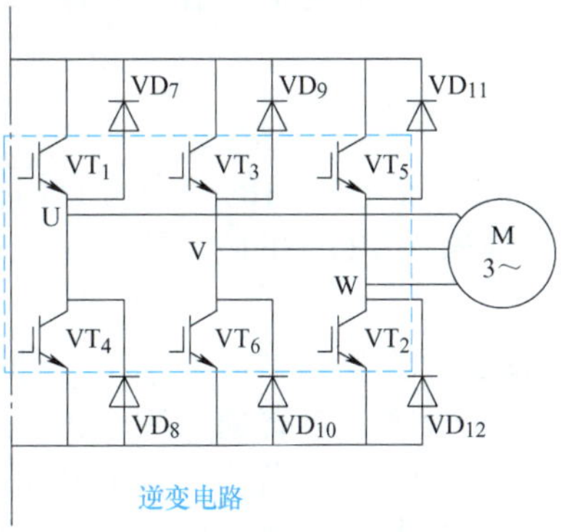

图 1-8　逆变电路之逆变桥

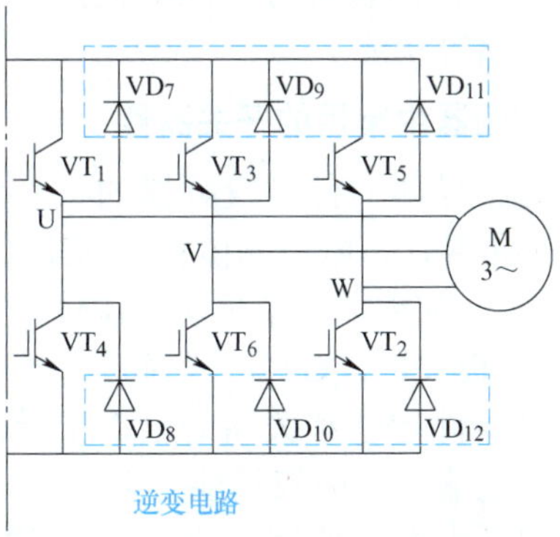

图 1-9　逆变电路之续流电路

2. 变频器的控制电路

变频器的控制电路包括核心软件算法电路、检测传感电路、控制信号的输入 / 输出电路、驱动电路和保护电路。

现在以通用变频器为例来介绍控制电路，如图 1-10 所示，它包括以下几个部分。

（1）开关电源　变频器的辅助电源采用开关电源，具有体积小、效率高等优点。电源输入为变频器主电路直流母线电压。通过脉冲变压器的隔离变换和变压器二次侧的整流滤波可得到多路输出直流电压。其中 +15V、−15V、+5V 共地，± 15V 给电流传感器、运算放大器等模拟电路供电，+5V 给 DSP 及外围数字电路供电。相互隔离的 4 组或 6 组 +15V 电源给 IPM 驱动电路供电。+24V 为继电器、直流风机供电。

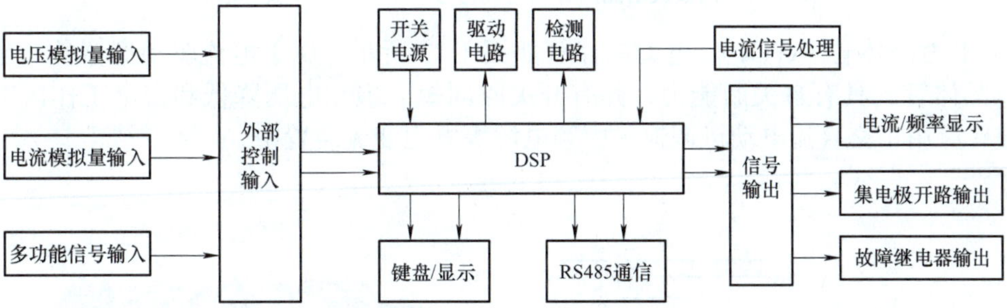

图 1-10　通用变频器控制电路

（2）DSP（数字信号处理器）　变频器采用的 DSP 主要完成电流、电压、温度采样，6 路 PWM 输出，各种故障报警输入，电流、电压、频率设定信号输入等，还完成电动机控制算法的运算等功能。

（3）输入 / 输出端子　变频器控制电路输入 / 输出端子包括：

1）输入多功能选择端子、正反转端子及复位端子等。

2）继电器输出端子、开路集电极输出多功能端子等。

3）模拟量输入端子，包括外接模拟量信号用的电源（10V 或 5V）及模拟电压量频率设定输入和模拟电流量频率设定输入。

4）模拟量输出端子，包括输出频率模拟量、输出电压模拟量和输出电流模拟量等。

（4）SCI 接口　SCI 接口用于串行通信，如 RS422、RS485、RS232，通信比特率可达 625kbit/s。它具有多机通信功能，通过一台上位机可实现对多台变频器的远程控制和运行状态监视功能。

（5）操作面板部分　DSP 通过 SPI 口与操作面板相连，完成按键信号的输入、显示数据的输出等功能。

3. 变频器中常用的开关器件

电力半导体器件是变频器的核心元器件。目前，变频器中常用的逆变管有门极关断（GTO）晶闸管、电力晶体管（GTR）、电力场效应晶体管（MOSFET）、绝缘栅双极晶体管（IGBT）和智能功率模块（IPM）等形式。

1）门极关断（GTO）晶闸管。门极关断晶闸管属于电流驱动型器件，是一种通过门极来控制器件导通和关断的电力半导体器件。GTO 晶闸管既具有普通晶闸管的优点（耐电压高、电流大、耐浪涌能力强、价格便宜），同时又具有 GTR 的优点（自关断能力、无需辅助关断电路、使用方便），是应用于高压、大容量场合中的一种大功率开关器件。门极关断晶闸管的电气符号、结构示意图及外形如图 1-11 所示。

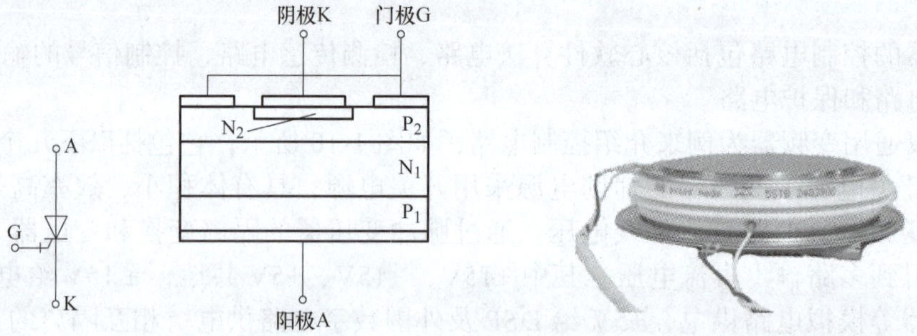

a) 电气符号　　b) 结构示意图　　c) 外形图

图 1-11　门极关断晶闸管的电气符号、结构示意图及外形图

2）电力晶体管（GTR）。电力晶体管如图 1-12 所示，属于电流驱动型器件，是一种高反压晶体管，具有自关断能力，并有开关时间短、饱和电压降低和安全工作区宽等优点，被广泛用于交直流电动机调速、中频电源等电力变流装置中。

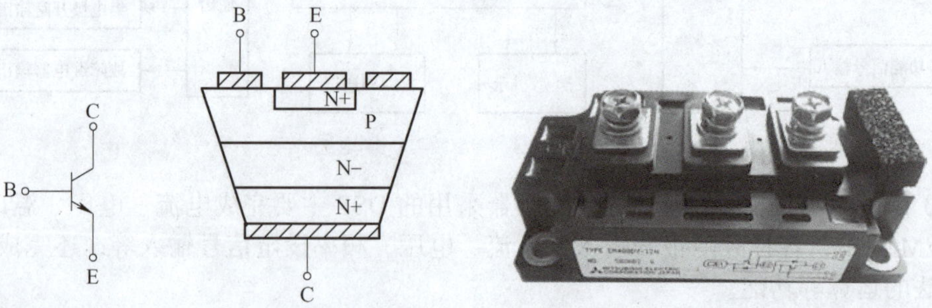

a) 电气符号　　b) 结构示意图　　c) 外形图

图 1-12　电力晶体管的电气符号、结构示意图及外形图

电力晶体管主要用作开关，工作于高电压、大电流的场合，一般为模块化，内部为 2 级或 3 级达林顿结构。

3）电力场效应晶体管（MOSFET）。电力场效应晶体管如图 1-13 所示，属于电压驱动型器件，输入阻抗高、驱动功率小、驱动电路简单；开关速度快，开关频率可达 500kHz 以上。其缺点是电流容量小、耐电压低。

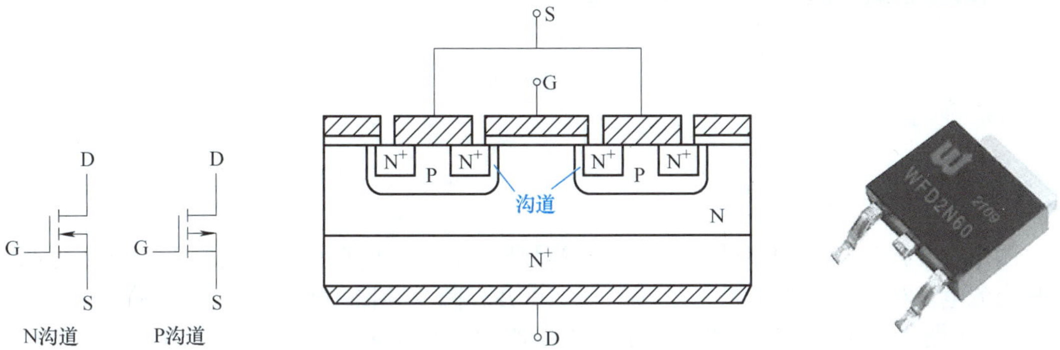

a) 电气符号　　b) 结构示意图　　c) 外形图

图 1-13　电力场效应晶体管的电气符号、结构示意图及外形图

4）绝缘栅双极晶体管（IGBT）。绝缘栅双极晶体管如图 1-14 所示，属于电压驱动型器件，其输出特性好，开关速度快，工作频率高，一般可达 20kHz 以上；其通态电压降比电力场效应晶体管低，输入阻抗高，耐电压、耐电流能力比电力场效应晶体管高，最大电流可达 1800A，最高电压可达 4500V。目前在中小容量变频器电路中，IGBT 的应用处于绝对优势。

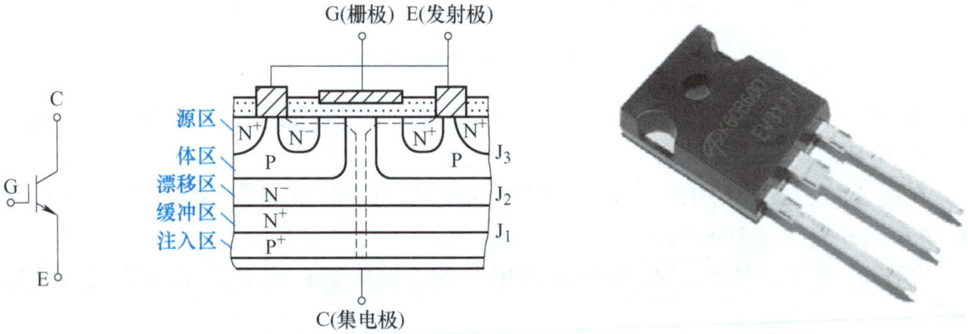

a) 电气符号　　b) 结构示意图　　c) 外形图

图 1-14　绝缘栅双极晶体管的电气符号、结构示意图及外形图

5）智能功率模块（IPM）。如图 1-15 所示，智能功率模块（IPM）的结构包括三相全波整流电路和 6 ～ 7 个 IGBT 单元，即将变频器的主回路全部封装在一个模块内，在中小功率变频器上（15kW 以下）均使用 IPM 模块。

智能功率模块是将大功率开关器件和驱动电路、保护电路、检测电路集成在同一个模块内。这种功率集成模块特别适应逆变器高频化发展方向的需要，而且由于高度集成化，结构紧凑，避免了由于分布参数、保护延迟所带来的一系列技术难题。

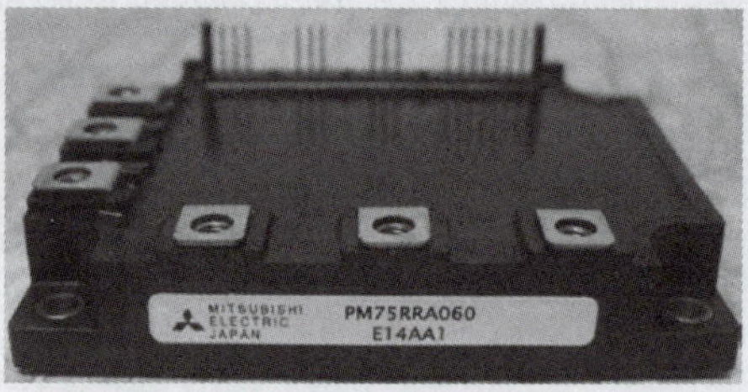

a) 外形图

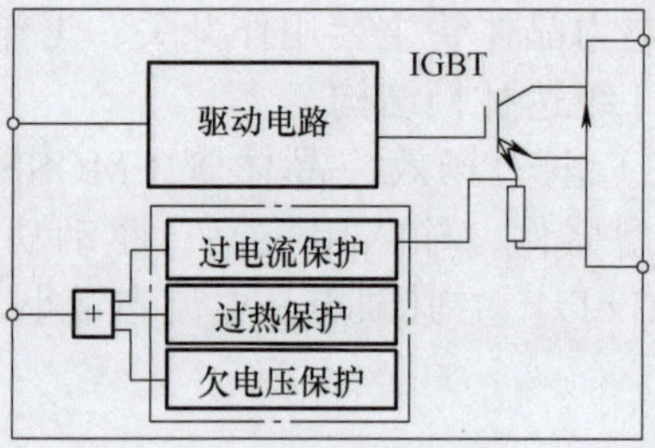

b) 结构示意图

图 1-15　智能功率模块

任务实施

图 1-16 为变频器主电路原理图，其主要功能是将工频交流电变为电压、频率可调的三相交流电。根据“知识准备”里面的知识点并查阅变频器手册，完成以下实践问题。

1）在图 1-16 中，用 R、S、T 标出变频器的工频交流电源输入端；用 U、V、W 标出变频器的三相交流电输出端。

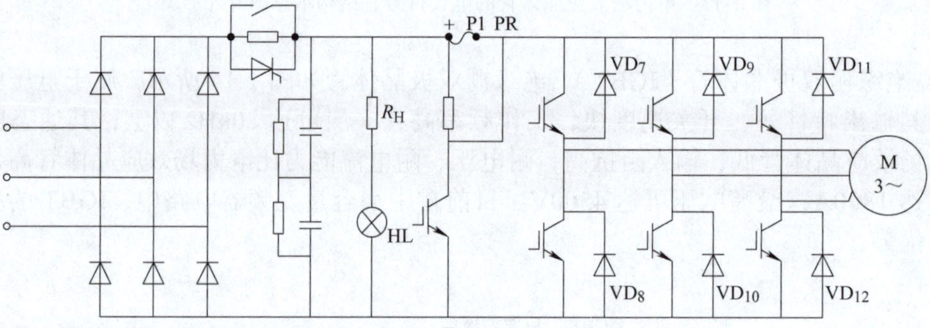

图 1-16　变频器主电路原理图

2）在图 1-16 中，分别用虚线框标出整流电路、逆变电路、限流电路、滤波电路、制动（能耗）电路。

3）在图 1-16 中，用 VD_1 ～ VD_6 标出整流电路的 6 只整流管；用 VT_1 ～ VT_6 标出逆变电路的 6 只开关器件 IGBT。

4）在图 1-16 中，用 C_1、C_2 标出滤波电路的滤波电容；用 R_1、R_2 标出滤波电路的均压电阻。

5）在图 1-16 中，用 R_L 和 S_L 标出限流电路中的缓冲电阻和继电器触点。

6）在图 1-16 中，查阅说明书中的端子接线图，指出 +、P1、PR、− 之间连接什么附件？

端子 + 和 P1 之间连接：

____

端子 + 和端子 − 之间连接：

____

端子 + 和 PR 之间连接：

____

7）在图 1-16 中，标出制动电阻 R_B 和与之相连的开关器件 VT_B。简述其制动原理：

____

____

____

____

____

任务评价与反思

任务评价：

请结合自己对本次任务的掌握程度、课堂参与度等方面进行自我评价，小组组长根据组员的活动参与情况给出小组评价。

评价内容	评价指标		权重		等级				
					A	B	C	D	E
					1.0	0.8	0.6	0.2	0
学生学习表现	参与程度	1. 参与的深度	3	60					
		2. 参与的广度	3						
		3. 参与的时机与效率	4						
	科学知识	1. 基础知识落实	10						
		2. 多边的信息传递	5						
	科学探究	1. 和谐的人际关系	5						
		2. 提出问题、发表意见	5						
		3. 思维的求异性、独创性、批判性	5						
		4. 动手实践、自主探索、合作交流的能力	10						
	情感态度	1. 学习活动的兴趣与求知欲	3						
		2. 一定的自我调控能力	2						
		3. 体验成功，建立自信心	3						
		4. 良好的学习习惯	2						
自我评价结果									
小组评价结果									

任务反思：

在本次任务中，知识接受程度如何？还有哪些地方可以改进？

____

____

____

____

职业素养与创新思维

在无三相交流电源的场所中，如何检验变频器的一般功能？

在变频器调试运行时（不带电动机负载），仅提供单相交流电源，只要直流电压高于它允许的最低电压，变频器就可以进行功能调试。

解决方法：如图 1-17 所示，使用控制变压器或隔离变压器将 220V 电源进线接至变压器输出端子 12、14，输入端子 1、3 接至变频器电源输入端子 R、S。

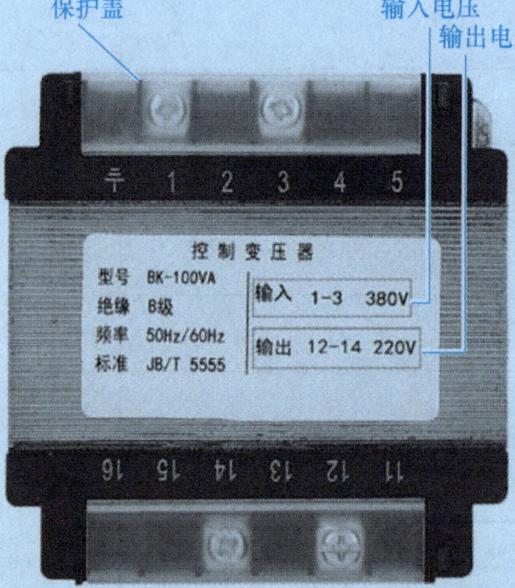

图 1-17 单相电源调试三相变频器的变压器

注意：该方法仅适合不带负载调试的情况，若带负载，则可能损毁变频器。

任务 1.2 探究变频器的调速和节能过程

变频调速就是通过变频器改变供电频率，从而实现对电动机转速的调节，提高电气传动系统的运行效率。风机、泵类负载采用变频调速后，节电率可达到 20% ～ 60%，这是因为风机、泵类负载的实际消耗功率基本与转速的 3 次方成正比。当用户需要的平均流量较小时，风机、泵类采用变频调速使其转速降低，节能效果非常可观。生活用空调、冰箱都属于风机、泵类负载，故变频的空调、冰箱节能就成为变频器应用的一大亮点。

任务要求

明确变频器拖动什么类型电动机负载可以节能。

知识准备

1. 交流异步电动机的调速原理

异步电动机的转速公式为

$$n = n_1(1-s) = \frac{60f_1(1-s)}{p} \tag{1-1}$$

式中，n 是电动机的转速（r/min）；n_1 是定子旋转磁场的转速（同步转速），$n_1 = \frac{60f_1}{p}$；f_1 是交流电频率（Hz），我国电源频率为 50Hz；s 是电动机的转差率（$0< s\leqslant 1$）；p 是电动机磁极对数，为偶数（2，4，6，8，…）。

知识加油站！！！

你知道三相异步电动机的同步转速是多少吗？

三相交流电动机每组线圈都会产生 N、S 磁极，每台电动机每相具有的磁极个数就是极数。由于磁极是成对出现的，所以电动机有 2，4，6，8，…极之分，1 对（p）就是 2 极。当电源频率为 50Hz 时：

2 极电动机的同步转速为 60×50/1r/min=3000r/min；

4 极电动机的同步转速为 60×50/2r/min=1500r/min；

6 极电动机的同步转速为 60×50/3r/min=1000r/min；

8 极电动机的同步转速为 60×50/4r/min=750r/min……

转差率一般在 1% ～ 5% 以内，如 4 极电动机的额定转速一般在 1440r/min 左右。

由式（1-1）可以看出，异步电动机有下列 3 种基本调速方法：

① 通过改变电动机磁极对数 p 调速。

② 通过改变交流电频率 f_1 调速。

③ 通过改变转差率 s 调速。

采用变极调速时，调速是有级的，电动机需要特制。

采用变转差率调速时，设备简单、投资少、可平滑调速、能量损耗较大、运行费用大。

采用变频调速时，电动机转速 n 与电源频率 f 成正比，只要改变频率 f 即可改变电动机的转速，实现无级调速。当频率 f 在 0 ～ 50Hz 的范围内变化时，2 极电动机的转速可在 0 ～接近 3000r/min 范围内变化，电动机转速调节范围非常宽。变频器就是通过改变电动机电源频率实现速度调节的，是一种理想的高效率、高性能的调速手段。

如图 1-18 所示，电动机采用变频调速以后，由变频器供电，电动机转轴直接与负载连接，接线简单。变频器先把固定频率的交流电（380V/50Hz）通过系统自带的整流器变成稳定的直流电，紧接着再把直流电变换成频率（0～400Hz）和电压（0～380V）可控的交流电。其主电路是由6个半导体开关器件组成的三相桥式逆变电路，可以有规律的控制逆变器的通与断，从而可以控制电路中的电流频率和电压，进而达到变频调速的目的。

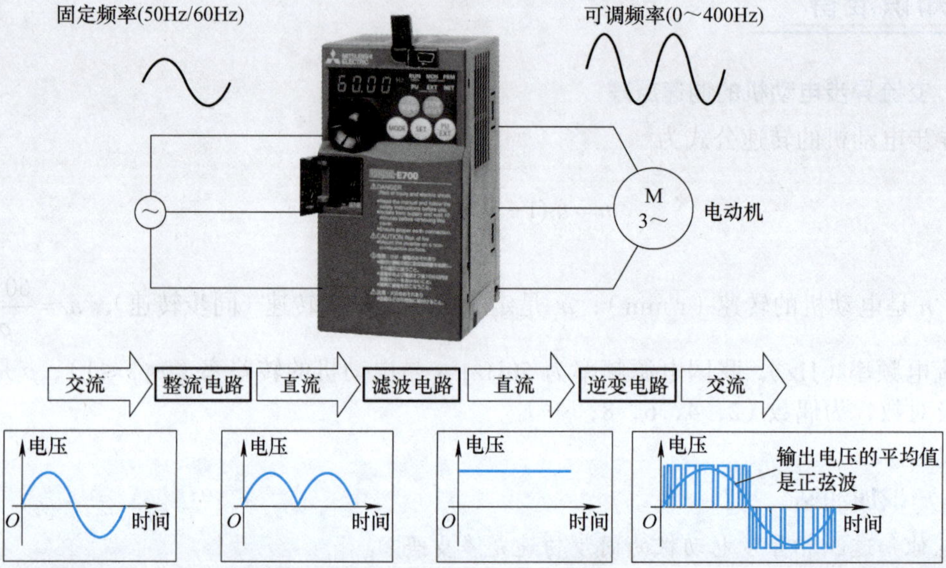

图1-18　变频调速原理

2. 变频器拖动的负载类型

电动机负载有3种形式：恒转矩负载、恒功率负载和二次方律负载。负载形式不同，采用变频器调速后，节能效果也不一样。

1）恒转矩负载——带式输送机。图1-19为带式输送机示意图，F为传输带与滚筒的摩擦力；r为滚筒半径；负载转矩为T_L，由负载转矩公式$T_L = Fr$可知，负载转矩T_L等于传送带与滚筒的摩擦力F乘以滚筒半径r，转矩与转速无关。

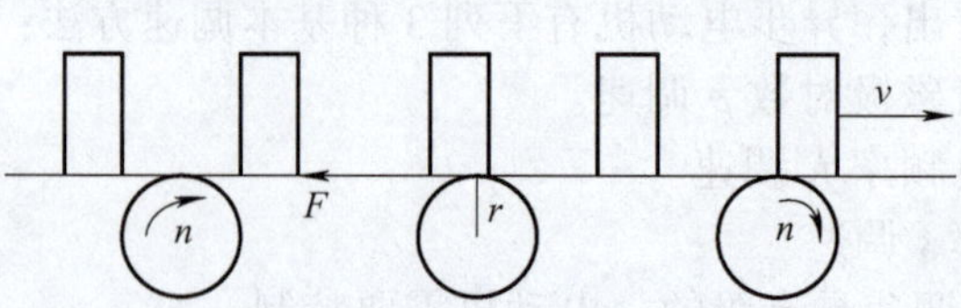

图1-19　带式输送机示意图

从图1-20可以看出，在调速过程中负载转矩T_L保持不变（见图1-20a），负载功率P与转速n成正比（见图1-20b）。恒转矩负载在额定频率以下运行时，其功率消耗会下降，仅从这一点来看，恒转矩负载采用变频器控制在额定频率以下运行时具有节能效果，且消耗功率与转速成正比关系；但从另一方面考虑，当采用机械手段或其他非电气手段进行调速时，也具有节能效果，所以从节能效果来看，采用变频器并没有优势。

因此，恒转矩负载在采用变频器进行调速时，节能并非变频应用的主要理由，改善设备工艺特性、提高产品质量才是变频器应用的主要目的。

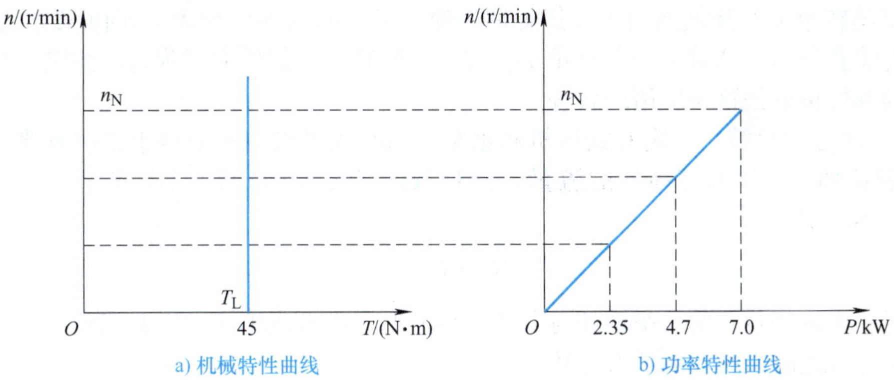

图 1-20　恒转矩负载的机械特性和功率特性曲线

2）恒功率负载——卷绕机械。图 1-21 为卷绕机械示意图，在卷绕过程中，为了保持卷装不变形（卷松或表面不平整），被卷物的张力 F 以及线速度 v 保持恒定，因此卷绕辊的转速 n 随着卷装直径 D（半径 r）的变化而变化。

负载功率为：$$P_L=Fv=\text{常数}$$

负载转矩为：$$T_L=Fr$$

在调速过程中负载功率 P_L 保持不变，负载转矩 T_L 与转速成反比。

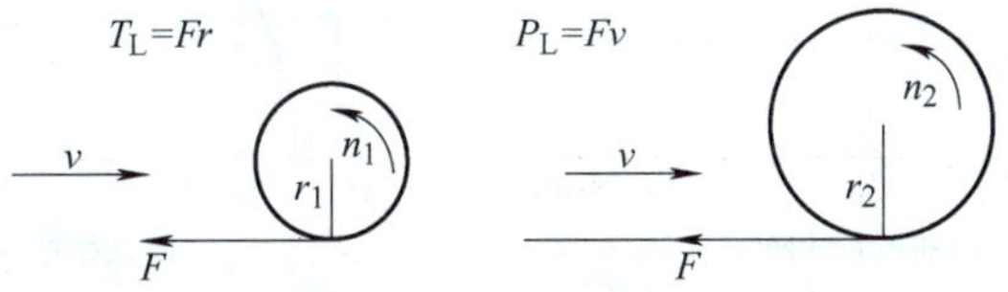

图 1-21　卷绕机械示意图

从图 1-22 可以看出，恒功率负载的输出功率是常数，因此采用变频器调速运行的目的也不是节能。

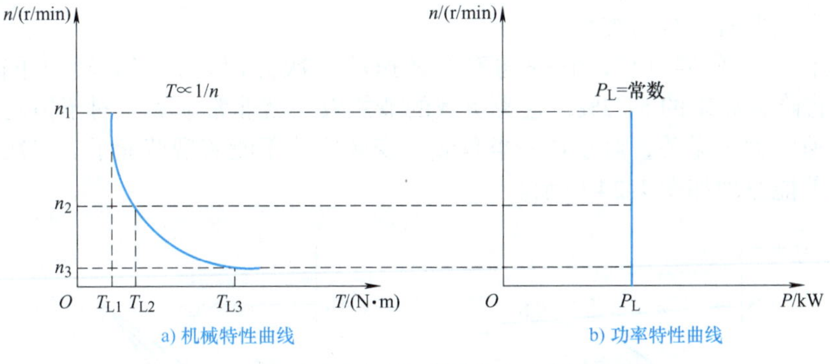

图 1-22　恒功率负载的机械特性和功率特性曲线

在卷绕控制系统中，采用的是具有转矩控制的高性能变频器，它可以直接将变频器的给定值设定为转矩。

在转矩控制方式下，电动机的转速大小取决于给定转矩与负载转矩比较的结果，而该结果只能决定拖动系统是加速运行还是减速运行，变频器的输出频率是不能调节的。要使系统能稳定运行在某一线速度下，需要由设备的主令电动机完成线速度的闭环控制，卷绕电动机跟着主令电动机稳定运行，且保持恒张力控制要求。

转矩随转速 n 的降低而增大（其实是随卷装半径的增加而增大），因此要控制好这种系统，卷装直径的计算就显得非常重要，并且一般转矩给定的方式为通信给定，在纺织印染行业的卷染机就是这一应用的代表。

3）二次方律负载——离心式风机和水泵。离心式风机和水泵属于二次方律负载，多用于控制流体（气体和液体）的流量，其负载的转矩与转速的二次方成正比关系，如图 1-23 所示，即

$$T_L = K_T n_L^2 \tag{1-2}$$

风机、水泵等负载的功率消耗与电动机转速的三次方成正比，因此当负载的转速小于电动机额定转速时，其节能潜力比较大。

功率消耗为

$$P_L = K_P n_L^3 \tag{1-3}$$

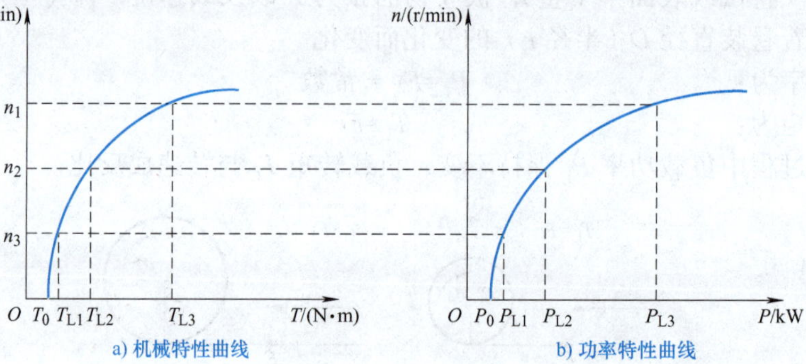

图 1-23　二次方律负载的机械特性和功率特性曲线

变频器之所以能够节电，是因为变频器能对电动机进行调速。变频器驱动负载是否节电，一方面要看负载的运行状态，如果电动机满负荷长期运行，这时节电效果不明显。如果电动机长期不需要满负荷运行，需要速度调节，节电效果明显。另一方面变频器驱动负载是否节电，还要看负载的类型。

对于风机、水泵类负载，它的功率与转速的三次方成正比，如转速下降为原来的 80%，功率将降为原来的 51.2%，这类负载的节能效果就非常显著；对于恒功率负载，它的功率与转速的大小无关，对于这一类负载，变频器就不能实现节能了。二次方律负载降低压频比的节能原理如图 1-24 所示。

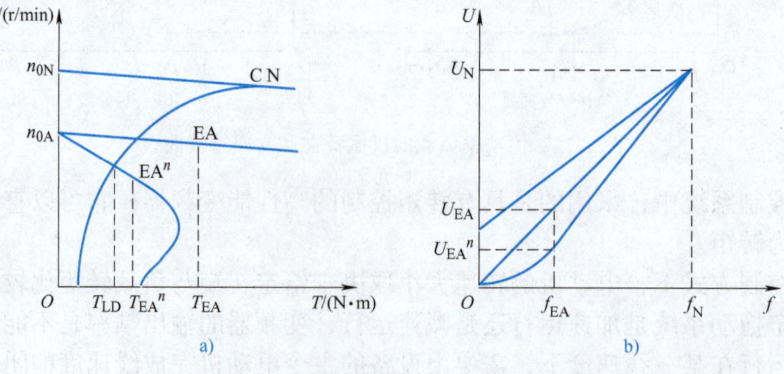

图 1-24　二次方律负载降低压频比的节能原理

变频器一定可以省电吗?

变频不是到处可以省电，有不少场合用变频并不一定能省电，省电的前提条件是：第一，大功率并且为风机、泵类负载；第二，装置本身具有节电功能；第三，经常轻载运行。知道了原委，你会巧妙地利用它为你服务。

任务实施

请结合变频器应用行业和领域，列举几个变频器应用案例填入表 1-1 中。

表 1-1　变频器应用案例

变频器类型	应用场合	功能	是否节能

任务评价与反思

任务评价:

请结合自己对本次任务的掌握程度、课堂参与度等方面进行自我评价，小组组长根据组员的活动参与情况给出小组评价。

<table>
<tr><th rowspan="3">评价内容</th><th rowspan="3" colspan="2">评价指标</th><th rowspan="3" colspan="2">权重</th><th colspan="5">等级</th></tr>
<tr><th>A</th><th>B</th><th>C</th><th>D</th><th>E</th></tr>
<tr><th>1.0</th><th>0.8</th><th>0.6</th><th>0.2</th><th>0</th></tr>
<tr><td rowspan="9">学生学习表现</td><td rowspan="3">参与程度</td><td>1. 参与的深度</td><td>3</td><td rowspan="9">60</td><td></td><td></td><td></td><td></td><td></td></tr>
<tr><td>2. 参与的广度</td><td>3</td><td></td><td></td><td></td><td></td><td></td></tr>
<tr><td>3. 参与的时机与效率</td><td>4</td><td></td><td></td><td></td><td></td><td></td></tr>
<tr><td rowspan="2">科学知识</td><td>1. 基础知识落实</td><td>10</td><td></td><td></td><td></td><td></td><td></td></tr>
<tr><td>2. 多边的信息传递</td><td>5</td><td></td><td></td><td></td><td></td><td></td></tr>
<tr><td rowspan="4">科学探究</td><td>1. 和谐的人际关系</td><td>5</td><td></td><td></td><td></td><td></td><td></td></tr>
<tr><td>2. 提出问题、发表意见</td><td>5</td><td></td><td></td><td></td><td></td><td></td></tr>
<tr><td>3. 思维的求异性、独创性、批判性</td><td>5</td><td></td><td></td><td></td><td></td><td></td></tr>
<tr><td>4. 动手实践、自主探索、合作交流的能力</td><td>10</td><td></td><td></td><td></td><td></td><td></td></tr>
</table>

（续）

评价内容	评价指标		权重		等级				
					A	B	C	D	E
					1.0	0.8	0.6	0.2	0
学生学习表现	情感态度	1. 学习活动的兴趣与求知欲	3	60					
		2. 一定的自我调控能力	2						
		3. 体验成功，建立自信心	3						
		4. 良好的学习习惯	2						
自我评价结果									
小组评价结果									

任务反思：

在本次任务中，还有哪些地方可以改进：

____

____

____

____

职业素养与创新思维

在空调上我们可以看到1、2、3这3个数字。这些数字其实是空调能效标识，通常是家用空调制冷/制热能效比（EER）的代称。空调分为定频和变频，又分为制冷和制热两种能效比，是额定制冷量与额定功耗的比值。空调能效比越高就越省电，家里也就越省钱。空调能效标识如图1-25所示。

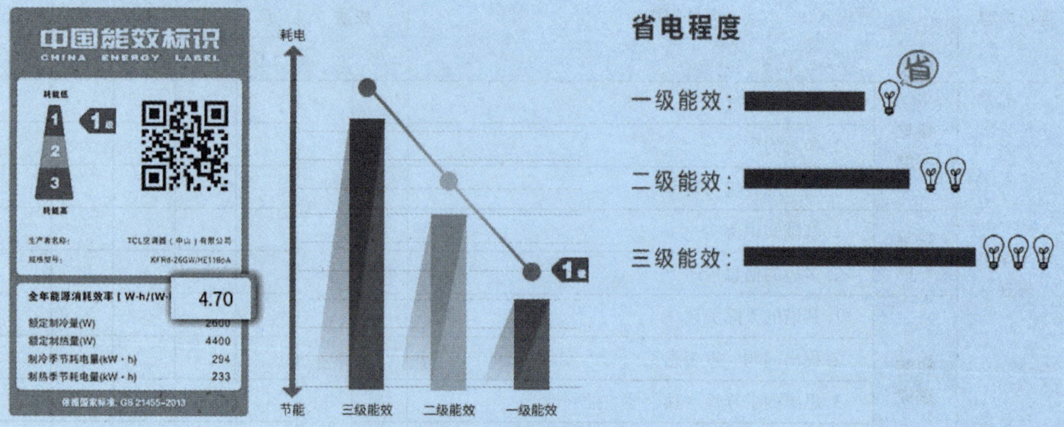

图1-25 空调能效标识

任务 1.3　认识变频器产品

受益于节能减排、绿色环保等战略的拉动，我国变频器行业的可持续发展得到加速，使其不断拓展产业的市场占有率，并凭借强劲的发展力成为我国工业经济发展的重要基点。

任务要求

能识别变频器产品；能进行变频器的选型和安装。

变频器的功能与分类

知识准备

1. 变频器的功能与分类

（1）变频器的功能　变频器是电动机控制系统的一种重要设备，其主要功能是将电源输入的交流电转换为频率和电压可调节的交流电，用于控制电动机的转速和转矩。

变频器的主要功能包括以下几个方面：

1）调节电动机转速：通过控制变频器输出的频率，可以实现电动机的无级调速，从而满足不同工况和工艺的生产需求，提高电动机的运行效率和可靠性。

2）节能降耗：通过调节电动机的运行速度，使其在不同负载工况下保持最佳运行效率，从而达到节能的目的。

3）降噪减振：使用变频器，可以减小电动机在运行过程中的噪声和振动，提高设备的稳定性和可靠性。

4）增加电动机寿命：通过控制电动机的起停、转速和负载等参数，监测电动机的工作状态，实时控制电动机的电流、电压和转速，保护电动机免受过载、过热、欠电压、欠载等因素的影响，可以有效地延长电动机的使用寿命。

5）提高生产效率和控制精度：变频器可以实现电动机的精准控制，使其在不同负载下保持稳定的工作状态，提高生产效率和生产质量，提高过程控制的精度和稳定性，减少产品缺陷率和生产成本。

（2）变频器的分类　变频器种类繁多，应用非常广泛，分类方式多种多样。

① 按供电电压分类。低压变频器（220V 和 380V），国内常见的有单相 220V 变频器、三相 220V 变频器、三相 380V 变频器；中压变频器（660V 和 1140V）；高压变频器（3kV、6kV、10kV）。

② 按供电电源的相数分类。单相输入变频器和三相输入变频器。

③ 按变换频率的方法分类。

a. 交－交变频器：又称直接变频器，直接将工频交流电直接转换成频率、电压都连续可调的交流电。

优点：没有中间环节，变换效率高。

缺点：可调频率范围窄，且只能在电网固定频率以下变换，一般为电网固定频率的 1/3 ～ 1/2。

应用场合：轧钢机、球磨机、水泥回转窑等容量较大的低速拖动系统。

b. 交－直－交变频器：又称间接变频器，先把固定的交流电整流成直流电，再把直流电逆变成频率、电压连续可调的三相交流电。

优点：在频率调节范围及变频后电动机特性改善等方面，都具有明显优势，变换环节容易实现，目前广泛使用。通用型变频器一般都采用交－直－交方式。

④ 按储能方式分类。

a. 电压型变频器：中间直流环节并联大电容，相当于内阻抗为零的电压源，输出的电压为矩形波或阶梯波，输出的电流接近正弦波。

b. 电流型变频器：中间直流环节串联大电感，相当于内阻抗很大的电流源，输出的电流为矩形波或阶梯波，输出的电压接近正弦波。

⑤ 按调压方式分类。

a. 脉幅调制（PAM）变频器：载波脉冲的幅度随调制信号而变化的调制，又称脉冲调幅。其控制电路比较复杂，且还有电动机低速运行时波动较大等缺陷，此方法现已很少采用。

b. 脉宽调制（PWM）变频器：通过改变导通时间占总时间的比例，也就是占空比，达到调制电压和频率的目的，属于定频调宽。目前使用最多的是占空比按正弦规律变换的正弦波脉宽调制，即 SPWM 方式。

⑥ 按控制方式分类。

a. U/f 控制变频器：对变频器输出的电压和频率同时进行控制，使电压和频率的比保持一定或按一定的规律变化，从而得到所需要的转矩特性。该类变频器结构简单，成本低，通用性强，采用开环控制方式，多用于对精度要求不高的场合。

b. 转差频率（SF）控制变频器：是对 U/f 控制的一种改进，需要由安装在电动机上的速度传感器检测出电动机的转速，构成速度闭环。速度调节器的输出为转差频率，而变频器的输出频率则由电动机的实际转速与所需转差频率之和决定。由于通过控制转差频率来控制转矩和电流，与 U/f 控制相比，其加减速特性和限制过电流的能力得到提高。

c. 矢量（VC）控制变频器：矢量控制是一种高性能异步电动机控制方式，它的基本思路是将电动机的定子电流分为产生磁场的电流分量（励磁电流）和与其垂直的产生转矩的电流分量（转矩电流），并分别加以控制。由于在这种控制方式中必须同时控制异步电动机定子电流的幅值和相位，即定子电流的矢量，因此这种控制方式被称为矢量控制方式。

d. 直接转矩（DTC）控制变频器：把转矩直接作为矢量来控制，能方便地实现无速度传感器化变频控制。

此外，变频器还可以按照功能、用途、主开关器件、外形、品牌等方式分类。

2. 变频器的选型与安装

在实际工程应用中，当选择使用变频器时，往往需要考虑变频器的电源等级、电动机容量、安装环境和外围设备的选择 4 个方面。

（1）电源（电源等级选择）　国内常见的低压变频器有单相 220V 变频器、三相 220V 变频器、三相 380V 变频器，频率为 50Hz/60Hz，在选择变频器的供电电源时，电源容量应在变频器额定电源容量以上，且和电动机的额定电压相匹配。电源电压的容许波动范围为 10%、−15%，过高电压的输入会导致变频器损坏。电源投入时，异常的低压波形会导致变频器内部的浪涌吸收元件损坏。

（2）电动机（额定电压、容量的选择） 变频器可以驱动电压等级为 AC 200 ～ 230V 或 AC 380 ～ 460V 三相异步电动机，单相电动机不能使用。具体选择原则见表 1-2。

表 1-2 变频器驱动电动机选择原则

根据变频器的电压选定		根据变频器的容量选定	
种类	电压	容量	额定电流
三相异步电动机	AC 200 ～ 230V AC 380 ～ 460V	0.2kW，0.4kW， 0.75kW，…	1.4A，2.4A，3.6A，…

注意
- 不要用变频器驱动除三相异步电动机以外的任何负载。
- 单相电动机不能使用。
- 使用特殊电动机，应注意。

要点 变频器容量的选择

- 所选变频器的容量应满足电动机的驱动需要，即

$$变频器容量 \geqslant 电动机容量$$

- 所选变频器的额定输出电流应满足电动机的驱动需要，即

$$变频器额定输出电流 \geqslant 电动机额定电流$$

生产实际问题 1 使用一台变频器驱动多台电动机时，变频器的容量如何选择？

一台变频器控制多台电动机示意如图 1-26 所示。

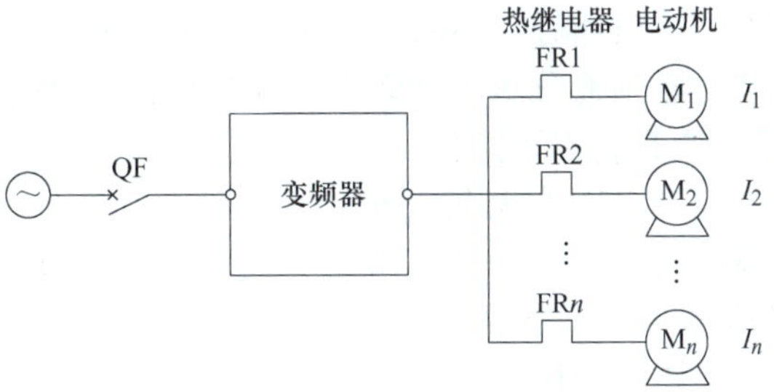

图 1-26 一台变频器控制多台电动机示意图

◆ 选型要点

变频器的额定输出电流 > 电动机额定电流的总和$\sum I_n$（$=I_1+I_2+\cdots+I_n$）。

注：为了保护电动机，请在各台电动机前安装热继电器。

生产实际问题 2 用一台变频器交替驱动两台以上电动机时，需要注意什么？

一台变频器交替驱动两台电动机示意如图 1-27 所示。

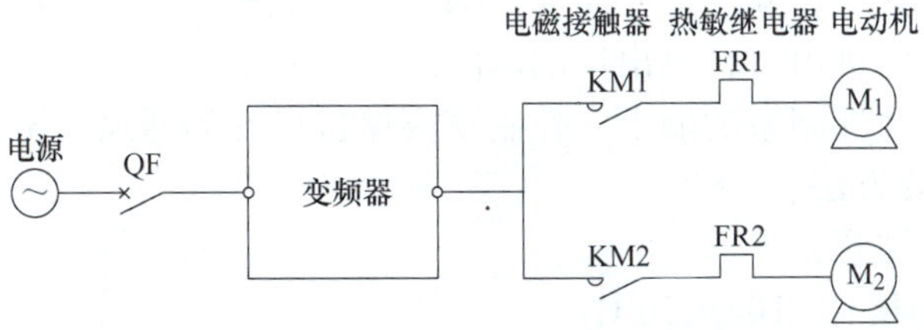

图 1-27 一台变频器交替驱动两台电动机示意图

◆ 注意事项

- 应在变频器和电动机停止的状态下，进行电动机的切换。
- 请不要在变频器运行中进行电磁接触器的 ON/OFF 操作。

注意： *如在变频器运行中接通电动机，会产生电动机额定电流 6 ～ 8 倍的电流。*

如一定要在变频器运行中进行切换，应充分考虑由此产生的冲击电流对变频器和电动机的影响，选择容量更大的变频器。

生产实际问题 3　可以用小容量的变频器拖动轻负载的大容量电动机吗?

答：不可以。

因为不同容量的电动机的电感量不同，容量大的电动机波动电流大，易造成过电流跳闸，如图 1-28 所示。

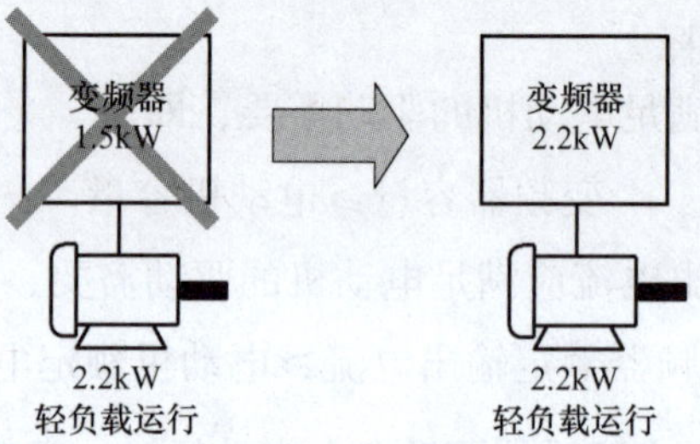

图 1-28　变频器拖动负载容量大小

变频器的选型与安装

(3) 变频器的安装环境　变频器是精密的电子仪器，良好的安装环境不仅能使变频器经久耐用，而且可以使变频器能持久在最好的状态下工作。为了确保其能够长期、安全、可靠地运行，在安装时必须充分考虑变频器工作场所的安装环境和运行条件。

1）安装变频器的场所应具备以下条件。

① 变频器控制柜中变频器安装的环境要求：

变频器安装环境：温度为 −10 ～ 50℃；相对湿度≤70%；海拔≤2km。

② 变频器安装现场应满足以下条件

a. 无腐蚀、易燃易爆气体和液体。

b. 无灰尘、漂浮纤维和金属颗粒。

c. 安装基础坚固，无振动。

d. 避免阳光直射。

e. 无电磁干扰。

③ 变频器安装空间及散热：

如果变频器控制柜顶部安装有引风机，则引风机的风量需要大于箱（柜）内变频器的总风量。

如果没有安装引风机，箱（柜）体的顶部应尽可能打开。当不能打开时，箱（柜）体的底部和顶部需要保留进出口，进出口的风阻应尽可能小。

如果变频器安装在控制室的墙上，控制室应保持良好的通风，不得关闭。

2）变频器的安装方法。

变频器安装时应注意：

① 容许的周围温度：−10 ～ 50℃。

a. 变频器的寿命受环境温度的影响很大。

b. 不要在通风散热不良的环境中安装变频器，如图 1-29 所示。

图 1-29 变频器的错误安装

c. 周围的空间（见图 1-30）。

② 垂直安装变频器。

垂直以外的安装会降低变频器的散热效果，产生问题、故障，如图 1-31 所示。

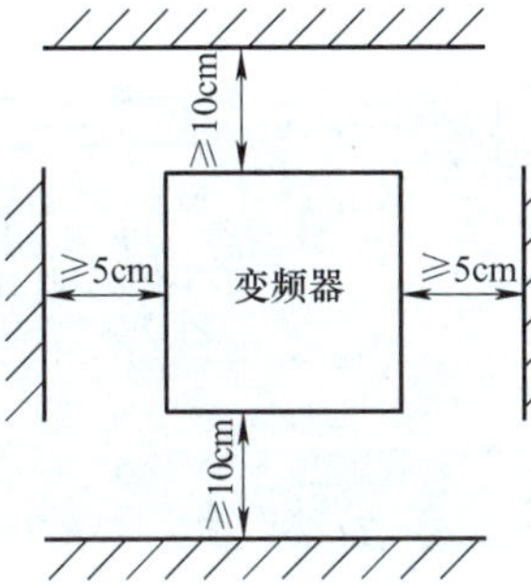

图 1-30 变频器的正确安装

图 1-31 变频器需垂直安装

③ 避开下列场所。

a. 日光直射场所。

b. 有风雨、水滴、油滴的场所。

c. 木材等可燃性材质上安装及靠近可燃物。

d. 漂浮油污、粉尘、棉尘的场所。

e. 产生可燃性气体、腐蚀性气体等的场所。

f. 振动大的场所。

g. 湿度大、有水汽的场所。相对湿度应在 90% 以下。

（4）变频器外围设备的选择

1）断路器：在选择断路器时，其动作特性应符合变频器电流特性匹配的需要，避免因变频器接入电源时产生的浪涌而误动作，应使用产品说明书上所推荐的断路器等级。

2）接触器：一般使用时不需要接触器。如果安装了接触器，不要用它控制变频器的起动或停止。

3）功率改善交流电抗器：需改善功率因数时予以连接。对抑制高次谐波有一定效果。

4）输入滤波器：对外围设备造成电气干扰时使用。

5）热继电器：变频器内置的热敏元件用于过负载保护。对于断相保护，请使用带断相保护的热敏继电器。

注意： 1）不要用电源侧或负载侧接装的接触器控制变频器的起动、停止。

2）电源侧频繁进行 ON/OFF 操作会导致变频器发生故障。

3）如果输出侧安装了接触器（或断路器），在变频器运行中负载侧进行 ON/

OFF 操作时会产生很大的冲击电流，导致变频器损坏。

4）电动机的起动和停止应使用变频器的运行信号。

3. 变频器产品

变频器是为了调速而生，通过控制面板 / 电位器，或者和 PLC 综合控制，可以很方便地实现无级调速功能；另外，变频器还可以和一些传感器配合使用，如远传压力表、温度传感器等实现无人值守的恒定压力 / 温度等控制；除此之外，变频器还有丰富的保护功能，如过电流、过电压、过载、过热、欠电压保护等，可以保证电动机安全、稳定运行，减少事故发生等。

变频器作为一种电力电子装置，跟其他的电气设备一样，在设备上标有品牌和标识。

INVERTER：标识变频器，日本品牌变频器常用。比如 OMRON、MITSUBISHI 是日本欧姆龙和三菱品牌，如图 1-32 所示。

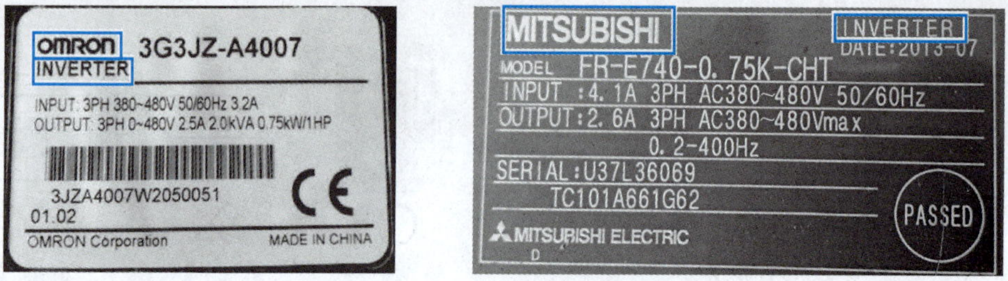

图 1-32　用 INVERTER 标识变频器

VFD：标识变频器。如图 1-33 所示，DELTA 是台达品牌。

VSD：标识变频器。图 1-34 所示为变速驱动器，其中 Atlas Copco 是阿特拉斯品牌。

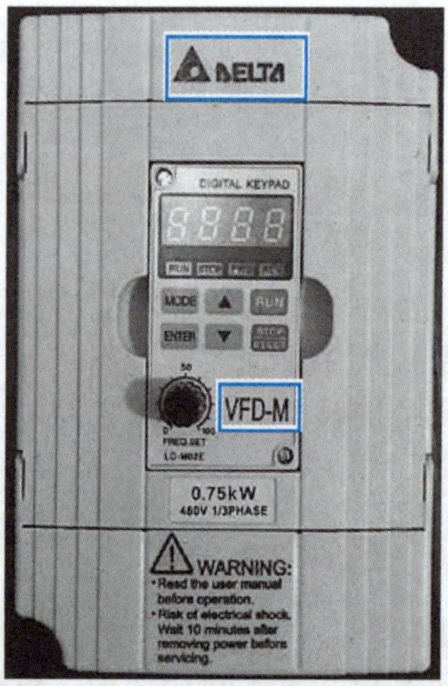

图 1-33　用 VFD 标识变频器

图 1-34　用 VSD 标识变频器

AC Drive：标识变频器。图 1-35 所示为 AC 驱动器，其中，AB（Allen-Bradley）是罗克韦尔品牌，Power Flex 4 是 AB 品牌的一个系列。

Frequency Converter：标识变频器。图 1-36 所示为频率变换器，其中，Rexroth 是变

频器品牌。

变频器在生产和生活领域应用广泛，如电力行业、包装机械、印染行业、纺织机械、恒压供水、涂装生产线、水处理图片、汽车生产线及食品生产线等，如图 1-37 ～图 1-39 所示。

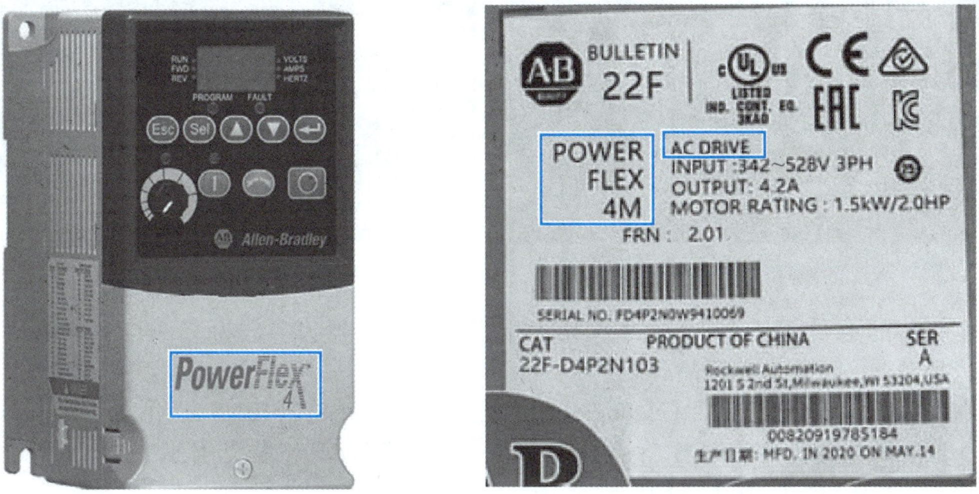

图 1-35　用 AC Drive 标识变频器

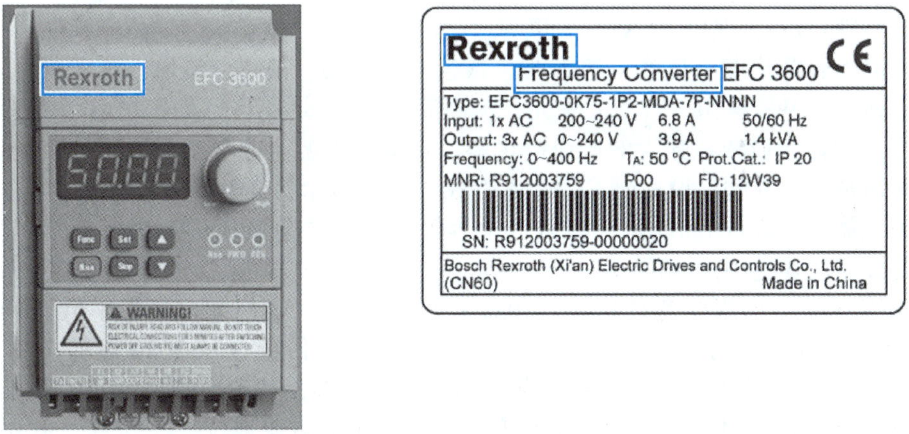

图 1-36　用 Frequency Converter 标识变频器

图 1-37　变频器在拉丝机上的应用

变频器应用感知

图 1-38　变频器在恒压供水中的应用

图 1-39　变频器在起重机上的应用

变频器的生产厂家很多，在中国市面上出售的变频器大多数为交 – 直 – 交电压源型第三代变频器，主要有如下品牌。

欧美品牌：法国施耐德（Schneider），德国西门子（SIEMENS）、伦茨（lenzn）、丹佛斯（Danfoss）、科比（KEB），美国艾默生（EMERSON）、罗克韦尔（ROCKWELL），芬兰伟肯（VACON），瑞士 ABB 等。

日本品牌：三菱（Mitsubishi），三垦（SAMCO）、富士（FUJI）、松下（panasonic）、日立（HITACHI）、安川（YASKAWA）、欧姆龙（OMRON）等。

韩国品牌：LG、现代（LS）、三星等。

国产品牌：阿启蒙、奥圣、德力西、森兰、阿尔法、正弦、汇川、英威腾、安邦信、佳灵、台达、三基、普川、台安、东元、美高等。

我国变频器行业依托强大的产业链优势，带动上下游企业联动拓展国外市场。例如，国内企业通过海外并购、设立研发中心等方式，提升国际竞争力。

我国在关键零部件如 IGBT、PCB 和电容等领域的供应能力不断增强，进一步巩固了在全球变频器产业链中的地位。

我国变频器市场规模持续扩大，2023 年已达到 467.53 亿元，其中中低压变频器占据主导地位，占比约为 64.98%，而高压变频器的市场份额也从 2020 年的 26% 提升至 35.02%。2024 年，我国机电产品出口额占全球的 59.4%，其中变频器等技术赋能型产品出口金额显著增长，显示了我国在全球变频器贸易中的重要地位。2025 年，我国专用变频器行业市场规模预计将达到 300 亿元，同比增长约 20%，主要受益于工业自动化、新能源和节能环保等领域的需求增长。

智能化、绿色环保和国际化是我国变频器行业未来的重要发展方向。预计智能变频器市场将迎来快速增长，年复合增长率达到 20% 以上。随着“一带一路”等国家战略的推进，我国企业将加大对国外市场的开拓力度，预计 2025 年我国变频器产品将出口至全球 100 多个国家和地区。

放置年久的变频器一定不要拿来就上电。

变频器在待机或运行状态下发生巨响，并伴随着火花，巨响过后，柜体内熔体熔断，开关跳闸，发出刺鼻的味道。这就是变频器“炸机”。

任务实施

请根据教师提供的变频器铭牌，如图 1-40 所示，观察其外观结构，了解变频器的品牌，完成表 1-3。

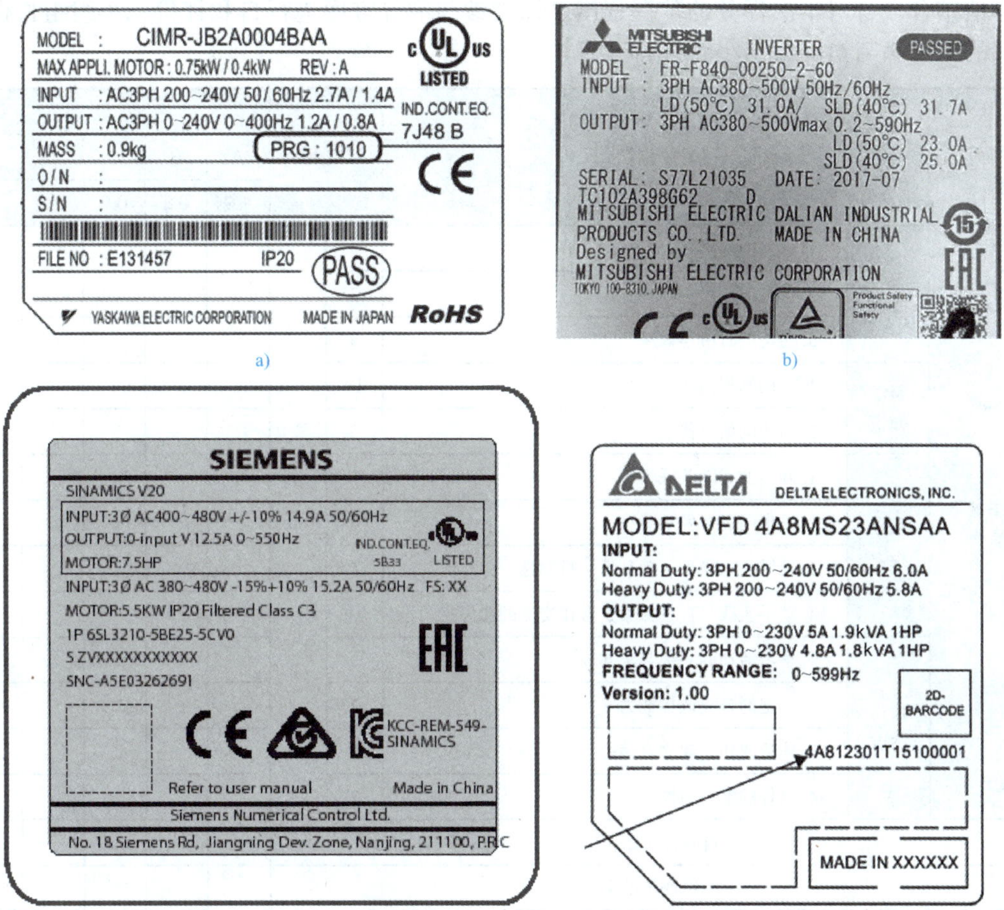

图 1-40　变频器铭牌

表 1-3　变频器铭牌记录

序号	品牌	型号	容量 /V·A	输入频率 /Hz	输出频率范围 /Hz
a					
b					
c					
d					
序号	输入电压相数	输入电压等级	额定输入电流 /A	额定输出电流 /A	
a					
b					
c					
d					

任务评价与反思

任务评价：

请结合自身对本次任务的掌握程度、课堂参与度等方面进行自我评价，小组组长根据组员的活动参与情况给出小组评价。

评价内容	评价指标		权重		等级				
					A	B	C	D	E
					1.0	0.8	0.6	0.2	0
学生学习表现	参与程度	1. 参与的深度	3	60					
		2. 参与的广度	3						
		3. 参与的时机与效率	4						
	科学知识	1. 基础知识落实	10						
		2. 多边的信息传递	5						
	科学探究	1. 和谐的人际关系	5						
		2. 提出问题、发表意见	5						
		3. 思维的求异性、独创性、批判性	5						
		4. 动手实践、自主探索、合作交流的能力	10						
	情感态度	1. 学习活动的兴趣与求知欲	3						
		2. 一定的自我调控能力	2						
		3. 体验成功，建立自信心	3						
		4. 良好的学习习惯	2						
自我评价结果									
小组评价结果									

任务反思：

在本次任务中，还有哪些地方可以改进：

____

____

____

职业素养与创新思维

某企业由于生产调整，部分生产线需要停线检修3个月。停线时生产线上的变频器运行都正常，但检修期过后，通电开机时出现两台变频器炸机现象。请探究其炸机的原因？

解：出现这种故障的原因比较复杂，但其中最主要的是以下两个原因：

1）周边环境因素影响。当变频器长期不使用时，如果没有妥善保存，很可能会暴露在灰尘、潮湿、腐蚀、虫蚁等环境下，给变频器带来隐患，由此导致的散热问题或者线路问题都会引起变频器重启时的故障。

2）变频器元器件状态不佳。变频器中包括了整流模块、IGBT 及电解电容等元器件。其中电解电容长时间不通电，会导致电解液干涸，使容量下降、漏电增大。再次送电时，就有可能出现开关电源工作异常或损坏，严重时，还会引起主回路电解电容损坏，导致变频器炸机。

变频器在搁置不用时应采取以下措施：

1）不用的变频器或者变频器备机（备件）应当密封保存，放置在防虫、防尘、防潮的环境下，储存温度条件为 −25 ～ 65℃。

2）变频器重新启用前应用专用设备进行充电，长期不用的变频器每 3 个月也应定期充电 1 次，充电电压应根据变频器功率大小和电压等级进行调整，并检查 I/O 端口。

项目 2

认识三菱 E840 变频器

项目学习任务

- 任务 2.1　认识三菱变频器家族成员
- 任务 2.2　感知 FR-E840 变频器实物

项目学习目标

➢ **知识目标**

熟悉三菱变频器产品、功能、特点及使用场合。

了解 FR-E840 变频器的内部结构，掌握变频器的拆装要求。

了解 FR-E840 变频器的外部接口，熟悉变频器的接线端子。

熟悉 FR-E840 变频器的操作单元、显示内容及键盘设置。

掌握变频器的铭牌信息、型号标识及主要参数。

➢ **技能目标**

能拆装变频器。

能完成变频器主电路/控制电路的电气接线。

能熟练使用变频器操作面板。

能正确识别变频器铭牌及型号。

➢ **素养目标**

培养节能与环保意识，形成绿色发展、高质量发展理念。

了解企业接线规范、绘图规范。

培养工匠精神、职业规范和职业道德。

任务 2.1　认识三菱变频器家族成员

三菱变频器是世界知名的变频器之一，在世界各地占有率比较高。三菱变频器因为其稳定的质量、强大的品牌影响，有着相当广阔的市场，并已广泛应用于各个领域。从工厂自动化到社会系统，三菱变频器在各领域都深受喜爱。本任务介绍三菱变频器产品系列的功能、特点和使用场合。

任务要求

走进三菱变频器家族

对照一款三菱变频器产品，能识别变频器型号中的含义。

知识准备

三菱变频器有几大系列：A（矢量重负载型）、F（风机、水泵节能型）、E（经济通用型）、D（简易紧凑型）、S（多功能紧凑型）等，这些系列下又有 500、700、800 等系列。三菱变频器目前市场上普遍使用的有 A700 系列、F700 系列、E700 系列及 D700 系列。近几年陆续上新了 A800 系列、F800 系列、E800 系列及 D800 系列等产品。这里重点介绍 700 系列变频器和 800 系列变频器的产品。

1. 700 系列变频器产品

2004 年，三菱变频器走向成熟市场，陆续发布了 700 系列长线产品，即使没有编码器，也可以实现高性能的实时无传感器矢量控制，它搭载了寿命诊断功能，采用了经久耐用的零件。

（1）A700（矢量重负载型）　该产品主要适合于各类对负载要求较高的设备，如起重机、电梯、印染、材料卷取等设备领域。

1）功率范围：0.4 ～ 500kW。

2）先进磁通矢量控制功能。

3）闭环时可进行高精度的转矩、速度、位置控制。

4）无传感器矢量控制可实现转矩、速度控制。

5）内置 PLC 功能（特殊型号）。

6）使用长寿命元器件，内置 EMC 滤波器。

7）强大的网络通信功能，支持 DeviceNet、Profibus-DP 及 Modbus 等协议。

A700 相关产品型号规格见表 2-1。

表 2-1　A700 相关产品型号规格

电源相数	电源等级	产品型号	容量范围
三相	400V	FR-A740	0.4 ～ 500kW
三相	200V	FR-A720	0.4 ～ 90kW

（2）F700（风机、水泵节能型）　该产品特别适用于风机、水泵、空调等行业。

1）功率范围：0.75 ～ 630kW。

2）简易磁通矢量控制方式，3Hz 时输出转矩达 120%。

3）采用最佳励磁控制方式，实现更高节能运行。

4）内置 PID，变频器 / 工频切换和可以实现多泵循环运行功能。

5）内置独立的 RS485 通信口。

6）使用长寿命元器件。

7）内置噪声滤波器（75kW 以上）。

8）带有节能监控功能。

F700 相关产品型号规格见表 2-2。

表 2-2　F700 相关产品型号规格

电源相数	电源等级	产品型号	容量范围
三相	400V	FR-F740	0.75 ～ 630kW
三相	200V	FR-F720	0.75 ～ 110kW

（3）E700（经济通用型）　该产品主要用在包装机械、食品加工、输送带、搅拌机及水泵等设备领域。

1）功率范围：0.1 ～ 15kW。

2）先进磁通矢量控制，0.5Hz 时输出转矩达 200%。

3）内置 PID 控制功能，柔性 PWM。

4）内置 RS485 通信口。

5）带安全停止功能。

E700 相关产品型号规格见表 2-3。

表 2-3　E700 相关产品型号规格

电源相数	电源等级	产品型号	容量范围
三相	400V	FR-E740	0.4 ～ 15kW
三相	200V	FR-E720	0.1 ～ 15kW
单相	220V	FR-E720S	0.1 ～ 2.2kW

（4）D700（简易紧凑型）　该产品主要用在搬运、升降、食品包装、加工机械、空调、风扇及水泵等设备领域。

1）功率范围：0.4 ～ 7.5kW。

2）通用磁通矢量控制，1Hz 时 150% 转矩输出。

3）采用长寿命元器件。

4）内置 Modbus-RTU 协议。

5）内置制动晶体管。

6）扩充 PID、三角波功能。

7）带安全停止功能。

D700 相关产品型号规格见表 2-4。

表 2-4　D700 相关产品型号规格

电源相数	电源等级	产品型号	容量范围
三相	400V	FR-D740	0.4 ～ 7.5kW
三相	200V	FR-D720	0.1 ～ 7.5kW
单相	220V	FR-D720S	0.1 ～ 2.2kW

2. 700 系列变频器的型号命名规则

三菱 700 系列变频器的命名规则如图 2-1 所示。

以 FR-E740-0.75K-CHT 型号为例，该变频器为 700 系列的经济通用型变频器，数字 4 表示电压等级是 400V，供电电源为三相电，0.75K 表示功率为 0.75kW，CHT 表示中国版。

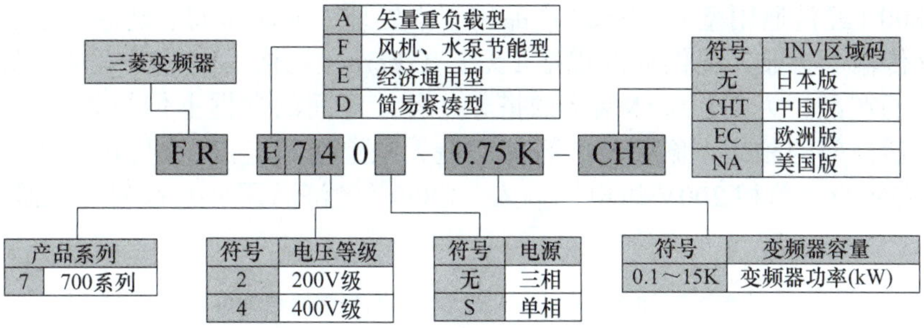

图 2-1　三菱 700 系列变频器的命名规则

3. 800 系列变频器产品

2013 年，以高性能和多功能为目标，产品发展到了 800 系列。2015 年 FR-A800 plus 系列上线，专门针对起重机、卷绕设备等。2019 年，新一代网络型变频器 FR-E800 上市，支持 CC-Link IE TSN，实现了生产现场的信息化、高度节能化。

（1）A800（矢量重负载型）　A800 产品适合于各类对负载要求较高的设备，如起重机、印染、材料卷取及其他通用场合，内置 CC-Link IE 现场网络功能，A800 plus 系列为行业专用型，为起重（CRN 系列）、卷绕（R2R 系列）、电梯（ELV 系列）等行业提供专用变频器，支持三相 200V 级和三相 400V 级电源输入。A800（矢量重负载型）系列变频器型号规格见表 2-5。

表 2-5　A800（矢量重负载型）系列变频器型号规格

电压等级	型号	额定容量
三相 200V	FR-A820-[]	0.75 ～ 90kW（LD 额定功率） 00046 ～ 04750（SLD 额定电流，单位为 A）
三相 400V	FR-A840-[]	0.4 ～ 280kW（LD 额定功率） 00023 ～ 06830（SLD 额定电流，单位为 A）
三相 400V	FR-A842-[]	315 ～ 500kW（LD 额定功率） 07700 ～ 12120（SLD 额定电流，单位为 A）
三相 400V	FR-A846-[]	0.4 ～ 132kW（LD 额定功率） 00023 ～ 03610（SLD 额定电流，单位为 A）

（2）F800（风机、水泵节能型）　F800 产品除了应用在很多通用场合外，还特别适用于风机、水泵、空调等行业，支持三相 200V 级和三相 400V 级电源输入。F800（风机、水泵节能型）系列变频器型号规格见表 2-6。

表 2-6　F800（风机、水泵节能型）系列变频器型号规格

电压等级	型号	额定容量
三相 200V	FR-F820-[]	0.75 ～ 110kW（LD 额定功率） 00046 ～ 04750（SLD 额定电流，单位为 A）
三相 400V	FR-F840-[]	0.75 ～ 315kW（LD 额定功率） 00023 ～ 06830（SLD 额定电流，单位为 A）
三相 400V	FR-F842-[]	355 ～ 560kW（LD 额定功率） 07700 ～ 12120（SLD 额定电流，单位为 A）
三相 400V	FR-F846-[]	0.75 ～ 160kW（LD 额定功率） 00023 ～ 03610（SLD 额定电流，单位为 A）

（3）E800（经济通用型）　E800 产品用于水处理、喷涂车间、建筑水泵、洗车生产、风机、行李传输等行业，提供标准规格（无）、Ethernet 规格（E）、安全通信规格（SCE）等三种规格的产品，为工厂整体网络的搭建、各工厂间的数据上传与共享、远程数据监控提供了灵活高效的领先方案，打开智能制造无限空间，支持三相 200V 级、三相 400V 级、三相 575V 级、单相 200V 级电源输入。E800（经济通用型）系列变频器型号规格见表 2-7。

表 2-7　E800（经济通用型）系列变频器型号规格

电压等级	型号	额定容量
三相 200V	FR-E820-[]K（E）	0.1 ～ 7.5kW（ND 额定功率） 0008 ～ 0330（ND 额定电流，单位为 A）
	FR-E820-[]KSCE	
三相 400V	FR-E840-[]K（E）	0.4 ～ 7.5kW（ND 额定功率） 0016 ～ 0170（ND 额定电流，单位为 A）
	FR-E840-[]KSCE	
三相 575V	FR-E860-[]K（E）	0.75 ～ 7.5kW（ND 额定功率） 0017 ～ 0120（ND 额定电流，单位为 A）
	FR-E860-[]KSCE	
单相 200V	FR-E820S-[]K（E/SCE）	0.1 ～ 2.2kW（ND 额定功率） 0008 ～ 0110（ND 额定电流，单位为 A）
单相 100V	FR-E810W-[]K（E/SCE）	—

4. 800 系列变频器的型号命名规则

三菱 800 系列变频器的命名规则和 700 系列命名规则有所不同，如图 2-2 所示。

以 FR-E840-0026-4-60 型号为例，该变频器为 800 系列的经济通用型变频器，数字 4 表示电压等级是 400V 级，供电电源为三相电，0026 表示变频器额定输出电流为 2.6A，额定输出功率为 0.75kW，数字 4 表示端子 AM 为模拟电压输出，60 表示有镀膜。

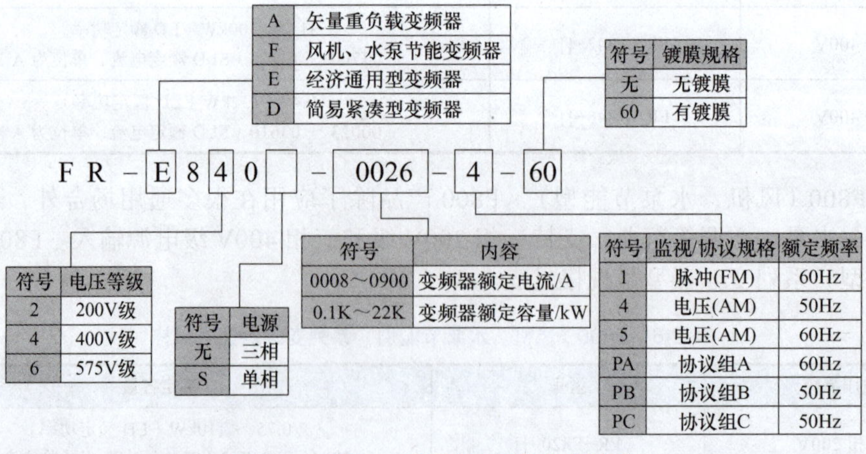

图 2-2　三菱 800 系列变频器的命名规则

知识加油站！！！

变频器的铭牌上会有 SLD、LD、ND、HD 字样，你知道是什么意思吗？表 2-8 中的 SLD 为 110% 过载，不大于 60s 的轻微过载。

表 2-8　变频器的过载能力

负载类型	环境温度 /℃	过载电流额定值
SLD（超轻型负载）	40	110% 60s、120% 3s（反限时特性）
LD（轻型负载）	50	120% 60s、150% 3s（反限时特性）
ND（正常负载）	50	150% 60s、200% 3s（反限时特性）
HD（重型负载）	50	200% 60s、250% 3s（反限时特性）

任务实施

根据教师提供的以下 3 个三菱 700 系列变频器的机身侧面（额定铭牌）和机身正面 PU 接口盖板上的电压等级，如图 2-3 所示，观察铭牌，理解变频器的型号命名规则，记录相关信息于表 2-9 中。

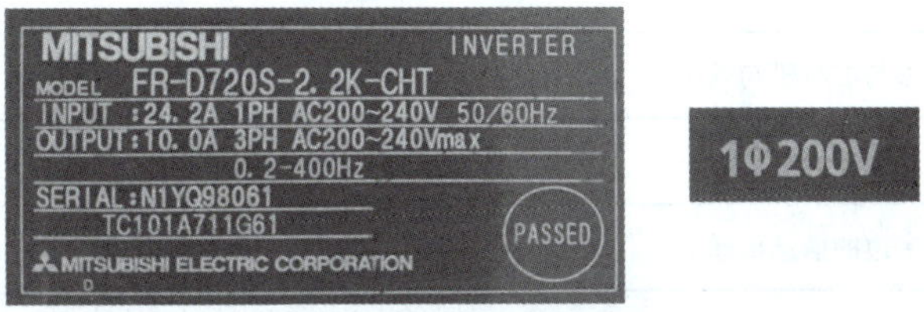

a) FR-D720S-2.2K-CHT机身侧边和机身正面

b) FR-E720-3.7K机身侧边和机身正面

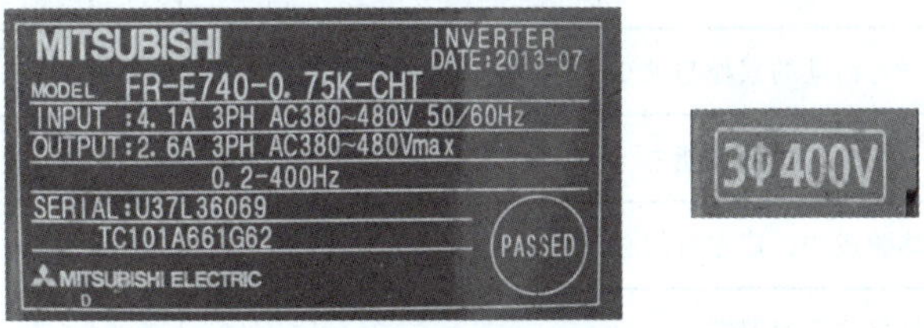

c) FR-E740-0.75K-CHT机身侧边和机身正面

图 2-3　机身侧边与机身正面

表 2-9　变频器铭牌记录

序号	型号	容量	输入电压相数	输入电压等级	输入频率
a					
b					
c					
序号	输出电压相数	输出频率范围	输入电流	输出电流	输出电压范围
a					
b					
c					

任务评价与反思

任务评价：

请结合自身对本次任务的掌握程度、课堂参与度等方面进行自我评价，小组组长根据组员的活动参与情况给出小组评价。

<table>
<tr><th rowspan="3">评价内容</th><th rowspan="3" colspan="2">评价指标</th><th rowspan="3" colspan="2">权重</th><th colspan="5">等级</th></tr>
<tr><th>A</th><th>B</th><th>C</th><th>D</th><th>E</th></tr>
<tr><th>1.0</th><th>0.8</th><th>0.6</th><th>0.2</th><th>0</th></tr>
<tr><td rowspan="13">学生学习表现</td><td rowspan="3">参与程度</td><td>1. 参与的深度</td><td>3</td><td rowspan="13">60</td><td></td><td></td><td></td><td></td><td></td></tr>
<tr><td>2. 参与的广度</td><td>3</td><td></td><td></td><td></td><td></td><td></td></tr>
<tr><td>3. 参与的时机与效率</td><td>4</td><td></td><td></td><td></td><td></td><td></td></tr>
<tr><td rowspan="2">科学知识</td><td>1. 基础知识落实</td><td>10</td><td></td><td></td><td></td><td></td><td></td></tr>
<tr><td>2. 多边的信息传递</td><td>5</td><td></td><td></td><td></td><td></td><td></td></tr>
<tr><td rowspan="4">科学探究</td><td>1. 和谐的人际关系</td><td>5</td><td></td><td></td><td></td><td></td><td></td></tr>
<tr><td>2. 提出问题、发表意见</td><td>5</td><td></td><td></td><td></td><td></td><td></td></tr>
<tr><td>3. 思维的求异性、独创性、批判性</td><td>5</td><td></td><td></td><td></td><td></td><td></td></tr>
<tr><td>4. 动手实践、自主探索、合作交流的能力</td><td>10</td><td></td><td></td><td></td><td></td><td></td></tr>
<tr><td rowspan="4">情感态度</td><td>1. 学习活动的兴趣与求知欲</td><td>3</td><td></td><td></td><td></td><td></td><td></td></tr>
<tr><td>2. 一定的自我调控能力</td><td>2</td><td></td><td></td><td></td><td></td><td></td></tr>
<tr><td>3. 体验成功，建立自信心</td><td>3</td><td></td><td></td><td></td><td></td><td></td></tr>
<tr><td>4. 良好的学习习惯</td><td>2</td><td></td><td></td><td></td><td></td><td></td></tr>
<tr><td colspan="5">自我评价结果</td><td></td><td></td><td></td><td></td><td></td></tr>
<tr><td colspan="5">小组评价结果</td><td></td><td></td><td></td><td></td><td></td></tr>
</table>

任务反思：

本次任务中，从变频器的铭牌中能了解哪些信息？1PH、2PH、3PH 分别是什么意思？

职业素养与创新思维

1. 职业素质培养

放置变频器时，一定要轻拿轻放，不要使变频器跌落或受到强烈冲击，以防塑料面板碎裂。搬运变频器时，不要握住前盖板或设定用的旋钮，这样会造成变频器掉落或故障。

2. 专业素质培养问题

问题 1：为什么在三菱 700、800 系列变频器的面板上，有一个外形硕大、转动灵活的旋钮，而在其他品牌变频器上却很少见到？

解：这个旋钮的设计为三菱变频器所独有，它具有操作简单、方便顺手、功能性强等特点，深受用户好评。如果旋转此旋钮，它可以方便地改变频率和设定参数，顺时针增大，逆时针减小；如果按压此旋钮，它还可以显示监控模式下的设定频率等。

问题 2：为什么三菱变频器机身上有大小两个铭牌？

解：这是三菱产品人性化的设计。因为在维修或者更换变频器时，技术人员必须要查看铭牌，而变频器通常是安装在电气控制柜中的，大铭牌一般在机身侧面，如果变频器的安装位置遮挡大铭牌，那么查看铭牌将非常困难。因此，三菱变频器还在机身的正面设置了一个小铭牌（容量铭牌），有的标在前盖板上的 PU 接口盖处，还有的标在前盖板的正下方。这可以方便用户查看铭牌。

3. 工程实际问题解答

讨论：变频器不仅在其外壳的顶端开有一个通风口，而且在其金属底座上还带有片状的散热片。与一般电器相比，变频器为什么需要加强散热呢？

讨论结果：变频器内部有多种功率型的电力电子器件。变频器上电使用时极易受到工作温度的影响。实践证明，温度每升高 10℃，变频器的使用寿命将折损一半，而且故障率也会明显上升。因此，提供一个良好的散热条件是变频器能够持续稳定工作的重要保证。

任务 2.2 感知 FR-E840 变频器实物

三菱 800 系列变频器是在原先 700 系列基础上演变而来的，包括 A800、E800、F800 等类型。800 系列变频器在端子排布和参数设置上具有共性，因此，只要了解其中一种类型的变频器，就可以触类旁通，其基本参数和外部接线基本一致。这里以 E840 变频器为例进行介绍。

任务要求

观察一款 E840 变频器，识别变频器铭牌，会对变频器的盖板进行拆装，能识别变频器主电路端子和控制电路端子，并会对这两种类型端子进行接线。

知识准备

1. 认识变频器的外观结构

三菱 FR-E840 变频器的基本结构相同，其整体外形为半封闭式，从外观上看，正面主要有操作面板、前盖板、梳形接线盖板、USB 接口等，侧面可以看到额定铭牌、底座及 4 个定位安装孔，如图 2-4 所示。

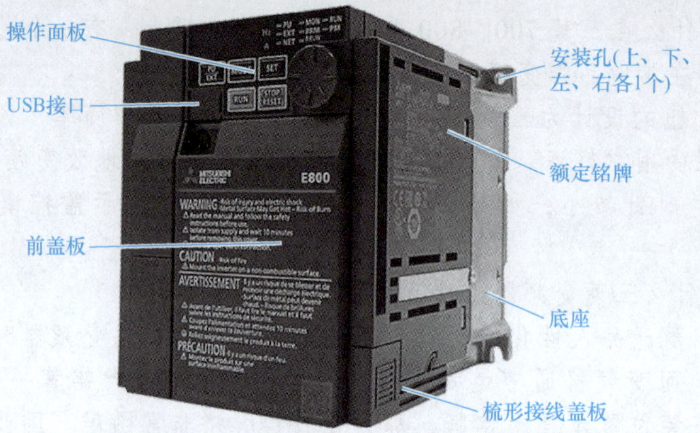

图 2-4　FR-E840 变频器的外观结构

2. 认识变频器的操作面板

变频器的操作面板因品牌不同而不同，但它们的基本功能是相同的。三菱 FR-E840 变频器的操作面板又称 PU，如图 2-5 所示。

识别变频器的操作面板

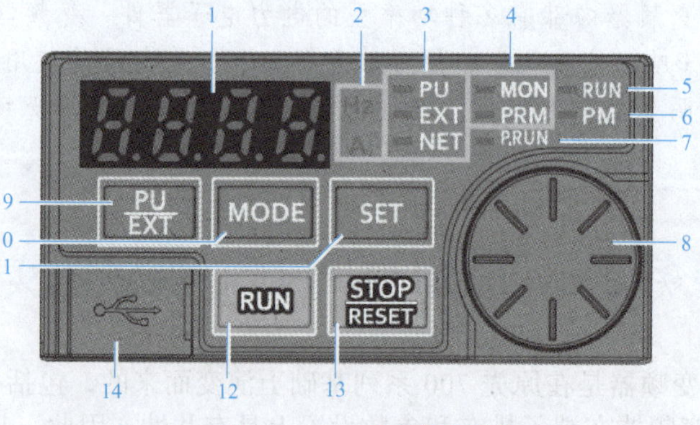

图 2-5　三菱 FR-E840 变频器的操作面板

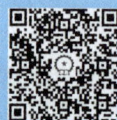

操作面板分为数据显示区、单位显示区、状态指示区、M 旋钮、操作按键区和通信区等。操作面板上各部分的名称见表 2-10。

表 2-10　三菱 FR-E840 变频器操作面板上各部分的名称

区域	序号	操作部位	名称	内容
数据显示区	1		监视器（4 位 LED）	显示功能参数（如 P. 为前缀，后面为数字的参数编号、设定值）、工作状态数据（如运行的频率、电压、电流）、异常信息显示

（续）

区域	序号	操作部位	名称	内容
单位显示区	2		单位显示	Hz：显示频率时亮灯（设定频率监视显示时闪烁） A：显示电流时亮灯 显示电压时，“Hz”“A”均熄灭
状态指示区	3		运行模式显示	PU：运行模式时亮灯 EXT：外部运行模式时亮灯（初始设定时，电源 ON 后即亮灯） NET：网络运行模式时亮灯 PU、EXT：外部 /PU 组合运行模式 1、2 时亮灯
	4		操作面板状态显示	MON：运行状态监视显示时亮灯 / 闪烁 PRM：参数设定模式时亮灯；选择简单设定模式时闪烁
	5		运行状态显示	在变频器动作中亮灯 / 闪烁 ● 长亮灯：正转运行中 ● 缓慢闪烁（1.4s 周期）：反转运行中 ● 快速闪烁（0.2s 周期）：虽然输入了起动指令，但无法运行的状态
	6		控制电动机显示	设定 PM 无传感器矢量控制时亮灯 选择试运行状态时闪烁。异步电动机设定时熄灯
	7		顺控功能有效显示	顺控功能动作时亮灯（发生顺控错误时会闪烁）
M 旋钮	8	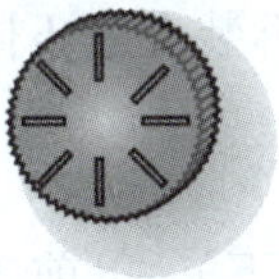	M 旋钮	M 是三菱英文 Mitsubishi 的首字母，表示三菱变频器的旋钮，用于变更频率设定、参数设定 按下旋钮后显示器可显示如下内容： ● 监视模式时的设定频率显示 ● 校正时的当前设定值显示
操作按键区	9		<PU/EXT> 键	运行模式切换 ● 切换 PU 运行模式、PU JOG 运行模式、外部运行模式 ● 与 <MODE> 键同时按下后，可切换至运行模式的简单设定模式 ● 解除 PU 停止
	10		<MODE> 键	用于切换各运行模式 ● 与 <PU/EXT> 键同时按下后，可切换至运行模式的简单设定模式 ● 长按（2s）后可进行操作锁定。Pr.161=0（初始值）时按键锁定模式无效
	11		<SET> 键	确定各项设定 运行中按此键，则监视出现以下显示 输出频率 → 输出电流 → 输出电压（→ 返回输出频率）
	12		<RUN> 键	起动指令 可以通过 Pr.40 的设定选择旋转方向（Pr.40=0（初始值），正转；Pr.40=1，反转）
	13		<STOP/RESET> 键	停止运行指令 保护功能起动时，进行变频器的复位
通信区	14		USB 接口	可以通过 USB 连接使用 FR Configurator2 参数设置软件进行参数设置

操作面板显示区显示的数字、字母与表 2-11 的英文数字、字母相对应。

表 2-11　操作面板显示与实际符号对应

0	1	2	3	4	5	6	7	8	9	A	B	C
0	1	2	3	4	5	6	7	8	9	A	b	C
D	E	F	G	H	I	J	K	L	M	N	O	P
d	E	F	G	H	'	J	K	L	M	n	o	P
Q	R	S	T	U	V	W	X	Y	Z	-	_	
q	r	S	T	U	v	W	X	Y	Z	-	_	

3. 拆装变频器的盖板

在变频器的外观上，是没有任何接线端子的，需要对盖板进行拆卸方可进行接线。拆卸时需要先拆卸前盖板，然后才能拆卸接线盖板。拆下前盖板后，可以进行控制电路端子的接线、内置选件的安装。拆下梳形接线盖板后，可以进行主电路端子电源侧、电动机侧的接线。接线完成后，需要安装好前盖板和接线盖板，确保操作运行的安全，以防触电，且对变频器的防尘、防水提供有效保护。安装时，需要先安装接线盖板，再安装前盖板。

首次接触变频器实物

三菱 E800 系列变频器盖板的拆装因型号和容量的不同，拆装有所不同，这里以 FR-E840-0026（0.75kW）变频器为例进行拆装。

（1）前盖板的拆卸与安装

1）前盖板的拆卸：拧松前盖板的安装螺钉（螺钉不能卸下），以前盖板的下部为支点，向面前拉出并卸下，如图 2-6 所示。

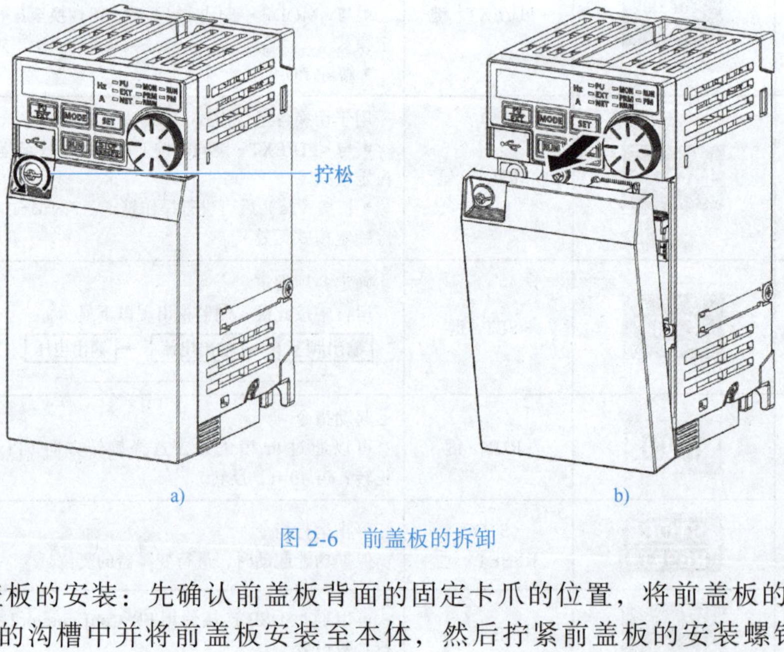

a)　　b)

图 2-6　前盖板的拆卸

2）前盖板的安装：先确认前盖板背面的固定卡爪的位置，将前盖板的固定卡爪插入接线盖板的沟槽中并将前盖板安装至本体，然后拧紧前盖板的安装螺钉，如图 2-7 所示。

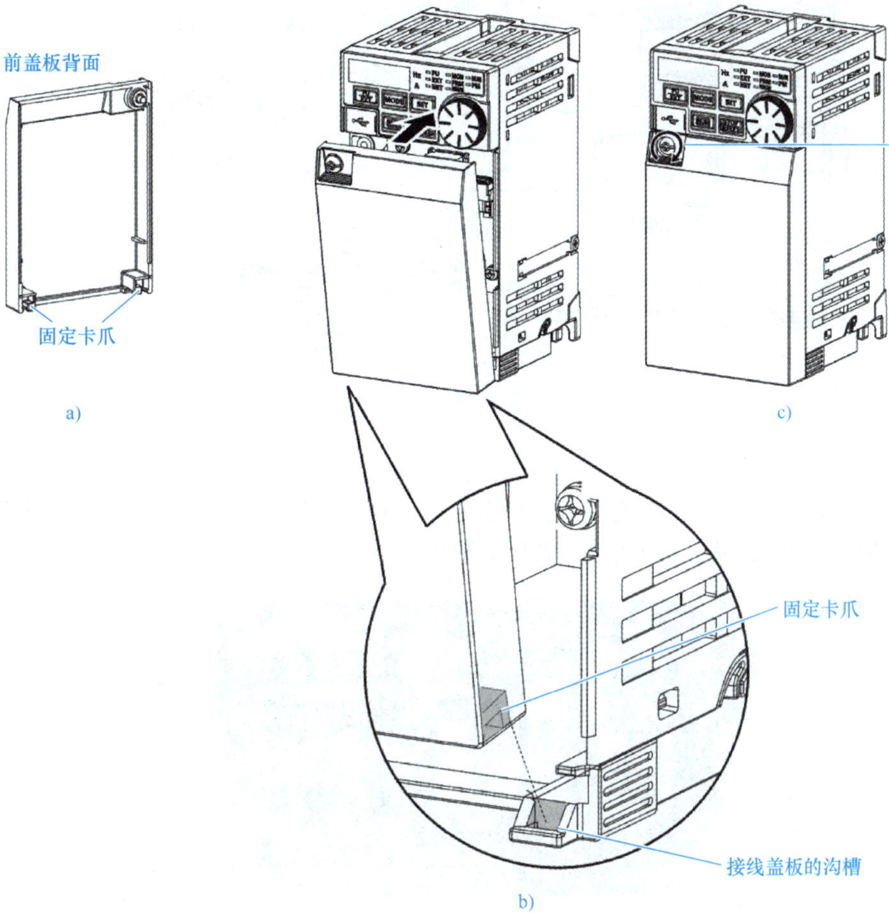

图 2-7　前盖板的安装

（2）接线盖板的拆卸与安装

1）接线盖板的拆卸：将一字螺钉旋具等不尖锐的工具插入接线盖板的“PUSH”中，将挡板按压进 3mm 左右，应将接线盖板沿箭头所示的方向在下侧向面前拉出并卸下，如图 2-8 所示。

2）接线盖板的安装：将接线盖板两侧的导板对准变频器本体的导槽，向里面推就可以安装好接线盖板，如图 2-9 所示。

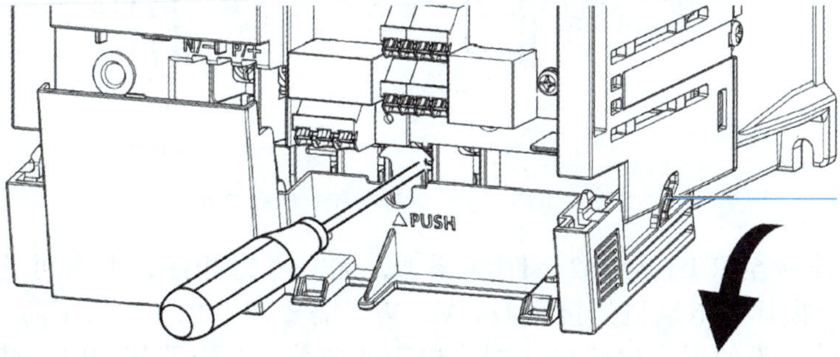

图 2-8　接线盖板的拆卸

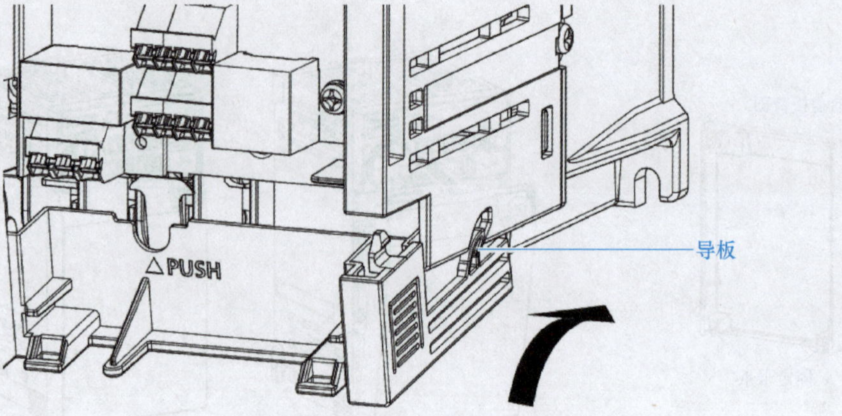

图 2-9　接线盖板的安装

4. 识别变频器主电路端子及其接线方式

拆下接线盖板后，就可以看到主电路端子。图 2-10 为变频器主电路实物端子，图 2-11 为变频器主电路端子电源接线和电动机接线示意。

图 2-10　变频器主电路实物端子

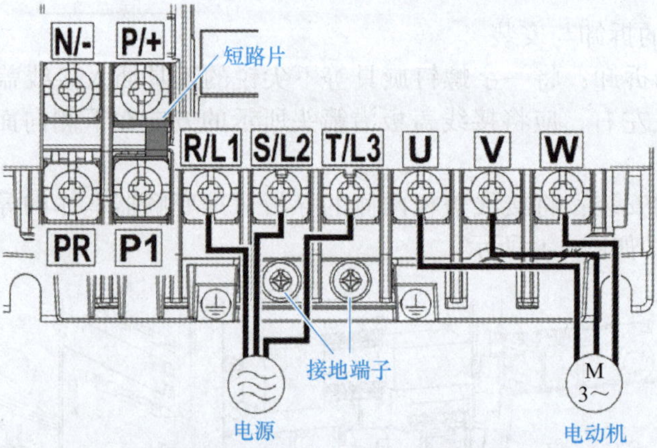

图 2-11　变频器主电路端子电源接线和电动机接线示意图

电源线务必连接至 R/L1、S/L2、T/L3 端子，无需考虑相序，万不可连接至 U、V、W，否则变频器会损坏。电动机连接至 U、V、W，需要调节相序。为了防止变频器运行过程中因为振动等因素使得主电路接线端子松动或脱落，主电路接线时，建议使用 O 形绝缘头。

5. 识别变频器控制电路端子及其接线方式

拆下前盖板后，就可以看到控制电路端子，图 2-12 为变频器控制电路实物端子和端子排列。

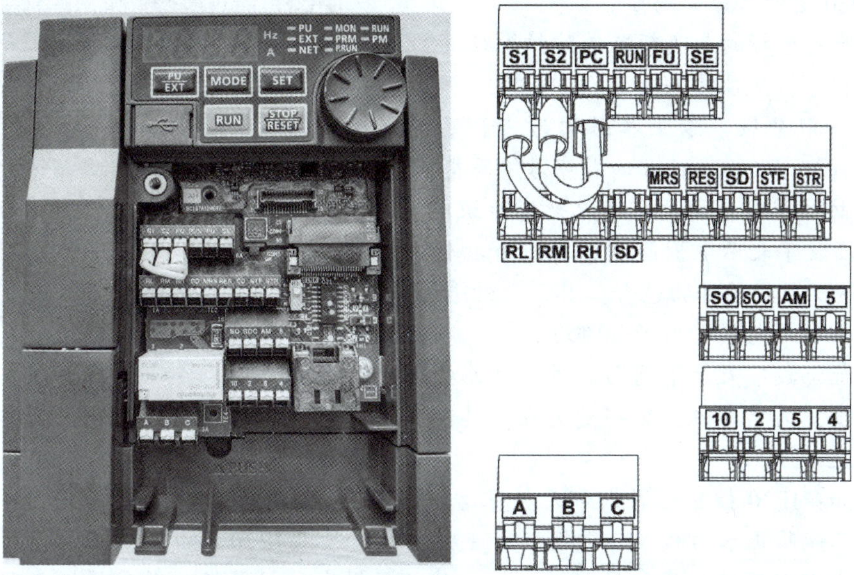

a) 控制电路实物端子　　b) 控制电路端子排列

图 2-12　变频器控制电路实物端子和端子排列

进行控制端子的接线时，建议使用电线尺寸为 0.3 ～ 0.75mm^2，用剥线钳剥去电线末端大约 10mm 的绝缘层。如果剥开绝缘层过长，会有与邻线发生短路的危险；如果剥开过短，则可能会脱线。多芯线时，为避免散乱，应将电线绞合好后再进行接线，请勿采用焊接处理，否则有可能导致电线断裂。剥去绝缘层的电线应使用插针型冷压端子进行压接，插针型冷压端子插入电线时应确保芯线部分露出套管 0 ～ 0.5mm。单芯线接线时，剥开电线绝缘层后即可直接使用。

电线的连接：用一字螺钉旋具将开关按钮按到底的状态下接入电线，如图 2-13a 所示。

电线的拆卸：用一字螺钉旋具将开关按钮按到底的状态下拔出电线，如图 2-13b 所示。

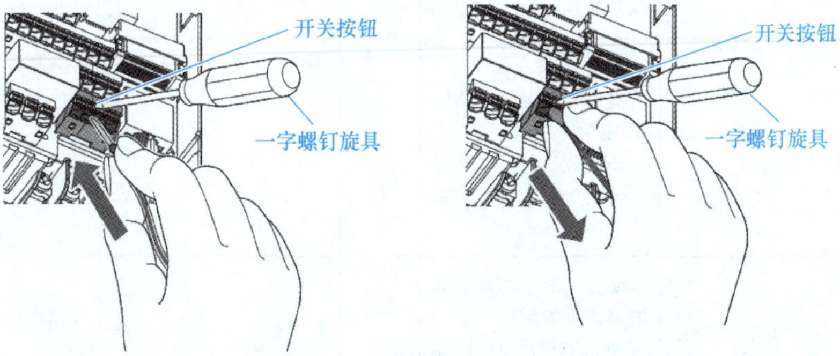

a) 电线的连接　　b) 电线的拆卸

图 2-13　电线的连接与拆卸

知识加油站！！！

观察变频器侧面的铭牌，如图2-14所示，图中IP20是什么含义吗？

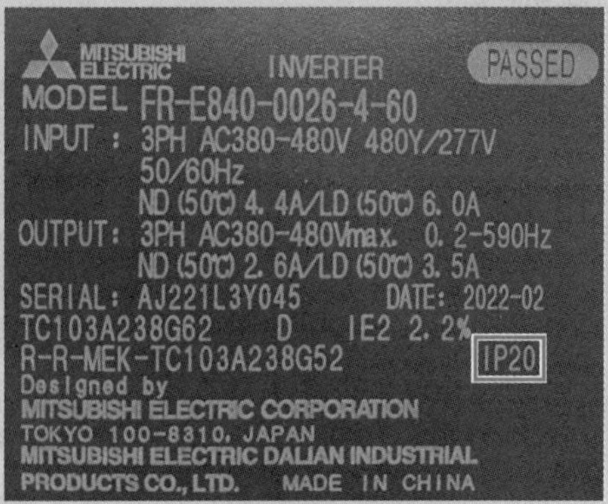

图2-14　变频器铭牌

这个符号指的是变频器的防护等级。

防护等级主要是将电器依其防尘、防湿气的特性加以分级，专业术语称为“IP”，它是由英文Ingress Protection的首字母缩写得来。

IP防护等级是由两个标记数字所组成，第1个标记数字表示电器防尘、防止外物侵入的等级（这里所指的外物包含工具、人的手指等，均不可接触到电器之内带电部分，以免触电）；第2个标记数字表示电器防湿气、防水浸入的密闭程度，简单来说，数字越大表示其防护等级越高。IP两位数分别代表具体含义见表2-12。

比如：IP20指变频器内部无特殊防护措施，只能防止直径大于12.5mm的物体进入，不能防止水的溅入。常规型的变频器就是采用IP20防护等级。但是对于特殊场合或者潮湿环境、腐蚀性强的环境，就必须提高防护等级。防护等级不同，价位也不同，譬如：全密封型变频器防护等级为IP65，6代表的是完全防止外物及粉尘，5代表防止喷射的水侵入，这个防水是阻止各个方向由喷嘴射出的水进入变频器。环境潮湿、湿度大、粉尘多的工厂建议选用全密封型变频器。

总体来说，一定要根据使用环境来选择变频器的防护等级，否则带来的损失是很大的。

表2-12　IP防护等级标准

接触保护和外来物保护等级 第1个标记数字			防水保护等级 第2个标记数字		
数字	防护范围		数字	防护范围	
	名称	说明		名称	说明
0	无防护	对外界的人或物无特殊的防护	0	无防护	对水或湿气无特殊的防护
1	防止直径大于50mm的固体外物侵入	防止人体（如手掌）因意外而接触到电器内部的零件 防止较大尺寸（直径大于50mm）的外物侵入	1	防止水滴侵入	垂直落下的水滴（如凝结水）不会对电器造成损坏
2	防止直径大于12.5mm的固体外物侵入	防止人的手指接触到电器内部的零件 防止中等尺寸（直径大于12.5mm）的外物侵入	2	倾斜15°时，仍可防止水滴侵入	当电器由垂直倾斜至15°时，滴水不会对电器造成损坏

（续）

接触保护和外来物保护等级 第 1 个标记数字			防水保护等级 第 2 个标记数字		
数字	防护范围		数字	防护范围	
	名称	说明		名称	说明
3	防止直径大于 2.5mm 的固体外物侵入	防止直径或厚度大于 2.5mm 的工具、电线及类似的小型外物侵入而接触到电器内部的零件	3	防止喷洒的水侵入	防雨或防止与垂直的夹角小于 60° 的方向所喷洒的水侵入电器而造成损坏
4	防止直径大于 1.0mm 的固体外物侵入	防止直径或厚度大于 1.0mm 的工具、电线及类似的小型外物侵入而接触到电器内部的零件	4	防止飞溅的水侵入	防止各个方向飞溅而来的水侵入电器而造成损坏
5	防止外物及粉尘	完全防止外物侵入，虽不能完全防止粉尘侵入，但粉尘的侵入量不会影响电器的正常运作	5	防止喷射的水侵入	防止持续至少 3min 的低压喷水
6	防止外物及粉尘	完全防止外物及粉尘	6	防止大浪侵入	防止持续至少 3min 的大量喷水
			7	防止浸水时水的侵入	在深达 1m 的水中防止 30min 的浸泡影响
			8	防止沉没时水的侵入	在深度超过 1m 的水中防止持续浸泡影响 准确的条件由制造商针对各设备指定

任务实施

1. 实训器材准备

1）变频器，型号为 FR-E840-0026-4-60，每组 1 台。

2）电工常用仪表和工具，每组 1 套。

3）0.75mm^2 电线一卷；O 形绝缘头、插针型绝缘头若干。

4）对称三相交流电源，线电压为 380V，三相笼型异步电动机，每组 1 台。

2. 实训内容

1）观察变频器外观，学习教材内容或查阅变频器手册（E800 功能说明书）中操作面板的各部分名称，完成表 2-13 的填写。

表 2-13　操作键与指示灯说明

按键 / 指示灯	功能说明
<MODE> 键	
<PU/EXT> 键	
<SET> 键	
<RUN> 键	
<STOP/RESET> 键	
RUN 指示灯	

（续）

按键 / 指示灯	功能说明
MON 指示灯	
PU 指示灯	
EXT 指示灯	
PRM 指示灯	
NET 指示灯	

2）进行变频器前盖板的拆卸、控制电路端子电线的制作、接入与拔出、前盖板的安装。

3）进行变频器接线盖板的拆卸，电源线、电机线的接线，接线盖板的安装。

任务评价与反思

任务评价：

请结合自身对本次任务的掌握程度、课堂参与度等方面进行自我评价，小组组长根据组员的活动参与情况给出小组评价。

<table>
<tr><th rowspan="3">评价内容</th><th rowspan="3" colspan="2">评价指标</th><th rowspan="3" colspan="2">权重</th><th colspan="5">等级</th></tr>
<tr><th>A</th><th>B</th><th>C</th><th>D</th><th>E</th></tr>
<tr><th>1.0</th><th>0.8</th><th>0.6</th><th>0.2</th><th>0</th></tr>
<tr><td rowspan="13">学生学习表现</td><td rowspan="3">参与程度</td><td>1. 参与的深度</td><td>3</td><td rowspan="13">60</td><td></td><td></td><td></td><td></td><td></td></tr>
<tr><td>2. 参与的广度</td><td>3</td><td></td><td></td><td></td><td></td><td></td></tr>
<tr><td>3. 参与的时机与效率</td><td>4</td><td></td><td></td><td></td><td></td><td></td></tr>
<tr><td rowspan="2">科学知识</td><td>1. 基础知识落实</td><td>10</td><td></td><td></td><td></td><td></td><td></td></tr>
<tr><td>2. 多边的信息传递</td><td>5</td><td></td><td></td><td></td><td></td><td></td></tr>
<tr><td rowspan="4">科学探究</td><td>1. 和谐的人际关系</td><td>5</td><td></td><td></td><td></td><td></td><td></td></tr>
<tr><td>2. 提出问题、发表意见</td><td>5</td><td></td><td></td><td></td><td></td><td></td></tr>
<tr><td>3. 思维的求异性、独创性、批判性</td><td>5</td><td></td><td></td><td></td><td></td><td></td></tr>
<tr><td>4. 动手实践、自主探索、合作交流的能力</td><td>10</td><td></td><td></td><td></td><td></td><td></td></tr>
<tr><td rowspan="4">情感态度</td><td>1. 学习活动的兴趣与求知欲</td><td>3</td><td></td><td></td><td></td><td></td><td></td></tr>
<tr><td>2. 一定的自我调控能力</td><td>2</td><td></td><td></td><td></td><td></td><td></td></tr>
<tr><td>3. 体验成功，建立自信心</td><td>3</td><td></td><td></td><td></td><td></td><td></td></tr>
<tr><td>4. 良好的学习习惯</td><td>2</td><td></td><td></td><td></td><td></td><td></td></tr>
<tr><td colspan="5">自我评价结果</td><td></td><td></td><td></td><td></td><td></td></tr>
<tr><td colspan="5">小组评价结果</td><td></td><td></td><td></td><td></td><td></td></tr>
</table>

任务反思：

在本次任务中，电工工具的使用是否熟练？主电路电线的压线、接线是否完成？控制电路电线的剥线、压线、接线是否完成？盖板的折装是否熟练？

职业素养与创新思维

1. 职业素质培养

① 在拆卸和安装螺钉时，一定要沿面板的对角线均匀用力，防止操作单元因受力不均而翘起；螺钉也不要拧得过紧，以防塑料面板碎裂。

② 不要在带电情况下进行变频器的拆装，不要使变频器跌落或受到强烈撞击。

③ 当安装接线盖板时，一定要把接口完全连接好。

④ 前盖板安装要牢固，务必拧紧表面护盖的安装螺钉。

⑤ 防止螺钉、电缆碎片或其他导电物体或油类等可燃性物体进入变频器。

⑥ 拆装要在操作台上进行，机身要平放，不能倒置或侧置，而且周围环境也要保持干净、干燥。

2. 专业素质培养

问题 1：观察三菱 FR-E840-00026-4-60 变频器的端子板，说明为什么变频器主电路接线端子和控制电路接线端子在空间上是分开的。

解：为了防止接线错误和信号间彼此干扰，三菱 E840 系列变频器主、控端子板常采用分层布置，主电路接线端子板设置在前方，而控制电路接线端子板设置在正上方。由于主电路流过的是大电流，所以端子形态相对比较大，端子螺钉尺寸为 M4，配用 1.5 ～ 2.5mm^2 的导线。控制电路流过的是小电流，配用 0.5 ～ 1mm^2 的导线。

问题 2：FR-E840-00026-4-60 变频器上的接地端子该如何接地？

解：当变频器和其他设备或多台变频器一起接地时，每台设备都必须分别和地线相接，如图 2-15a、b 所示，不允许将一台设备的接地端和另一台设备的接地端相接后接地，如图 2-15c 所示。

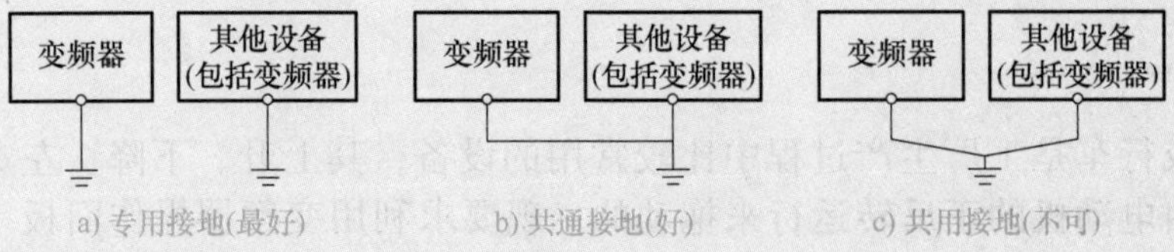

图 2-15　变频器的接地方式

项目 3

用操作面板控制变频器运行

项目学习任务

- 任务 3.1　面板控制变频器点动正反转运行
- 任务 3.2　面板控制变频器连续正反转运行

项目学习目标

➢ **知识目标**

熟练掌握变频器面板上各按键的功能。

掌握面板控制变频器点动正反转运行的操作。

掌握面板控制变频器连续正反转运行的操作。

➢ **技能目标**

能根据负载运行工况需求选用不同的起动运行方式。

根据现场负载运行工况需求设置变频器相关参数。

➢ **素养目标**

培养安全操作意识和严谨细致的工作态度。

培养团队协作和沟通能力，能清晰描述设备运行状态及异常现象。

任务 3.1　面板控制变频器点动正反转运行

操作面板控制是变频器最简单的控制方式，用户通过变频器自带的操作面板即可完成起动、停止、调速等基本操作，具备方便实用的特点，同时集成故障报警功能，可实时反馈变频器的运行状态、故障及报警信息，使用户能及时掌握设备情况。变频器的操作面板通常可延伸安装至便于用户操作的位置，若距离较远，则需采用远程操作面板。

任务要求

升降机或行车是工厂生产过程中比较常用的设备，其上升、下降、左移、右移是由电动机的正反转运行来拖动的。现要求利用变频器操作面板控制电动机分别进行点动正转 15Hz、点动反转 25Hz 来调整设备的位置，该如何实现呢？

如何让变频器运行

知识准备

要使变频器正常工作，要解决的首要问题是如何起动和停止变频器，其次是如何控制变频器的速度。变频器的起动信号和频率信号缺一不可，只给起动信号而不给频率信号或者只给频率信号而不给起动信号，变频器都将无法运行。

1. 变频器起动指令来源

如图 3-1 所示，变频器起动指令来源有三种：一是通过操作面板上的 <RUN> 键发出起动信号；二是通过外部正转起动 STF 端子、反转起动 STR 端子发出起动信号；三是通过本体的 RS485 通信 PU 接口、Ethernet 规格产品、安全通信规格产品的 Ethernet 接口或内置选件等与 PLC 或触摸屏进行连接，通过编写通信程序控制变频器起动。

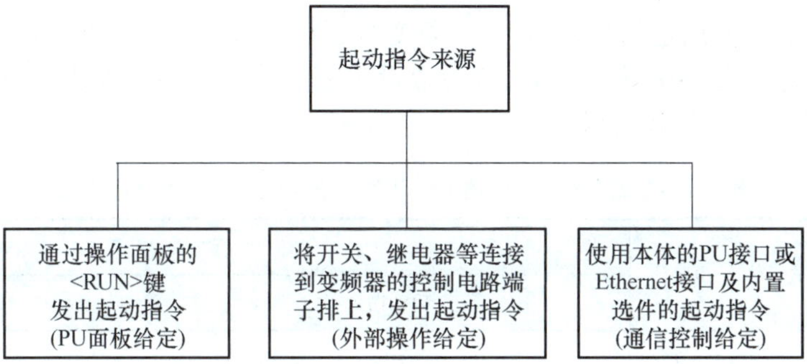

图 3-1　变频器起动指令来源

2. 变频器频率指令来源

如图 3-2 所示，变频器频率指令来源有五种。

1）通过操作面板上的 M 旋钮或 <UP> <DOWM> 键设置频率信号。

2）通过多段速端子上所连接的开关的 ON/OFF 来使频率变化（通过 RH、RM、RL、REX 四个信号的逻辑组合，最多可以组合出 15 种速度）。

3）通过电压输出设备接入模拟量输入端子进行频率设定（端子 2—5 间连接）。

4）通过电流输出设备接入模拟量输入端子进行频率设定（端子 4—5 间连接）。

5）通过本体的 RS485 通信 PU 接口、Ethernet 规格产品、安全通信规格产品的 Ethernet 接口或内置选件等与 PLC 或触摸屏进行连接，通过编写通信程序给变频器频率信号。

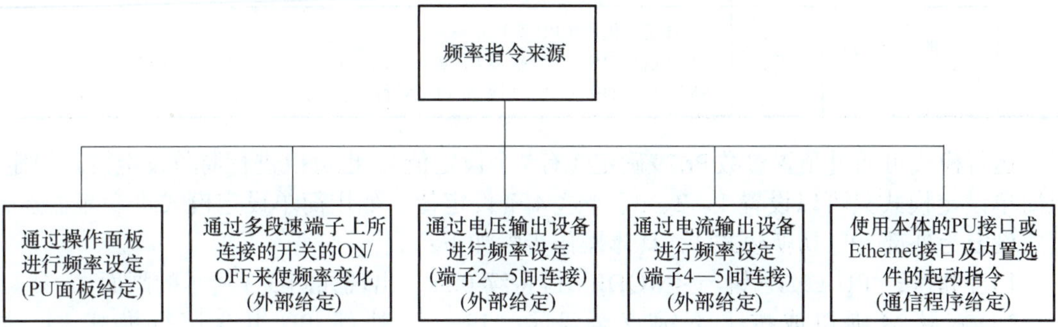

图 3-2　变频器频率指令来源

3. 变频器运行模式

运行模式是指对输入变频器的起动指令和频率指令的来源进行指定，通常有 4 种运行模式。

外部运行模式：使用控制电路端子，通过设置在外部的开关或电位器等输入起动指令和频率指令。

PU 运行模式：使用操作面板、参数模块输入起动指令和频率指令。

外部 /PU 组合运行模式：既使用操作面板又使用控制电路端子来输入起动指令和频率指令。

网络运行模式（NET 运行模式）：使用 RS485 通信、Ethernet 通信和通信选件等输入起动指令和频率指令。

可以任意变更基于外部信号的运行（外部运行）、基于操作面板及参数模块的运行（PU 运行）、PU 运行与外部运行组合的运行（外部 /PU 组合运行）、网络运行（RS485 通信、Ethernet 通信或使用通信选件时）。三菱变频器用 Pr.79 参数来选择或变更变频器的运行模式，表 3-1 为三菱 E800 变频器 Pr.79 参数设定值的范围和运行方法，通过设置该参数，可以同时设定频率指令和起动指令。

表 3-1 三菱 E800 变频器 Pr.79 参数设定值的范围和运行方法

<table>
<tr><th rowspan="2">参数编号</th><th rowspan="2">运行模式</th><th rowspan="2">设定值</th><th colspan="2">运行方法</th></tr>
<tr><th>起动指令</th><th>频率指令</th></tr>
<tr><td rowspan="7">Pr.79</td><td>外部 /PU 切换模式</td><td>0（初始值）</td><td colspan="2">通过 <PU/EXT> 键切换 PU 与外部运行模式
接通电源时将切换到外部运行模式</td></tr>
<tr><td>固定 PU 模式</td><td>1</td><td>通过面板 RUN 键或参数模块的 <FWD>/<REV> 键输入</td><td>通过操作面板或参数模块进行设定</td></tr>
<tr><td>固定外部模式</td><td>2</td><td>外部信号输入（端子 STF、STR）</td><td>外部信号输入（端子 2—4、2—5、电位器、多段速选择等）</td></tr>
<tr><td>外部 /PU 切换模式 1</td><td>3</td><td>外部信号输入（端子 STF、STR）</td><td>通过操作面板或参数模块进行设定或输入外部信号（多段速设定、端子 4）</td></tr>
<tr><td>外部 /PU 切换模式 2</td><td>4</td><td>通过操作面板的 <RUN> 键或参数模块的 <FWD>/<REV> 键输入</td><td>外部信号输入（端子 2—4、2—5、电位器、多段速选择等）</td></tr>
<tr><td>无损切换模式</td><td>6</td><td colspan="2">可以在持续运行的状态下进行 PU 运行、外部运行和 NET 运行的切换</td></tr>
<tr><td>外部运行（PU 运行互锁）</td><td>7</td><td colspan="2">外部运行模式（PU 运行互锁）
X12 信号 ON：可切换至 PU 运行模式（在外部运行过程中输出停止）
X12 信号 OFF：禁止切换至 PU 运行模式</td></tr>
</table>

运行模式可通过预置参数 Pr.79 确定（有 7 个设定值），也可以进行简单设定模式设定，但简单设定模式只可以设置 1、2、3、4 这 4 个设定值。如用简单设定模式将变频器运行模式设定为外部 /PU 切换模式 1，具体操作步骤如下：

1）同时按 <PU/EXT> 键与 <MODE> 键持续 0.5s，出现如图 3-3 所示的画面。

2）旋转 M 旋钮或按上下键直至显示“79−3”（外部 /PU 组合运行模式 1），如图 3-4 所示。

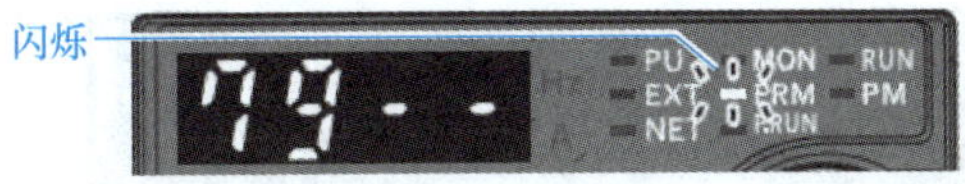

图 3-3　快速设置运行模式画面

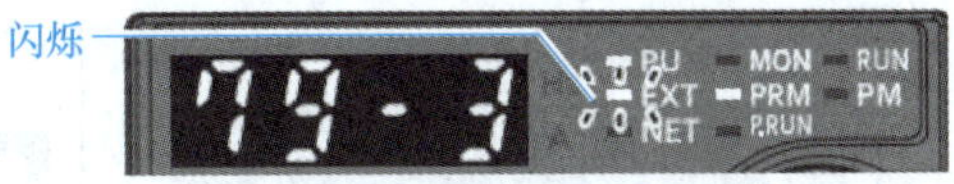

图 3-4　快速设置外部 /PU 组合运行模式 1

3）按 <SET> 键进行设定。

其他设定见表 3-2。

表 3-2　简单设定模式

操作面板显示	运行方法		运行模式
	起动指令	频率指令	
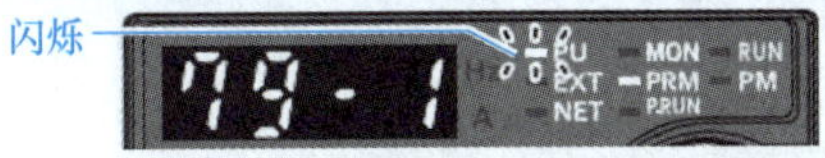	<RUN> 键	M 旋钮或上下键	PU 运行模式
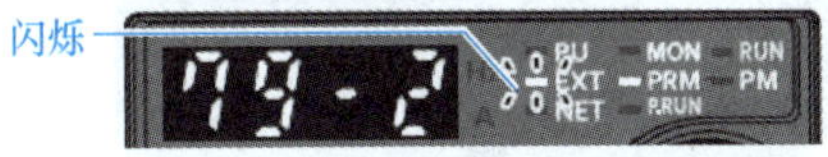	外部（STF、STR 信号）	模拟电压输入	外部运行模式
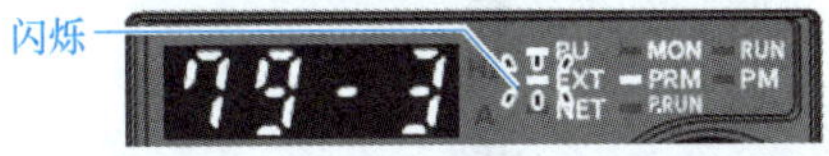	外部（STF、STR 信号）	M 旋钮或上下键	外部 /PU 组合运行模式 1
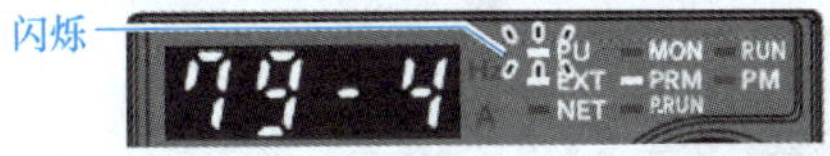	<RUN> 键	模拟电压输入	外部 /PU 组合运行模式 2

在图 3-5 所示的变频器运行模式中，使用操作面板、USB 接口和柜面操作面板输入起动指令和频率的是“PU 运行模式”；通过控制电路端子在外部设置电位器和开关进行操作的是“外部（EXT）运行模式”；通过 PU 接口和 PLC 进行 RS485 通信或使用通信选件和 PLC 进行通信输入起动指令和频率指令的是“网络（NET）运行模式”。

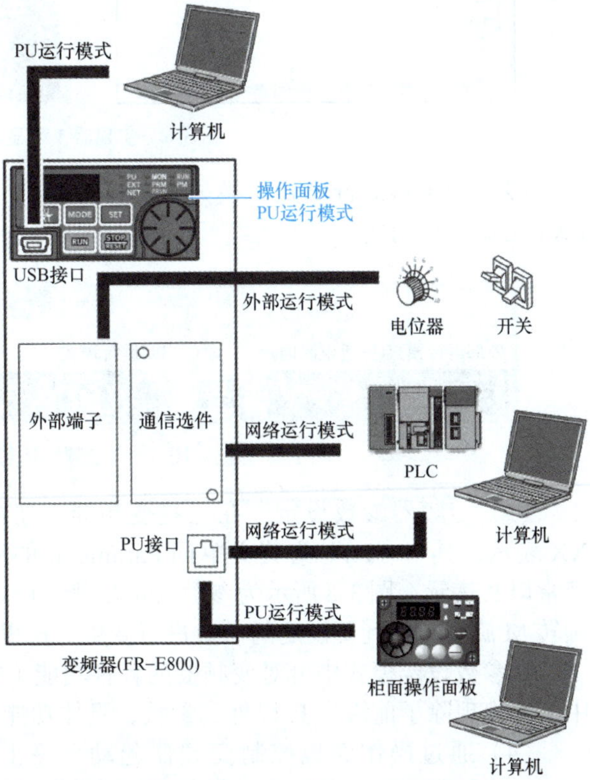

图 3-5　E800 变频器运行模式示意图

4. E800 系列变频器操作面板的基本操作

通过变频器的操作面板可以进行运行模式切换、频率设定、参数设置、报警记录、监视输出的频率（电流或电压）等基本操作。

（1）变频器 3 种显示状态的切换　如图 3-6 所示，<MODE> 键相当于主菜单，可以改变显示模式（状态），模式共有 3 种：监视模式、参数设定模式、报警记录。连续按动 <MODE> 键，显示器将循环显示以上几种模式。

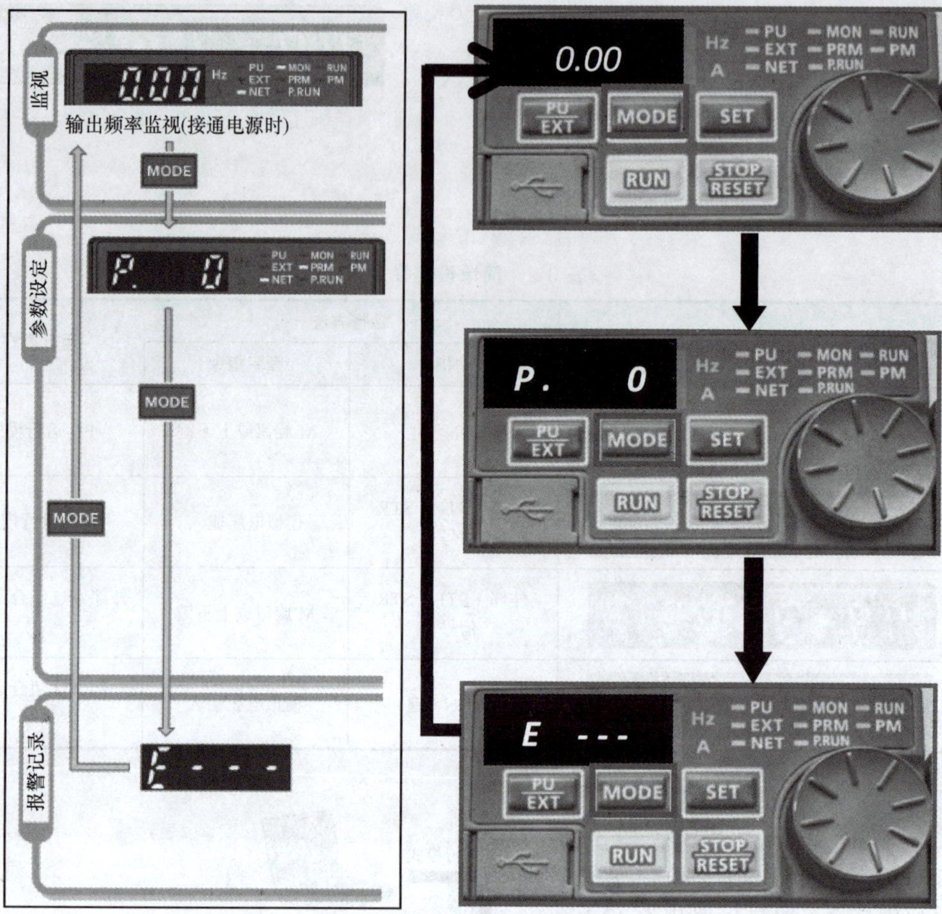

图 3-6　变频器 3 种显示状态的切换

（2）变频器运行模式切换　如图 3-7 所示，按 <PU/EXT> 键，可以在 PU → JOG → EXT 之间进行切换。

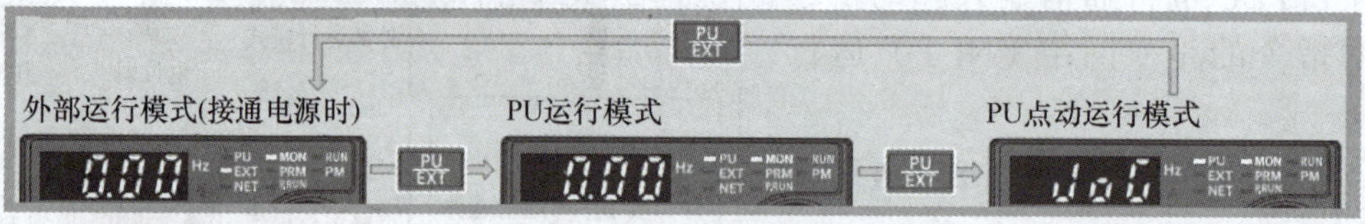

图 3-7　变频器运行模式切换

（3）变频器参数设定　在三菱变频器手册或说明书中，变频器的参数号通常用 Pr. XX 表示，其中“Pr.”为英文单词 Parameter 的缩写。在 E800 系列变频器的操作面板中经常以 P. 表示，图 3-8 所示为参数设定步骤。设定参数时必须在 PU 运行模式下才能进行，旋转 M 旋钮，找到要设定的参数进行变更。这里介绍将 P.1 的值变更为 60 的设定过程。

在参数设定模式中可对变频器的各种功能（参数）进行设定。在参数设定模式的画面中，会出现除了前缀为 P. 以外的参数，具体功能见表 3-3。

（4）通过操作面板控制变频器起动、停止　在 PU 运行模式下，通过操作面板的 <RUN> 键和 <STOP/RESET> 键，可以控制变频器起动、停止，通过旋转 M 旋钮，可以设定运行频率，如图 3-9 所示。

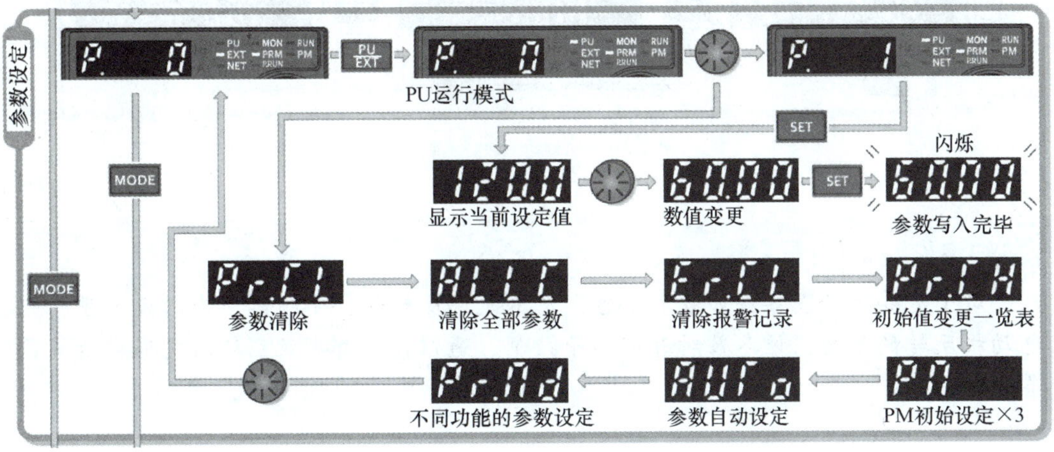

图 3-8　参数设定步骤

表 3-3　变频器的各种功能参数

操作面板显示	功能名称	内容
P.	参数设定模式	读取、变更对应编号的参数设定值。但是，在显示参数设定值的过程中，不通过操作面板变更设定值的情况下，可能不会反映变更内容。此时，应再次读取设定值
Pr.CL	参数清除	清除参数设定内容后恢复至初始值。但是，无法清除校正参数或离线自动调谐用参数
ALLC	参数全部清除	清除包含校正参数及离线自动调谐用参数在内的参数设定内容并恢复至初始值
Er.CL	报警记录清除	清除报警记录的内容
Pr.CH	初始值变更列表	查询从初始值变更后的参数
PM	PM 初始设定	将 PM 电动机驱动用参数的设定值批量变更为 V/F 控制的设定值（575V 等级时不显示）
AUTo	参数自动设定	可批量变更与三菱电机人机界面（GOT）连接用的通信参数设定及额定频率（50Hz/60Hz）的参数设定值
Pr.Md	各功能参数设定	切换为按各功能分组的参数编号显示

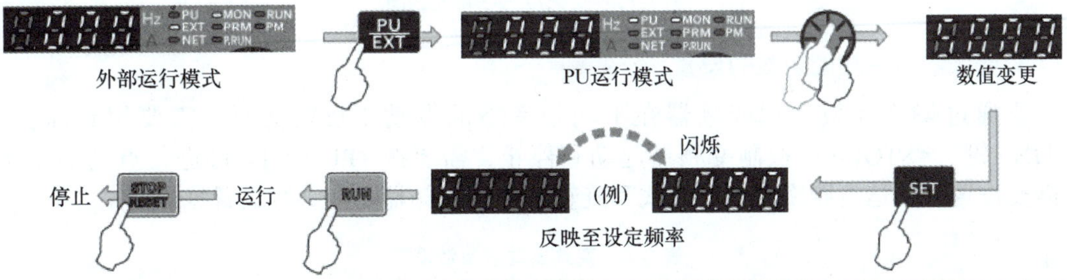

图 3-9　通过操作面板控制变频器起动、停止

（5）变频器监视内容的切换　按 <MODE> 键使变频器在监视状态下，此时 <MON> 指示灯亮，按 <SET> 键，可以依次在频率、电流、电压之间切换，如图 3-10 所示。

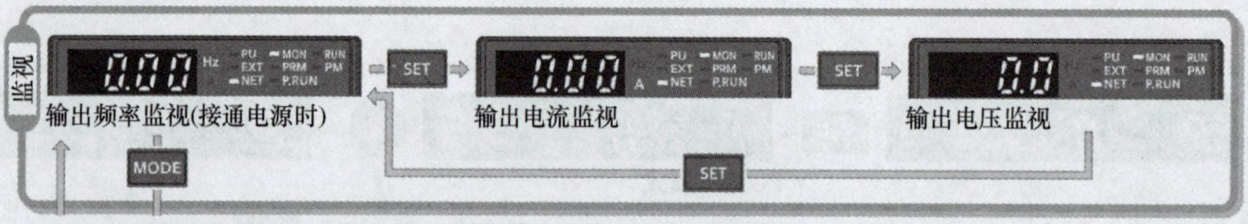

图 3-10　切换变频器监视内容

知识加油站！！！

对于某些生产设备，如泵类设备，是不允许反转的，变频器中专门设置了禁止电动机反转的参数，该参数对外部端子控制、通信控制都有效，从而实现对负载设备的保护。

任务实施

1. 训练工具、材料和设备

通用电工工具 1 套、《三菱 FR-E800 系列通用变频器使用手册》、三菱 E800 变频器 1 台、三相异步电动机 1 台。

2. 变频器的主电路连接

输入端子 L1、L2、L3 接三相电源，输出端子 U、V、W 接电动机，如图 3-11 所示。

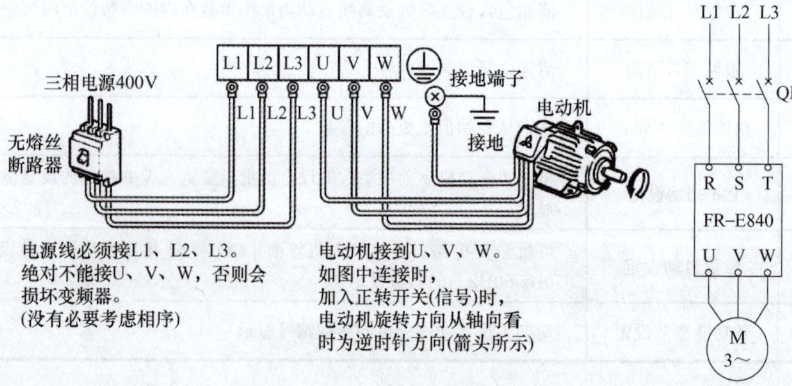

图 3-11　变频器主电路连接图

3. 变频器相关功能参数的设置

要通过操作面板实现变频器在不同频率下的点动正反转运行，需要用到面板的 <RUN> 键、<STOP> 键控制变频器起动和停止，需要按 <PU/EXT> 键进行点动的切换，还需要设置点动运行频率、运行模式和旋转方向。变频器功能参数设置见表 3-4。

表 3-4　变频器功能参数设置

参数号	参数名称	设定数据	参数的功能意义
Pr.1	上限频率	50Hz	设定输出频率的上限
Pr.2	下限频率	0Hz	设定输出频率的下限

（续）

参数号	参数名称	设定数据	参数的功能意义
Pr.3	基底频率	50Hz	电动机的额定转矩时的频率
Pr.15	点动运行频率	15Hz（正转） 25Hz（反转）	设定 JOG 运行时的频率
Pr.16	点动加 / 减速时间	0.5s	设定 JOG 运行时的加 / 减速时间
Pr.40	<RUN> 键选择方向	0（正转） 1（反转）	0—正转；1—反转
Pr.79	操作模式	0 或 1	选择 PU 运行模式

4. 任务实施步骤

1）按照图 3-11 连接主电路；检查连线正确无误之后才能通电。

2）变频器相关参数设置，参数设置完毕后，即可进行运行操作。

参数设置步骤：①参数全部清除，即 ALLC=1；②按照表 3-4 进行参数设置。

3）起动变频器。按 <PU/EXT> 键，使得显示屏上出现“JOG”点动字样，就可以进入点动模式，进入点动模式后，按下面板上的 <RUN> 键，电动机点动运行在 15Hz，RUN 指示灯亮，松开 <RUN> 键，电动机停止运行。通过修改参数 Pr.15=25 来改变点动运行的频率；修改参数 Pr.40=1 来实现点动的反转运行。

任务评价与反思

任务评价：

请结合自身对本次任务的掌握程度、课堂参与度等方面进行自我评价，小组组长根据组员的活动参与情况给出小组评价。

<table>
<tr><th rowspan="3">评价内容</th><th rowspan="3" colspan="2">评价指标</th><th rowspan="3" colspan="2">权重</th><th colspan="5">等级</th></tr>
<tr><th>A</th><th>B</th><th>C</th><th>D</th><th>E</th></tr>
<tr><th>1.0</th><th>0.8</th><th>0.6</th><th>0.2</th><th>0</th></tr>
<tr><td rowspan="9">学生学习表现</td><td rowspan="3">参与程度</td><td>1. 参与的深度</td><td>3</td><td rowspan="9">60</td><td></td><td></td><td></td><td></td><td></td></tr>
<tr><td>2. 参与的广度</td><td>3</td><td></td><td></td><td></td><td></td><td></td></tr>
<tr><td>3. 参与的时机与效率</td><td>4</td><td></td><td></td><td></td><td></td><td></td></tr>
<tr><td rowspan="2">科学知识</td><td>1. 基础知识落实</td><td>10</td><td></td><td></td><td></td><td></td><td></td></tr>
<tr><td>2. 多边的信息传递</td><td>5</td><td></td><td></td><td></td><td></td><td></td></tr>
<tr><td rowspan="4">科学探究</td><td>1. 和谐的人际关系</td><td>5</td><td></td><td></td><td></td><td></td><td></td></tr>
<tr><td>2. 提出问题、发表意见</td><td>5</td><td></td><td></td><td></td><td></td><td></td></tr>
<tr><td>3. 思维的求异性、独创性、批判性</td><td>5</td><td></td><td></td><td></td><td></td><td></td></tr>
<tr><td>4. 动手实践、自主探索、合作交流的能力</td><td>10</td><td></td><td></td><td></td><td></td><td></td></tr>
</table>

（续）

评价内容	评价指标			权重		等级 A 1.0	B 0.8	C 0.6	D 0.2	E 0
学生学习表现	情感态度	1. 学习活动的兴趣与求知欲		3	60					
		2. 一定的自我调控能力		2						
		3. 体验成功，建立自信心		3						
		4. 良好的学习习惯		2						
自我评价结果										
小组评价结果										

任务反思：

在本次任务中，参数设置是否熟练？变频器起动和点动正反转运行是否熟练？

______

______

______

______

职业素养与创新思维

变频设备节能节电的原理是什么？

现在很多家用空调、冰箱和洗衣机都是变频的，为什么变频空调要比定频空调省电呢？

企业或者工厂里很多设备都是变频控制，可以实现节电节能，这是什么原理呢？

请大家开动脑筋来探寻答案吧！

任务 3.2　面板控制变频器连续正反转运行

通过变频器的操作面板，除了可以进行点动运行外，还可以控制变频器连续运行，并且点动运行和连续运行可以相互切换。

任务要求

使用操作面板控制变频器，将三相异步电动机正转连续运行在 25Hz 频率，过一段时间停机，再反转调速，反转连续运行在 35Hz。你能在点动运行 15Hz 和连续运行（正转 25Hz，反转 35Hz）的频率之间进行切换吗？

知识准备

要实现变频器在不同频率下的连续正反转运行，需要用到面板的 <RUN> 键、<STOP> 键控制变频器起动和停止，需要按 <PU/EXT> 键进行点动运行、PU 运行的切换，还需要设置点动运行频率、运行模式、面板连续运行频率和旋转方向。

变频器常用参数功能及其设置

1. E840 变频器的基本参数

变频器的基本功能参数见表 3-5。

表 3-5　变频器的基本功能参数

参数编号 Pr.	名称	设定范围	出厂设定值（初始值）
0	转矩提升	0 ～ 30%	6.0%
1	上限频率	1 ～ 120Hz	120Hz
2	下限频率	1 ～ 120Hz	0Hz
3	基底频率	0 ～ 590Hz	50Hz
4	3 速设定（高速）	0 ～ 590Hz	50Hz
5	3 速设定（中速）	0 ～ 590Hz	30Hz
6	3 速设定（低速）	0 ～ 590Hz	10Hz
7	加速时间	0 ～ 3600s	5s
8	减速时间	0 ～ 3600s	5s
9	电子过电流保护	0 ～ 500A	变频器额定电流（2.21A）
13	起动频率	1 ～ 60Hz	0.5Hz
15	JOG 频率	0 ～ 590Hz	5Hz
16	JOG 加 / 减速时间	0 ～ 3600s	0.5s
18	高速上限频率	0 ～ 590Hz	120Hz
20	加 / 减速基准频率	1 ～ 590Hz	50Hz
77	参数写入选择	0 ～ 2	0
78	反转防止选择	0 ～ 2	0
79	运行模式选择	0 ～ 4、6、7	0
160	用户参数组读取选择	0、1、9999	0

2. E840 变频器的基本参数

（1）转矩提升（Pr.0）　此参数主要用于设定电动机起动时的转矩大小，通过设定此参数，补偿电动机绕组上的电压降，改善电动机低速时的转矩性能，假定基底频率电压为 100%，用百分数设定 0 时的电压值。设定过大，将导致电动机过热；设定过小，起动力矩不够，一般最大值设定为 10%。

（2）输出频率的限制（Pr.1、Pr.2、Pr.18）　Pr.1 设定输出频率的上限，如果运行频率设定值高于此值，则输出频率被钳位在上限频率；Pr.2 设定输出频率的下限，若运行频率设定值低于此值，运行时被钳位在下限频率值上。想要以超过 120Hz 的频率运行时，在 Pr.18 高速上限频率中设定输出频率的上限（设定了 Pr.18 时，Pr.1 自动切换为 Pr.18 的频率。此外，设定了 Pr.1 时，Pr.18 自动切换为 Pr.1 的频率）。设定频率和输出频率的限制如图 3-12 所示。

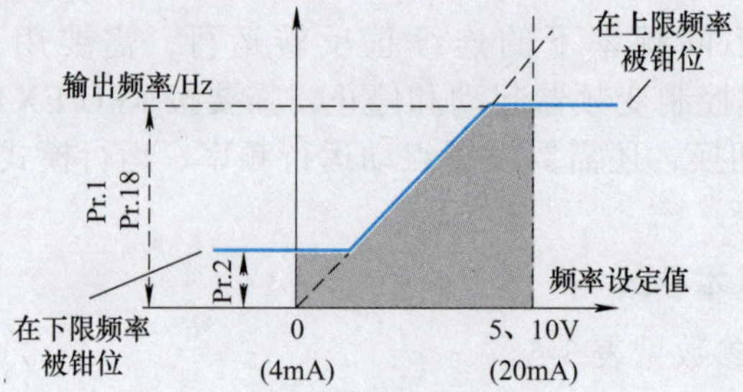

图 3-12　设定频率和输出频率的限制

例如：设置上限频率 Pr.1=40Hz，下限频率 Pr.2=10Hz。如给定频率为 30Hz，则变频器的输出频率与给定频率一致为 30Hz。如给定频率为 50Hz，高于上限，则变频器的输出频率为上限频率 40Hz。如给定频率为 5Hz，低于下限，则变频器的输出频率为下限频率 10Hz。

（3）基底频率（Pr.3）　此参数主要用于调整变频器输出到电动机的额定值，当用标准电动机时，通常将电动机的额定频率设定为 Pr.3 基准频率。当需要电动机运行在工频电源与变频器切换时，应将 Pr.3 设定为与电源频率相同。当电动机额定铭牌上记载的频率仅为“50Hz”时，务必设定为“50Hz”，如保持“60Hz”不变，则电压下降过度将导致发生转矩不足，最终可能会因过载而导致变频器跳闸。

（4）多段速（Pr.4、Pr.5、Pr.6）　用此参数将多段运行速度预先设定，经过输入端子进行切换。7 段速各输入端子的状态与参数之间的对应关系见表 3-6。

表 3-6　7 段速各输入端子的状态与参数之间的对应关系表

输入端子状态	RH	RM	RL	RM、RL	RH、RL	RH、RM	RH、RM、RL
参数编号	Pr.4	Pr.5	Pr.6	Pr.24	Pr.25	Pr.26	Pr.27

Pr.24 ～ Pr.27 也是多段速的运行参数，与 Pr.4、Pr.5、Pr.6 组成 7 种速度的运行。

在以上 7 种速度的基础上，借助于某端子，可以组成 REX 信号，又可以实现 8 种速度，其对应的参数是 Pr.232 ～ Pr.239，见表 3-7。

表 3-7　8 ～ 15 段速各输入端子的状态与参数之间的对应关系表

输入端子的状态	REX	REX、RL	REX、RM	REX、RM、RL	REX、RH	REX、RH、RL	REX、RH、RM	REX、RH、RM、RL
参数编号	Pr.232	Pr.233	Pr.234	Pr.235	Pr.236	Pr.237	Pr.238	Pr.239

注：REX 信号通过 Pr.178 ～ Pr.184 的参数设定来确定，设定值为“8”。

（5）加 / 减速时间（Pr.7、Pr.8、Pr.20）　Pr.7、Pr.8 用于设定电动机的加速、减速时间，Pr.7 的值设得越大，加速时间越长；Pr.8 的值设得越大，减速越慢。加速时间是变频器输出频率从 0Hz 上升到 Pr.20 加 / 减速基准频率所需的时间。减速时间是变频器输出频率从 Pr.20 加 / 减速基准频率下降到 0Hz 所需的时间。加 / 减速时间功能如图 3-13 所示。

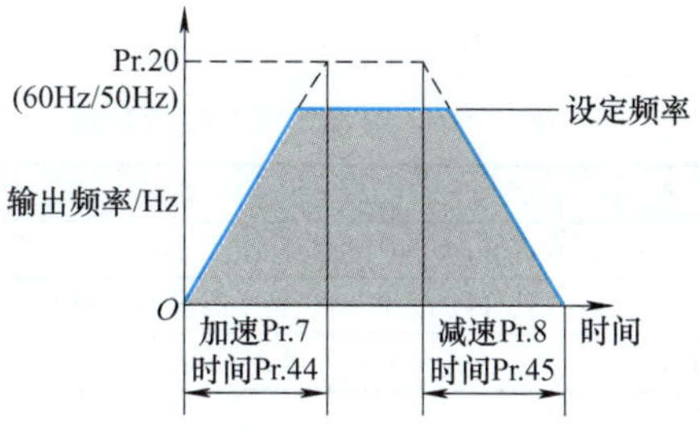

图 3-13　加 / 减速时间功能图

工程问题：加 / 减速时间对调速系统有何影响？

加 / 减速时间的选择决定了调速系统的快速性。选择较短的加 / 减速时间会提高生产率，但是若加速时间过短，在电动机起动时变频器容易因过电流而跳闸；如减速时间过短，由于系统的负载惯性，电动机处于再生发电状态，电动机产生的再生能量容易导致变频器发生过电压而跳闸。因此应按照工艺要求合理选择加 / 减速时间。

加速时间设置原则：加速起动时防“过电流”。

减速时间设置原则：减速停车时防“过电压”。

（6）电子过电流保护（Pr.9）　通过设定电子过电流保护的电流值，可防止电动机过热，得到最优的保护性能。设定过热保护应注意以下事项：

① 当变频器带动两台或三台电动机时，此参数的值应设为“0”，即不起保护作用，每台电动机外接热继电器来保护。

② 特殊电动机不能用过电流保护和外接热继电器保护。

③ 控制一台电动机运行时，其参数的值应设为 1 ～ 1.2 倍的电动机额定电流。

（7）起动频率（Pr.13）　Pr.13 参数设定电动机开始起动时的频率，如果运行频率设定值较此值小，电动机不运转，若 Pr.13 的值低于 Pr.2 的值，即使没有运行频率（即为“0”），起动后电动机也将运行在 Pr.2 的设定值，如图 3-14 所示。

（8）点动运行设置（Pr.15、Pr.16）　Pr.15 参数设置点动状态下的运行频率。当变频器在外部操作模式时，应将 Pr.178 ～ Pr.184（输入端子功能选择）中的任意一个设定为“5”，向控制端子分配 JOG 信号，当点动信号 ON 时，用起动信号（STF 或 STR）进行点动运行；在 PU 操作模式时，用 <PU/EXT> 键切换为“JOG”模式，按 <RUN> 键时运行点动操作。用 Pr.16 参数设定点动运行状态下的加 / 减速时间，如图 3-15 所示。

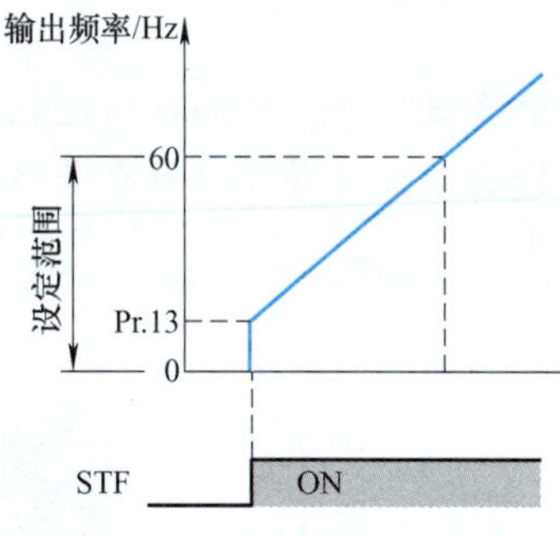

图 3-14　起动频率功能图

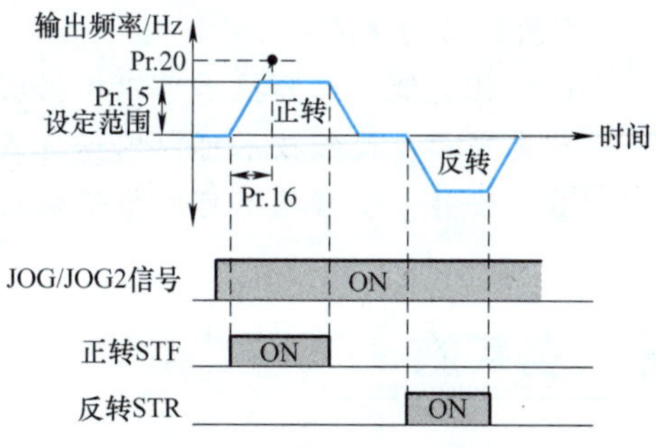

图 3-15　点动运行功能图

（9）参数写入选择（Pr.77）　Pr.77 用于参数写入禁止或允许，主要用于防止参数值被意外改写，在现场使用时，常需要设定，以避免现场操作人员的误操作。当 Pr.77=1 时，除了 Pr.75、Pr.77、Pr.79、Pr.160 以外都不可以写入，同时参数清除、参数全部清除被禁止，具体设定值见表 3-8。

表 3-8　Pr.77 的设定值及相应功能

参数编号	设定值	功能
Pr.77	0	在 PU 模式下，仅在停止时可进行写入（出厂设定）
	1	不可写入参数，Pr.75、Pr.77、Pr.79、Pr.160 参数可以写入
	2	在所有的运行模式下，无论何种运行状态都可进行参数写入

（10）反转防止选择（Pr.78）　Pr.78 用于泵类设备防止反转，具体设定值见表 3-9。

表 3-9　Pr.78 的设定值及相应功能

参数编号	设定值	功能
Pr.78	0	正转和反转均可（出厂设定）
	1	不可反转
	2	不可正转

（11）运行模式选择（Pr.79）　这是一个比较重要的参数，确定变频器在什么模式下运行，是指定变频器起动指令和频率指令的来源。具体工作模式见表 3-1。

（12）用户参数组读取选择（Pr.160）　三菱 E800 系列变频器的参数非常多，有时需要某些参数不可见，这时可以改变参数 Pr.160 的值，具体设定值见表 3-10。

表 3-10　Pr.160 的设定值及相应功能

参数编号	设定值	功能
Pr.160	0	可以显示简单模式参数 + 扩展参数（出厂设定）
	1	仅可以显示注册至用户组的参数
	9999	仅可以显示简单模式参数（P.0 ～ P.9、P.79、P.125、P.126、P.160）

知识加油站！！！

目前市场上的两轮电动车主要有两种驱动方式：变频驱动和定频驱动。这两种技术都是控制电动机转速的方式，但实现方式不同。变频技术是指通过改变电动机驱动控制器内的交流电频率，从而改变电动机的转速控制。而定频技术则是通过改变电动机驱动控制器内的交流电压大小，控制电动机的转速。

变频驱动的优点：

① 能耗更低：变频技术可以根据实际负载需求自动降低转速，从而减少能耗。

② 更平稳：变频技术可以根据负载需求自动调节转速，使电动车运行更平稳。

③ 更安静：变频技术可以降低电动机运转时的噪声。

任务实施

1. 训练工具、材料和设备

通用电工工具 1 套、《三菱 FR-E800 系列通用变频器使用手册》、三菱 E800 变频器 1 台、三相异步电动机 1 台。

面板控制变频器点动长动运行操作

2. 变频器的主电路连接

输入端子 L1、L2、L3 接三相电源；输出端子 U、V、W 接电动机，参见图 3-11。

3. 变频器功能参数设置及其功能含义（见表 3-11）

表 3-11　变频器功能参数设置及其功能含义

参数号	参数名称	设定数据	参数的功能意义
Pr.1	上限频率	50Hz	设定输出频率的上限
Pr.2	下限频率	0Hz	设定输出频率的下限
Pr.3	基底频率	50Hz	电动机的额定转矩时的频率
Pr.7	加速时间	2s	设定电动机的加速时间
Pr.8	减速时间	2s	设定电动机的减速时间
Pr.15	点动运行频率	15Hz	设定点动运行频率
Pr.40	<RUN> 键选择方向	0 或 1	0—正转；1—反转
Pr.79	操作模式	0 或 1	选择 PU 运行模式

4. 任务实施步骤

1）主电路按照图 3-11 电路连接好；检查电路接线正确无误之后才能通电。

2）变频器相关参数设置，参数设置完毕后，即可进行连续运行。

参数设置步骤：①参数全部清除，即设置 ALLC=1；②按照表 3-11 进行参数设置。

3）起动变频器。

按下 <RUN> 键，旋转 M 旋钮调速并观察 LED 监视器，使之正转连续运行在 25Hz 频率（正转时 RUN 指示灯常亮）。

过段时间，按 <STOP> 键，使得变频器停止运行。将 Pr.40 参数设置为 1。按下 <RUN> 键，旋转 M 旋钮调速并观察 LED 监视器，使之反转连续运行在 35Hz 频率（反转时 RUN 指示灯闪亮）。按 <STOP> 键，使得变频器停止运行。

在调试运行过程中，按 <PU/EXT> 键可以在点动和连续运行间进行切换。

任务评价与反思

任务评价：

请结合自身对本次任务的掌握程度、课堂参与度等方面进行自我评价，小组组长根据组员的活动参与情况给出小组评价。

评价内容		评价指标	权重		等级				
					A	B	C	D	E
					1.0	0.8	0.6	0.2	0
学生学习表现	参与程度	1. 参与的深度	3	60					
		2. 参与的广度	3						
		3. 参与的时机与效率	4						

（续）

评价内容	评价指标		权重		等级				
					A	B	C	D	E
					1.0	0.8	0.6	0.2	0
学生学习表现	科学知识	1. 基础知识落实	10	60					
		2. 多边的信息传递	5						
	科学探究	1. 和谐的人际关系	5						
		2. 提出问题、发表意见	5						
		3. 思维的求异性、独创性、批判性	5						
		4. 动手实践、自主探索、合作交流的能力	10						
	情感态度	1. 学习活动的兴趣与求知欲	3						
		2. 一定的自我调控能力	2						
		3. 体验成功，建立自信心	3						
		4. 良好的学习习惯	2						
自我评价结果									
小组评价结果									

任务反思：

在本次任务中，点动运行操作和连续运行操作切换是否熟练？你熟练掌握了这些常用参数的功能意义了吗？参数设置完成后，能否将操作面板设置为禁止写入状态？

知识拓展——变频器常见故障及排除

在操作变频器的过程中，可能会因为设置了一些参数导致报错，但又不知道设置了哪些参数使其报错，或一些误操作导致的报错信息，但是变频器输出不会切断。接下来以三菱 E840 变频器为例讲解报错原因与解决方法，见表 3-12。

变频器常见故障及排除

表 3-12　三菱 E840 变频器报错原因与解决方法

操作面板显示符号	内容	出现的原因	处理方法
HoLd	操作面板锁定，M 旋钮、键盘操作均无效	Pr.161 被设置为 10 或 11，按住 <MODE> 键 2s	长按 <MODE> 键 2s 可解除操作锁定
Er 1	禁止写入错误：在设定了禁止写入参数的状态下试图设定参数	Pr.77 的设定值为 1	将 Pr.77 的设定值设为 0 或 2

（续）

操作面板显示符号	内容	出现的原因	处理方法
Er2	运行中写入错误：在运行中进行参数写入操作	在变频器运行中（RUN 灯常亮或闪烁）进行参数写入操作	将变频器停止运行后再进行参数的写入
Er4	模式指定错误：在外部或网络运行模式下进行参数设定	在非 PU 运行模式下设定参数（EXT 指示灯或 NET 指示灯亮）	将运行模式切换为 PU 运行模式后，再进行参数设定
Err.	操作错误 RES 信号被设为 ON	RES 复位信号被设为 ON	将 RES 信号设为 OFF
PS	PU 停止在非 PU 运行模式下	按下了操作面板上的 <STOP/RESET> 键使其停止	将起动信号 STF 或 STR 设为 OFF，通过 <PU/EXT> 键解除
oLC	失速防止（过电流）变频器输出电流变大，失速防止（过电流）功能已起动	1. Pr.7 加速时间、Pr.8 减速时间设置可能过短 2. Pr.0 转矩提升的设定值是否过大	1. 应延长 Pr.7、Pr.8 2. 使 Pr.0 的设定按约 1% 逐次增减，并确认电动机的状态
oLu	失速防止（过电压）变频器输出电压变大，失速防止（过电流）功能已起动	减速运行过急（减速时间太短）	设置 Pr.8 的参数值，延长减速时间
rH	电子过热保护预报警	负载过大，加速运行过急	设置 Pr.7 的参数值，延长加速时间；减小负载

职业素养与创新思维

两票：工作票、操作票；三制：交接班制、巡回检查制、设备定期试验轮换制。“两票三制”是水电站、火力发电厂、变电站工作中常用的制度，《电业安全工作规程》的热力和机械部分也有此内容的规定。

“两票三制”包含企业对安全生产科学管理的使命感，是电业安全生产保证体系中最基本的制度之一，是我国电力行业多年运行实践中总结出来的经验，对责任事故的分析，均可以在其“两票三制”的执行问题上找到原因。“两票三制”也包含员工对安全生产居安思危的责任感，是企业安全生产最根本的保障。

“两票三制”的要求：

1）“三不”：工作人员做到不走错间隔、不随意扩大工作范围、不擅自解锁。

2）“四严格”：严格遵循工作票、操作票制度，严格执行工作许可制度，严格执行工作监护制度，严格执行工作间断、转移和终结制度。

3）“四清楚”：现场作业保证任务清楚、危险点清楚、作业程序清楚、预防措施清楚。

4）“四到位”：人员到位、措施到位、执行到位、监督到位。

工作票：规定现场作业所必须遵循的组织措施、技术措施及相关的工作程序、工作要求，是用于指导现场安全作业的文本依据。

工作票中所列人员的职责：

1）工作票签发人：履行安全责任；负责签发工作票，办理工作负责人变更手续。

2）工作负责人（监护人）：履行安全责任；填写工作票及办理工作票相关手续；负责组织、指挥、督促（监护）工作班人员完成本项工作任务。

3）工作许可人：履行安全责任；在值班负责人的指挥下完成各项安全措施；办理工作票工作许可、工作负责人变更、工作间断、增加工作内容和工作终结手续。

4）工作班成员：履行安全责任；在工作负责人的组织、指挥、督促（监护）下完成本项工作任务。

项目 4

用外部端子控制变频器运行

项目学习任务

- 任务 4.1　外接开关控制变频器正反转运行
- 任务 4.2　外接按钮控制变频器正反转运行
- 任务 4.3　继电电路控制变频器正反转运行
- 任务 4.4　外接开关控制变频器多段速运行

项目学习目标

➢ **知识目标**

熟练掌握变频器开关量输入端子及其功能。

熟练掌握变频器模拟量输入端子及其功能。

掌握使用变频器外部端子设定变频器的起动信号和运行频率的方法。

掌握变频器多段速端子逻辑组合及其加 / 减速功能。

➢ **技能目标**

能根据负载运行工况需求选用外部端子控制的起 / 停及运行方式。

能根据现场负载运行工况需求设置变频器相关参数。

➢ **素养目标**

培养安全操作意识，养成接线操作规范化、参数配置规范化、调试步骤规范化等操作规范。

具备系统化思维与问题解决能力，确保工业控制系统的稳定运行。

任务 4.1　外接开关控制变频器正反转运行

变频器的外部端子控制是指变频器的运行指令通过其外接输入端子从外部输入开关信号和频率信号控制变频器的起动、停止、正转与反转、复位等运行功能。这些按钮、开关、继电器、PLC 的继电器模块就替代了面板上的各功能键，可以远距离控制变频器的运行。本任务使用外接开关控制 E800 系列变频器的正反转运行。

任务要求

使用外接开关控制变频器正反转起停，使用电位器控制变频器的输出频率，使三相异步电动机在正转 25Hz、反转 35Hz 的频率下实现正反转连续运行。

知识准备

主电路端子的认识

要实现变频器外接端子控制变频器实现在一定频率下的正反转连续运行，需要用到变频器的外接输入端子和相关参数的设置。

1. 变频器主电路端子及其功能介绍

E800 系列变频器目前发售的机型电压等级有三相 200V、三相 400V、三相 575V 三种。本书介绍的变频器电源输入均为三相电源输入。变频器的电路分为主电路与控制电路两部分，其主电路如图 4-1 所示，主电路的输入端子 L1、L2、L3 接三相交流电源，输出端子 U、V、W 接电动机，主电路相关端子介绍见表 4-1。

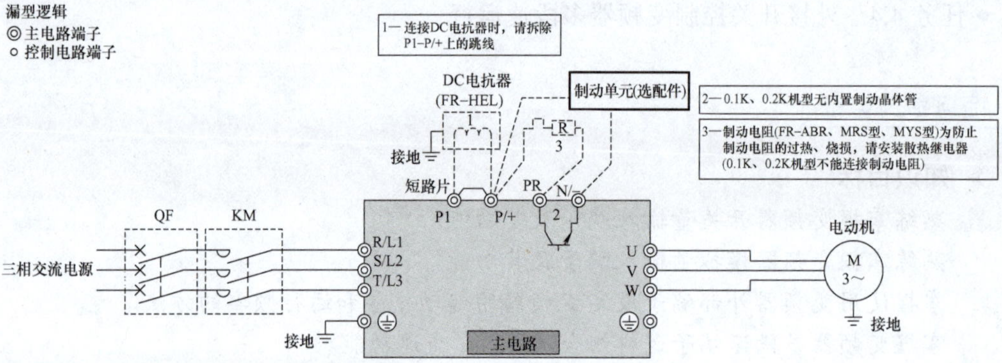

图 4-1　变频器主电路图

表 4-1　变频器主电路端子功能

端子记号	端子名称	端子功能说明
R/L1、S/L2、T/L3[①]	交流电源输入	连接工频电源。当使用高功率因数变流器（FR-HC）及共直流母线变流器（FR-CV）时不要连接任何设备
U、V、W	变频器输出	连接三相笼型异步电动机或 PM 电动机
P/+、PR	制动电阻器连接	在端子 P/+ 和 PR 间连接选购的制动电阻器（FR-ABR、MRS 型）。(0.1K、0.2K 机型不能连接)
P/+、N/−	制动模块连接	连接制动模块（FR-BU2 等）、共直流母线整流器（FR-CV）及多功能再生转换器（FR-XC）
P/+、P1	直流电抗器连接	拆下端子 P/+ 和 P1 间的短路片，连接直流电抗器。不连接直流电抗器时，请勿拆下端子 P/+ 和 P1 之间的短路片
⏚	接地	用于将变频器机架接地，必须接地

① 单相电源输入规格产品中没有 T/L3。

2. 变频器的控制电路端子及其功能介绍

控制电路端子的认识

变频器的控制电路端子有输入信号端子（包括触点输入、频率设定输入）、输出信号端子（包括继电器输出、集电极开路输出、模拟电压输出）、安全停止端子等三种类型的端子，控制电路如图 4-2 所示。下面详细介绍这三种类型端子的功能。

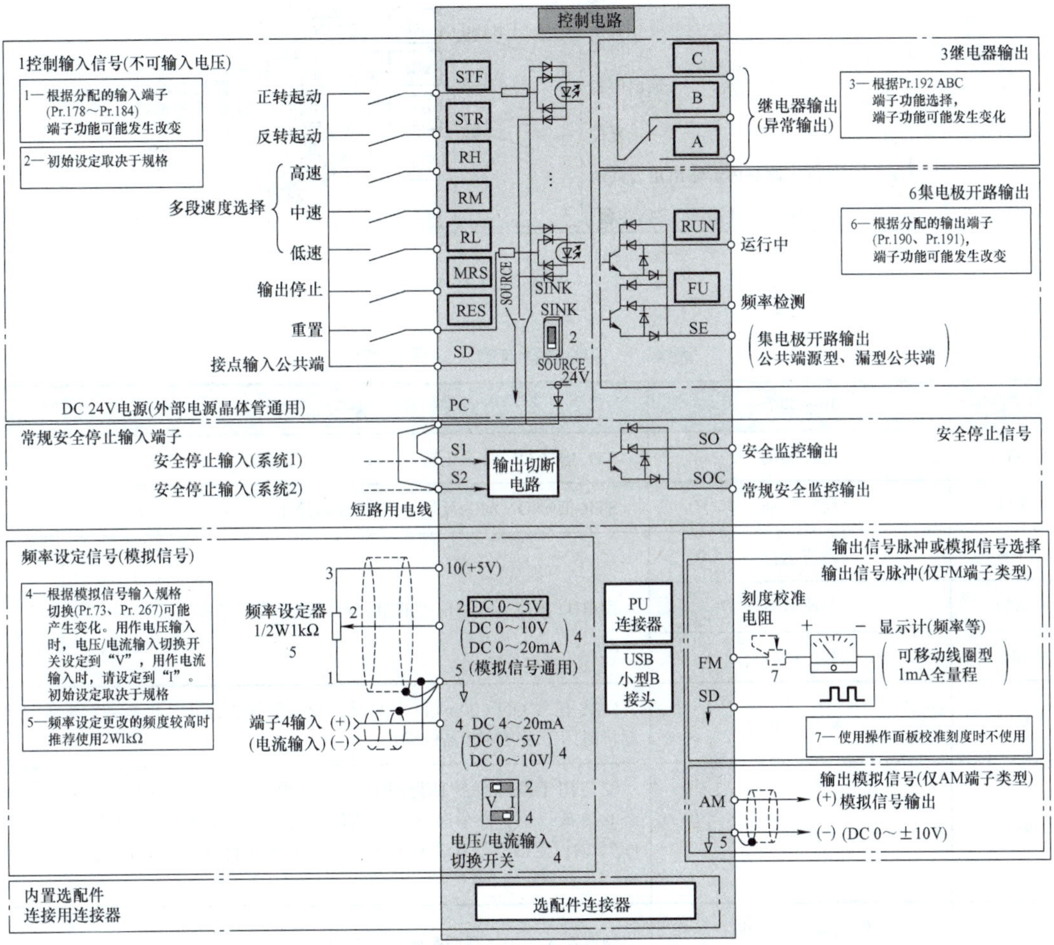

图 4-2　变频器控制电路图

（1）触点（或接点）输入端子　变频器的触点输入端子有 STF、STR、RH、RM、RL、MRS、RES 等。其初始功能主要对变频器进行起 / 停及段速控制，如图 4-3 所示。变频器触点输入端子功能介绍见表 4-2。

关于公共端 SD 和 PC 的说明：变频器出厂时，控制逻辑（漏型 / 源型）切换开关因规格不同而异。通过切换控制电路电路板上的拨码开关，可以对控制逻辑进行切换，请勿在通电过程中切换逻辑开关。图 4-3 为源型逻辑时开关的设定状态，即拨码开关处在 SOURCE 端。

如图 4-4 所示，源型逻辑输入时，电流流入信号输入端子使信号为 ON，端子 PC 是触点输入信号的公共端。

如图 4-5 所示，漏型逻辑输入时（拨码开关处在 SINK 端），电流从信号输入端子流出使信号为 ON，端子 SD 是触点输入信号的公共端。

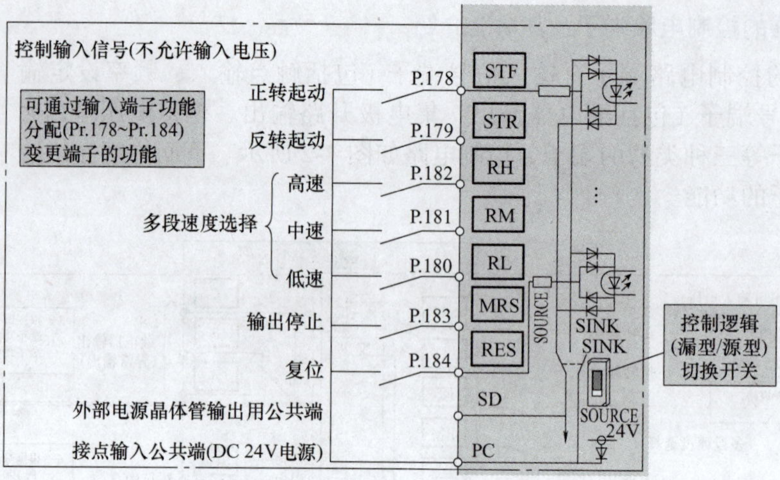

图 4-3 变频器触点输入端子

表 4-2 变频器触点输入端子功能

端子记号	端子名称	端子功能说明
STF	正转起动	STF 信号 ON 时为正转、OFF 时为停止指令
STR	反转起动	STR 信号 ON 时为反转、OFF 时为停止指令
RH	高速运行	用 RH、RM 和 RL 信号的组合可以选择多段速度
RM	中速运行	
RL	低速运行	
MRS	输出停止	MRS 信号 ON（20ms 以上）时，变频器输出停止。用电磁制动停止电动机时用于断开变频器的输出
RES	复位	复位用于解除保护回路动作时的报警输出。使 RES 信号处于 ON 状态 0.1s 或以上，然后断开。初始设定为始终可进行复位。但进行了参数 Pr.75 的设定后，仅在变频器报警发生时可进行复位。复位所需时间约为 1s
SD	触点输入公共端（漏型，负极公共端）	触点输入端子（漏型逻辑）的公共端
	外部晶体管公共端（源型，正极公共端）	源型逻辑时，当连接晶体管输出（即集电极开路输出），例如可编程控制器（PLC）时，将晶体管输出用的外部电源公共端接到该端子可以防止因漏电引起的误动作
	DC 24V 电源公共端	DC 24V、0.1A 电源（端子 PC）的公共输出端子。与端子 5 及端子 SE 绝缘
PC	外部晶体管公共端（漏型，负极公共端）	漏型逻辑时，当连接晶体管输出（即集电极开路输出），例如可编程控制器（PLC）时，将晶体管输出用的外部电源公共端接到该端子可以防止因漏电而引起的误动作
	安全停止输入端子公共端	安全停止输入端子的公共端子
	触点输入公共端（源型，正极公共端）	触点输入端子（源型逻辑）的公共端

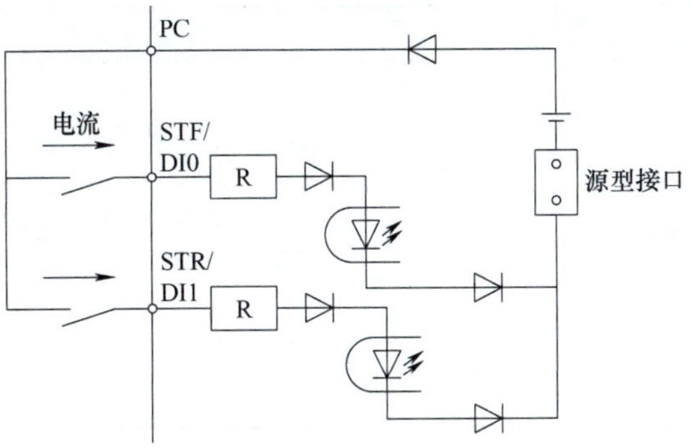

图 4-4　源型逻辑输入

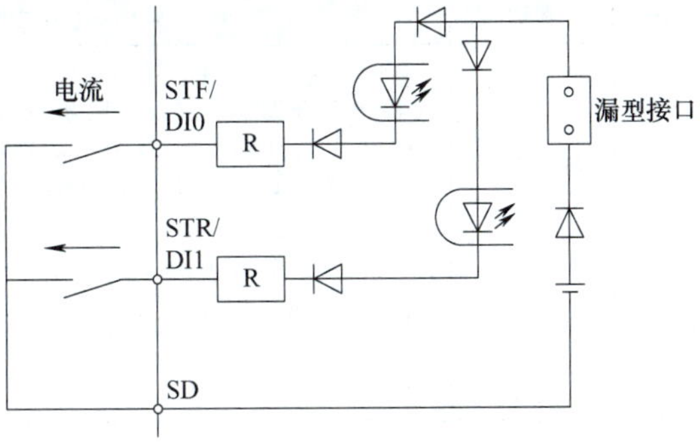

图 4-5　漏型逻辑输入

使用全新的三菱 E800 系列变频器前，一定要观察控制电路电路板上的（漏型 / 源型）拨码开关所在的位置，免得影响调试。

（2）模拟量输入端子（频率设定）　变频器频率设定端子（模拟量信号输入端子）如图 4-6 所示，相应端子的功能与规格介绍见表 4-3。

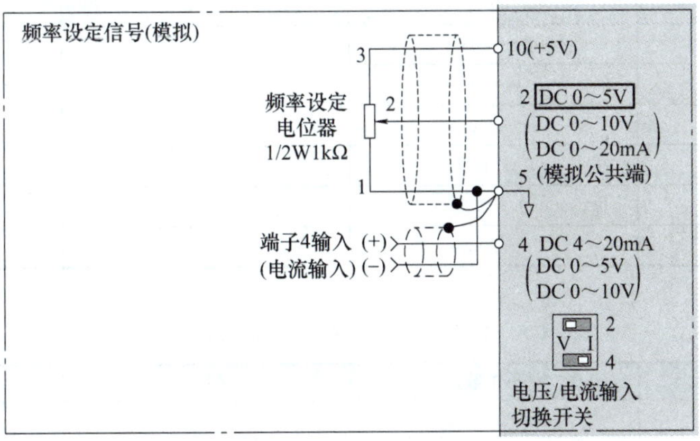

图 4-6　变频器模拟量输入（频率设定）端子

从图 4-6 中可以看出，模拟输入所使用的端子 2、4，都可在电压输入（0 ～ 5V、0 ～ 10V）和电流输入（0 ～ 20mA）间进行选择。变更输入规格时，应变更参数 Pr.73（使用端子 2 时）、Pr.267（使用端子 4 时）与电压 / 电流输入切换开关（开关 2、4）。

表 4-3　频率设定信号（模拟量信号）端子功能与规格

端子	名称	功能说明	规格
10	频率设定用电源	作为外接频率设定（速度设定）用电位器时的电源使用	DC 5V，容许负载电流 10mA
2	频率设定（电压）	输入 DC 0 ～ 5V（或 0 ～ 10V）时，在 5V（10V）时为最大输出频率，输入 / 输出成正比 通过 Pr.73 进行 DC 0 ～ 5V（初始设定）、DC 0 ～ 10V、0 ～ 20mA 的输入切换操作 电流输入（0 ～ 20mA）时，应将电压 / 电流输入切换开关设为“I”	电压输入时：输入电阻为 10kΩ ± 1kΩ；最大容许电压为 DC 20V 电流输入时：输入电阻为 245Ω ± 5Ω；最大容许电流为 30mA

（续）

端子	名称	功能说明	规格
4	频率设定（电流）	如果输入 DC 4 ～ 20mA（或 0 ～ 5V，0 ～ 10V），在 20mA 时输出频率最大，输入 / 输出成比例。只有 AU 信号为 ON 时 [Pr.178 ～ Pr.184（输入端子功能选择）的其中任意一个设定为“4”]，端子 4 的输入信号才会有效（端子 2 的输入将无效） 通过 Pr.267 进行 4 ～ 20mA（初始设定）和 DC 0 ～ 5V、DC 0 ～ 10V 输入的切换操作。电压输入（0 ～ 5V/0 ～ 10V）时，请将电压 / 电流输入切换开关切换至“V”	电压输入时：输入电阻为 10kΩ ± 1kΩ；最大容许电压为 DC 20V 电流输入时：输入电阻为 245Ω ± 5Ω；最大容许电流为 30mA
5	频率设定公共端	频率设定信号（端子 2 或 4）及端子 AM 的公共端子，请不要接地	—

要切换为电压输入时，应将电压 / 电流输入切换开关设为“V”，要切换为电流输入时应设为“I”。端子 2 可输入两种数值的电压：0 ～ 5V 和 0 ～ 10V，也可以输入 0 ～ 20mA 电流，通过 Pr.73 设定值进行变更，见表 4-4；端子 4 可输入 4 ～ 20mA 电流，也可以输入 0 ～ 5V 和 0 ～ 10V 两种电压，通过 Pr.267 设定值进行变更，见表 4-5。为使端子 4 有效，应设定 AU 信号为 ON。

表 4-4　使用端子 2 时 Pr.73 参数设置介绍

Pr.73 设定值	端子 2 输入	开关 2	可逆运行
0	0 ～ 10V	V	否
1（初始值）	0 ～ 5V	V	
6	0 ～ 20mA	I	
10	0 ～ 10V	V	是
11	0 ～ 5V	V	
16	0 ～ 20mA	I	

表 4-5　使用端子 4 时 Pr.267 参数设置介绍

Pr.267 设定值	端子 4 输入	开关 2	可逆运行
0（初始值）	4 ～ 20mA	I	取决于 Pr.73 的设定值
1	0 ～ 5V	V	
2	0 ～ 10V	V	

在模拟电压输入下运行时，端子 10 有变频器内置电源电压 DC 5V，可以在 10、2、5 之间接入调速电位器进行调速，也可以在 10、4、5 之间（需要将 AU 信号设为 ON，电压 / 电流输入切换设为 V）接入调速电位器进行调速，在 2—5 之间接入 DC 0 ～ 10V 可调电压源进行调速，具体接线如图 4-7 所示。

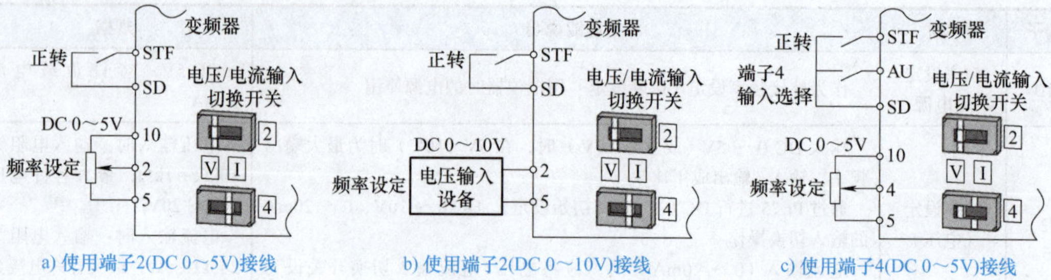

图 4-7　模拟电压输入运行接线图

在模拟电流输入下运行时，可以在 2—5 之间（将电压 / 电流输入切换开关设为 I）或 4—5 之间（将 AU 信号设为 ON）接入 DC 4 ~ 20mA 可调电流源进行调速，具体接线如图 4-8 所示。

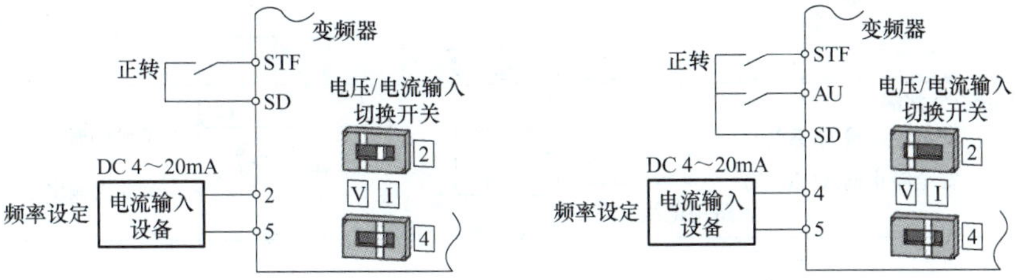

a) 使用端子2(DC 4～20mA)接线　　b) 使用端子4(DC 4～20mA)接线

图 4-8　模拟电流输入运行接线图

（3）输出端子　输出端子包括继电器输出、集电极开路输出、模拟电压输出（脉冲输出）。E800 系列变频器有脉冲输出（端子为 FM）和模拟电压输出（端子为 AM）两种模拟输出信号，这里介绍模拟电压输出，如图 4-9 所示，相应端子的功能说明见表 4-6。

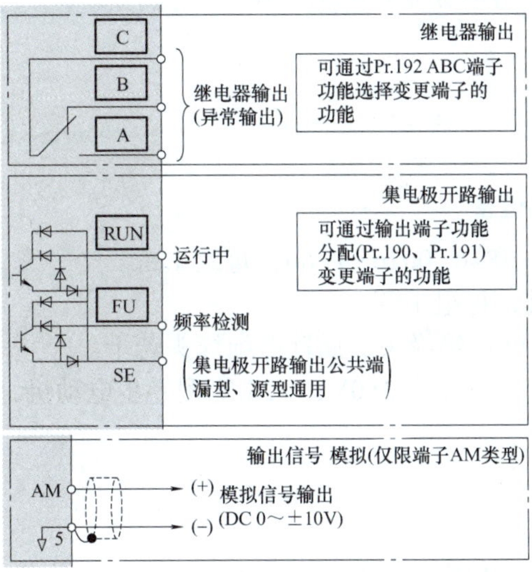

图 4-9　输出端子

表 4-6　变频器输出端子功能说明

端子种类	端子号	端子名称	功能说明
继电器	A、B、C	继电器输出 （异常输出）	表示变频器因保护功能动作时输出停止的 1c 接点输出 异常时：B—C 间不导通，A—C 间导通 正常时：B—C 间导通，A—C 间不导通
集电极开路	RUN	变频器运行中	变频器输出频率大于或等于起动频率（初始值 0.5Hz）时为低电平，已停止或正在直流制动时为高电平
	FU	频率检测	输出频率大于或等于任意设定的检测频率时为低电平，未达到时为高电平
	SE	输出公共端	RUN、FU 的公共端子
模拟	AM	模拟电压输出	输出信号与各监视项目的大小成正比

注：变频器输出端子一般接入 PLC 的输入端子，通过 PLC 程序可以控制、监视、反馈变频器的运行状态。

（4）安全停止端子　E800 系列变频器和三菱其他变频器相比，多出了安全停止功能。在变频器出厂时，端子 S1 及 S2 通过短接用电线与端子 PC 进行了短接，如图 4-10 所示。使用安全停止功能时，应拆下该短路用电线后连接安全继电器。

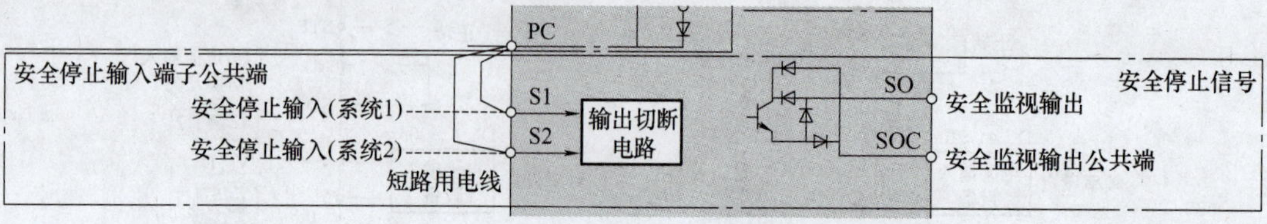

图 4-10　安全停止端子

知识加油站！！！

截至 2022 年底，全国的可再生能源装机达到 12.13 亿 kW，占全国发电总装机的 47.3%，其中风电 3.65 亿 kW、太阳能发电 3.93 亿 kW、生物质发电 0.41 亿 kW、常规水电 3.68 亿 kW、抽水蓄能 0.45 亿 kW。

任务实施

1. 训练工具、材料和设备

变频器，型号为 FR-E840-0026-4-60，每组 1 台。

电工常用仪表和工具，每组 1 套。

0.75mm^2 电线 1 卷，O 形绝缘头、插针型绝缘头若干。

对称三相交流电源，线电压为 380V；三相笼型异步电动机，每组 1 台。

钮子开关，每组 2 个。

三端电位器，每组 1 个。

2. 主电路与控制电路

该任务的变频器主电路与控制电路如图 4-11 所示。

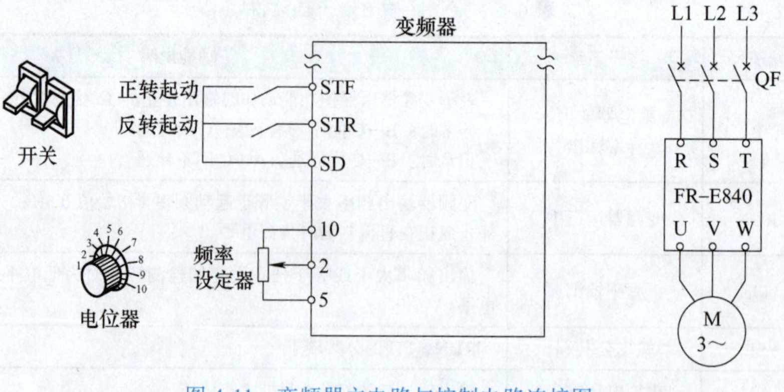

图 4-11　变频器主电路与控制电路连接图

3. 主要参数设置（见表 4-7）

表 4-7　变频器功能参数设置

参数号	参数名称	设定数据	参数的功能意义
Pr.1	上限频率	50Hz	设定输出频率的上限
Pr.2	下限频率	0Hz	设定输出频率的下限
Pr.9	电子过电流保护	变频器额定电流	对于 0.75kW 以下的产品，应设定为变频器额定电流的 85%
Pr.79	操作模式	0 或 2	采用外部模式

4. 调试步骤

1）按照图 4-11 接好主电路及控制电路；检查线路连线正确无误后才能通电。

2）变频器恢复出厂设置后进行相关参数设置，设置完毕后即可进行运行调试操作。

3）拨动正转起动开关，电动机正转运行，使用电位器进行频率调节与设定，观察显示器使之运行在 25Hz，闭合正转开关，电动机停止运行；拨动反转起动开关，电动机反转运行，使用电位器进行频率调节与设定，观察显示器使之运行在 35Hz，闭合反转开关，电动机停止运行。

任务评价与反思

任务评价：

请结合自身对本次任务的掌握程度、课堂参与度等方面进行自我评价，小组组长根据组员的活动参与情况给出小组评价。

评价内容		评价指标	权重		等级 A 1.0	等级 B 0.8	等级 C 0.6	等级 D 0.2	等级 E 0
学生学习表现	参与程度	1. 参与的深度	3	60					
		2. 参与的广度	3						
		3. 参与的时机与效率	4						
	科学知识	1. 基础知识落实	10						
		2. 多边的信息传递	5						
	科学探究	1. 和谐的人际关系	5						
		2. 提出问题、发表意见	5						
		3. 思维的求异性、独创性、批判性	5						
		4. 动手实践、自主探索、合作交流的能力	10						
	情感态度	1. 学习活动的兴趣与求知欲	3						
		2. 一定的自我调控能力	2						
		3. 体验成功，建立自信心	3						
		4. 良好的学习习惯	2						
自我评价结果									
小组评价结果									

任务反思：

在本次任务中，变频器的运行频率是通过外接调速电位器给定的，运行频率也可以通过面板、电压源、电流源给定。如果任务起动信号不变，频率信号由面板给定，变频器的运行模式选择参数 Pr.79 应该设置为多少？还有其他方式给定频率信号吗？

____

____

____

____

成果展示

提供 0～10V 电压源、0～20mA 电流源，你能设计起动信号由端子 STF、STR 给定，频率信号由电压、电流给定的电路图和变频器参数设置表吗？请给出你的个性化设计吧。

0～10V 电压源给定的电路图：	0～10V 电压源给定的变频器参数设置表：
0～20mA 电流源给定的电路图：	0～20mA 电流源给定的变频器参数设置表：

职业素养与创新思维

工业绿色微电网

工业绿色微电网是工业厂区或园区内主要电力供应来源为低碳电源的微电网，是一种将发电、配电、用电设备全部包含在内的小型电力系统，既可以连接到大电网，又可以独立运行。在工业园区绿色微电网系统中，小型的风机、光伏、储能、燃气轮机等电源设备可以直接将电力供给用电设备，使电能就近消纳，省去了在电网中传输的损耗，提高了能源的使用效率。

近年来，我国风电、光伏等新能源快速发展。有专家认为，新能源发电给现有电力系统的稳定运行带来了一定挑战。部分地区的基础设施水平不能满足新能源发电需求，新能源发电厂与电网之间存在难以并网的障碍，许多风电、光伏发电场建成后不能实现全部电量入网，发电难以消纳，浪费严重，促消纳已经成为目前分布式光伏发展的主线。

专家表示，工信部节能与综合利用司正在积极推进工业绿色微电网的建设，对解决当前我国工业领域可再生能源消纳比例较低、工业终端用能系统调节能力不足、各类电源统筹协调不够等问题，发挥其在提高工业用能效率和保障工业用能安全等方面具有重要作用。

2024 年 3 月 5 日，工信部等七部门发布《关于加快推动制造业绿色化发展的指导意见》，明确提出鼓励企业、园区建设工业绿色微电网，推进多能高效互补利用，提升绿色电力消纳比例。

2025 年 1 月 2 日，工信部等三部门发布《加快工业领域清洁低碳氢应用实施方案》，提出探索发展氢电融合的工业绿色微电网，推进风电、光伏发电、可再生能源制氢、燃料电池发电 / 热电联供等一体化系统开发运行。

2025 年 1 月 24 日，工信部修订并发布了《钢铁行业规范条件（2025 年版）》，强调推广应用先进绿色低碳工艺技术，建设应用工业绿色微电网，开展节能降碳技术改造。

任务 4.2　外接按钮控制变频器正反转运行

变频器的正转起动端子 STF 和反转起动端子 STR 接开关，再通过面板设置频率信号或调速电位器给频率信号，就可以控制变频器正转或反转连续运行。但是按钮是脉冲信号，按下按钮，信号接通，松开按钮，信号断开。如果将按钮接入变频器的正转起动端子 STF 和反转起动端子 STR，能否控制变频器正转或反转连续运行呢？本任务使用外接按钮控制 E800 系列变频器的正反转运行。

任务要求

使用外接按钮控制变频器，使三相异步电动机在 25Hz 的频率下实现正向和反向连续运行。

知识准备

使用按钮实现变频器控制电动机的正反转连续运行的工况，需要对变频器的相关输入端子的功能进行选择，如对 MRS 端子对应的参数 Pr.183 进行调整后（由初始值 24 设置为 25），使 MRS 端子由初始的“输出停止”功能转变为“起动自保持选择”，因此采用常开按钮按下后再松开，变频器仍可以持续输出，实现对电动机的连续正反转运行控制。

1. 变频器输入端子的功能选择

变频器输入端子在其对应的参数的初始值情况下的功能见表 4-8，注意勿将参数编号和参数值搞混。

表 4-8　输入端子功能选择（Pr.178 ～ Pr.184）初始参数值对应功能

参数编号	名称	初始值	初始信号
178	STF 端子功能选择	60	STF（正转指令）
179	STR 端子功能选择	61	STR（反转指令）
180	RL 端子功能选择	0	RL（低速运行指令）
181	RM 端子功能选择	1	RM（中速运行指令）
182	RH 端子功能选择	2	RH（高速运行指令）
183	MRS 端子功能选择	24	MRS（输出停止）
184	RES 端子功能选择	62	RES（变频器复位）

可以通过修改参数 Pr.178 ～ Pr.184（输入端子功能选择）来变更端子 STF、STR、RH、RM、RL、MRS 和 RES 的功能，见表 4-9。

表 4-9　输入端子功能分配（Pr.178 ～ Pr.184）

<table>
<tr><th>设定值</th><th>信号名</th><th colspan="2">功能</th></tr>
<tr><td rowspan="3">0</td><td rowspan="3">RL</td><td>Pr.59=0（初始值）</td><td>低速运行指令</td></tr>
<tr><td>Pr.59=1，2</td><td>遥控设定（设定清零）</td></tr>
<tr><td>Pr.270=1</td><td>挡块定位选择 0</td></tr>
<tr><td rowspan="2">1</td><td rowspan="2">RM</td><td>Pr.59=0（初始值）</td><td>中速运行指令</td></tr>
<tr><td>Pr.59=1，2</td><td>遥控设定（减速）</td></tr>
<tr><td rowspan="2">2</td><td rowspan="2">RH</td><td>Pr.59=0（初始值）</td><td>高速运行指令</td></tr>
<tr><td>Pr.59=1，2</td><td>遥控设定（加速）</td></tr>
<tr><td rowspan="2">3</td><td rowspan="2">RT</td><td colspan="2">第 2 功能选择</td></tr>
<tr><td>Pr.270=1</td><td>挡块定位选择 1</td></tr>
<tr><td>4</td><td>AU</td><td colspan="2">端子 4 输入选择</td></tr>
<tr><td>5</td><td>JOG</td><td colspan="2">点动运行选择</td></tr>
<tr><td>7</td><td>OH</td><td colspan="2">外部电子过电流保护输入</td></tr>
<tr><td>8</td><td>REX</td><td colspan="2">15 速选择（同 RL、RM、RH 的多段速组合）</td></tr>
<tr><td>10</td><td>X10</td><td colspan="2">变频器运行许可信号（连接 FR-HC/FR-CV）</td></tr>
<tr><td>12</td><td>X12</td><td colspan="2">PU 运行外部互锁</td></tr>
<tr><td>14</td><td>X14</td><td colspan="2">PID 控制有效端子</td></tr>
<tr><td>15</td><td>BRI</td><td colspan="2">制动开启完成信号</td></tr>
<tr><td>16</td><td>X16</td><td colspan="2">PU-外部运行切换（X16-ON 外部运行）</td></tr>
<tr><td>18</td><td>X18</td><td colspan="2">V/F 切换（X18-ON 时 V/F 控制）</td></tr>
<tr><td>24</td><td>MRS</td><td colspan="2">输出停止</td></tr>
<tr><td>25</td><td>STOP</td><td colspan="2">起动自保持选择</td></tr>
<tr><td>60</td><td>STF</td><td colspan="2">正转指令 [仅 STF 端子（Pr.178）可分配]</td></tr>
</table>

（续）

设定值	信号名	功能
61	STR	反转指令 [仅 STR 端子（Pr.179）可分配]
62	RES	变频器复位
65	X65	PU-NET 运行切换（X65-ON 时 PU 运行）
66	X66	外部-NET 运行切换（X66-ON 时 NET 运行）
67	X67	指令权切换（X67-ON 时通过 Pr.338、Pr.339 使指令生效）
9999	—	无功能

正转指令只能由 STF 端子进行功能分配，反转指令只能由 STR 端子进行功能分配，其他端子无法分配正转和反转指令。但 STF 端子和 STR 端子不仅限于正转指令和反转指令，如将 STR 端子的功能分配为 STOP 信号，则需将参数 Pr.179 设置为 25。表 4-9 中的信号名不是端子名，端子名是物理端子，是实实在在存在的接线端子，信号名可以理解为功能名，是端子所具有的功能。

2. 按钮控制的三线式（STF、STR、STOP）接线方法

图 4-12 为按钮控制的三线式接线和运行情况，起动自保持功能在 STOP 信号为 ON 时有效，此时，正转、反转信号仅作为起动信号动作。即使将起动信号（STF 或者 STR）从 ON 置于 OFF，起动信号仍然有效，变频器仍然会起动。停止变频器时通过将 STOP 信号切换到 OFF 使变频器减速停止。

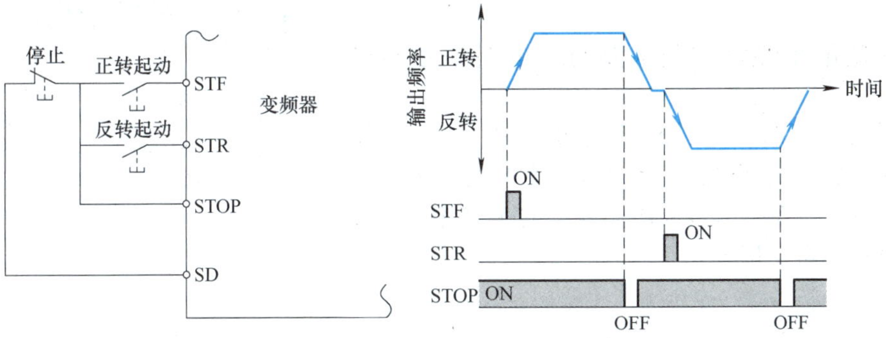

图 4-12 按钮控制的三线式接线和运行情况

使用 STOP 信号时，需将接入电路中的端子（从端子 RH、RM、RL、MRS、RES 中选择一个）所对应的功能参数 [与所选的端子对应的参数（Pr.180 ～ Pr.184 中的一个）] 设定为“25”，进行功能分配。

知识加油站！！！

变频器常用的散热方法：

1）安装变频器时，要将变频器的散热器部分放到控制机柜的外面，这样可以使变频器有约 70% 的发热量释放到控制机柜外。

2）使用隔离板将本体和散热器隔开，散热器的散热就不会影响变频器本体。注意：变频器散热设计中都是以垂直安装为基础的，横着放散热会变差。

3）加装散热扇进行风冷，一般功率稍微大一些的变频器，都自带有冷却风扇，

进风口要加滤网以防止灰尘进入控制柜。注意：控制柜和变频器上的风扇都需要安装。

4）当变频器的使用环境温度超过40℃时，对有通风盖的变频器要将通风盖去掉，让风顺畅地进入变频器内。

5）因为使用在海拔高于1000m的地方时，空气密度会降低，散热效果就会变差，所以要加大控制柜的冷却风量以改善冷却效果。

6）变频器的发热来源主要是IGBT，IGBT的发热则会集中在开和关的瞬间，开关频率高时，变频器的发热量就变大，所以在使用过程中要注意尽量降低对变频器的开关频率。

任务实施

1. 训练工具、材料和设备

1）变频器，型号为FR-E840-0026-4-60，每组1台。

2）电工常用仪表和工具，每组1套。

3）按钮，每组3个。

4）对称三相交流电源，线电压为380V；三相笼型异步电动机，每组1台。

2. 主电路与控制电路接线

该任务的变频器控制电路与主电路如图4-13所示。

按照图中要求，正转起动按钮为SB1，反转起动按钮为SB2，停止按钮为SB3。这里的STOP信号接RH端子。频率信号采用面板上的M旋钮设定，故频率信号不需要接线。

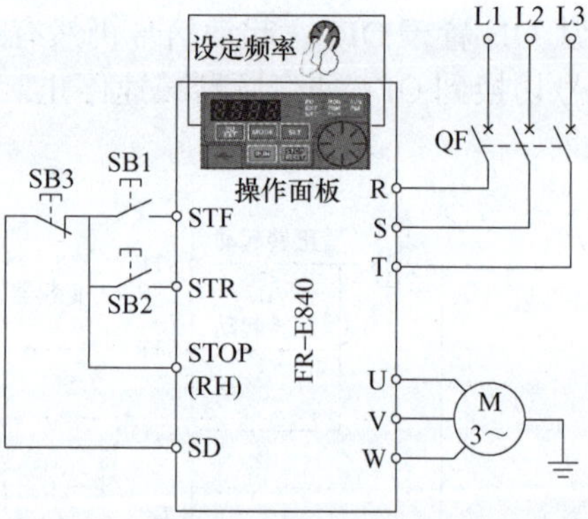

图4-13 变频器控制电路与主电路连接图

3. 主要参数设置（见表4-10）

表4-10 变频器功能参数设置

参数号	参数名称	设定数据	参数的功能意义
Pr.1	上限频率	40Hz	设定输出频率的上限
Pr.2	下限频率	0Hz	设定输出频率的下限
Pr.3	基底频率	50Hz	电动机的额定频率
Pr.7	加速时间	2s	从停止到50Hz（P.r20=50）所需要的时间
Pr.8	减速时间	2s	从50Hz（P.r20=50）到停止所需要的时间
Pr.9	电子过电流保护	变频器额定电流	对于0.75kW以下的产品，应设定为变频器额定电流的85%
Pr.79	操作模式	3	面板设定频率，外部控制起停
Pr.182	RH端子功能选择	25	将RH端子功能由高速功能变更为起动自保持功能

4. 任务实施步骤

1）主电路及控制电路按照图 4-13 连接好；检查电路接线正确无误后才能通电。

2）变频器恢复出厂设置后进行相关参数设置，设置完毕后，用 M 旋钮设置面板频率为 25Hz，即可进行运行调试操作。

3）按下正转起动按钮 SB1，电动机正转连续运行在 25Hz，按下停止按钮 SB3，电动机停止运行；按下反转起动按钮 SB2，电动机反转连续运行在 25Hz，按下停止按钮 SB3，电动机停止运行。

任务进阶与提高——无级调速

1. 任务描述

变频器外接开关、按钮实现电动机无级调速运行，通过变频器参数设置和外部端子接线来控制变频器的输出频率，从而实现三相异步电动机的外部按钮开关控制的无级调速运行。

2. 主电路与控制电路

该任务的变频器主电路与控制电路电路图如图 4-14 所示。

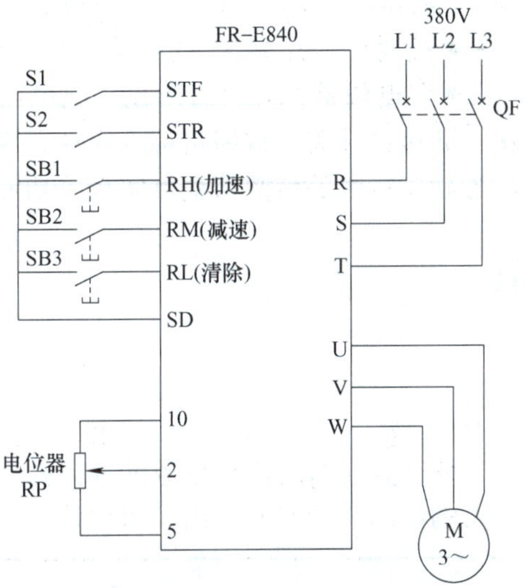

图 4-14　变频器主电路与控制电路电路图

3. 主要参数设置（见表 4-11）

表 4-11　主要参数设置

参数号	参数名称	设定数据	参数的功能意义
Pr.1	上限频率	50Hz	输出频率的上限设为 50Hz
Pr.2	下限频率	10Hz	输出频率的下限设为 10Hz
Pr.77	参数写入禁止选择	0	仅限于在变频器停止时可以写入参数
Pr.79	操作模式	0、2、3	0：PU 下设置参数，EXT 下运行，用 <PU/EXT> 键可切换 2：其他参数先进行设置，最后设置 Pr.79，否则会出现 Er4 报警，参数无法进行设置（不方便） 3：可以面板设定参数、M 旋钮设置频率、外部控制起动（比较方便）
Pr.59	遥控设定功能选择	1、2、3、11、12、13	Pr.59=0 为多段速度设定，其余设定均为遥控功能

4. 任务实施步骤

1）主电路及控制电路按照图 4-14 连接好；检查电路接线正确无误后才能通电。

2）变频器恢复出厂设置后进行相关参数设置，设置完毕后即可进行运行调试操作。

3）按照控制要求进行变频器的操作，具体调试过程如下：

- 接通正转开关 S1 或者反转开关 S2，电动机起动运转，以 10Hz 运行（下限频率）。

- 按下加速按钮 SB1，电动机运行频率可逐渐上升，松开按钮，电动机在当前频率下运行，继续按下加速按钮，运行频率上升直至上限频率。
- 按下减速按钮 SB2，电动机运行频率下降，松开按钮，电动机在当前频率下运行，继续按下减速按钮，运行频率下降直至下限频率 10Hz。
- 再次按下加速按钮 SB1，使电动机运行频率上升到一定值时松开，按下清除按钮 SB3，将清除电动机当前运行的频率值，恢复至最低频率 10Hz 运行。
- 接通正转开关 S1 或者反转开关 S2，电动机停止运行。
- 和电位器调频进行对比，电位器可以实现变频器的无级调速，即频率的连续均匀变化，那通过开关、按钮也可以实现无级调速，但是需要和相关的功能端子进行连接，并且设置相关参数的参数值就可实现此功能。

任务评价与反思

任务评价：

请结合自身对本次任务的掌握程度、课堂参与度等方面进行自我评价，小组组长根据组员的活动参与情况给出小组评价。

<table>
<tr><th rowspan="3">评价内容</th><th rowspan="3" colspan="2">评价指标</th><th rowspan="3" colspan="2">权重</th><th colspan="5">等级</th></tr>
<tr><th>A</th><th>B</th><th>C</th><th>D</th><th>E</th></tr>
<tr><th>1.0</th><th>0.8</th><th>0.6</th><th>0.2</th><th>0</th></tr>
<tr><td rowspan="14">学生学习表现</td><td rowspan="3">参与程度</td><td>1. 参与的深度</td><td>3</td><td rowspan="14">60</td><td></td><td></td><td></td><td></td><td></td></tr>
<tr><td>2. 参与的广度</td><td>3</td><td></td><td></td><td></td><td></td><td></td></tr>
<tr><td>3. 参与的时机与效率</td><td>4</td><td></td><td></td><td></td><td></td><td></td></tr>
<tr><td rowspan="2">科学知识</td><td>1. 基础知识落实</td><td>10</td><td></td><td></td><td></td><td></td><td></td></tr>
<tr><td>2. 多边的信息传递</td><td>5</td><td></td><td></td><td></td><td></td><td></td></tr>
<tr><td rowspan="4">科学探究</td><td>1. 和谐的人际关系</td><td>5</td><td></td><td></td><td></td><td></td><td></td></tr>
<tr><td>2. 提出问题、发表意见</td><td>5</td><td></td><td></td><td></td><td></td><td></td></tr>
<tr><td>3. 思维的求异性、独创性、批判性</td><td>5</td><td></td><td></td><td></td><td></td><td></td></tr>
<tr><td>4. 动手实践、自主探索、合作交流的能力</td><td>10</td><td></td><td></td><td></td><td></td><td></td></tr>
<tr><td rowspan="4">情感态度</td><td>1. 学习活动的兴趣与求知欲</td><td>3</td><td></td><td></td><td></td><td></td><td></td></tr>
<tr><td>2. 一定的自我调控能力</td><td>2</td><td></td><td></td><td></td><td></td><td></td></tr>
<tr><td>3. 体验成功，建立自信心</td><td>3</td><td></td><td></td><td></td><td></td><td></td></tr>
<tr><td>4. 良好的学习习惯</td><td>2</td><td></td><td></td><td></td><td></td><td></td></tr>
<tr><td colspan="3">自我评价结果</td><td></td><td></td><td></td><td></td><td></td></tr>
<tr><td colspan="5">小组评价结果</td><td></td><td></td><td></td><td></td><td></td></tr>
</table>

任务反思：

在本次任务中，接线是否顺利？调试过程中出现了哪些问题？是如何解决的？

____

____

____

____

____

____

____

职业素养与创新思维

绿色制造体系（绿色工厂 / 绿色供应链 / 绿色园区 / 绿色产品等）

《绿色制造　术语》（GB/T 28612—2023）和《绿色制造　属性》（GB/T 28616—2023）两项国家标准是由工业和信息化部提出，全国绿色制造技术标准化技术委员会归口，界定了绿色制造的相关术语和定义，以及绿色制造属性分类的基本原则、分类体系和相关说明。标准明确提出，进入新发展阶段，绿色制造是一种低消耗、低排放、高效率、高效益的现代化制造模式。其本质是制造业发展过程中统筹考虑产业结构、能源资源、生态环境、健康安全、气候变化等因素，将绿色发展理念和管理要求贯穿于产品全生命周期中，以制造模式的深度变革推动传统产业绿色转型升级，引领新兴产业高起点绿色发展，协同推进降碳、减污、扩绿、增长，从而实现经济效益、生态效益、社会效益协调优化。

工业和信息化部将把全面推行绿色制造作为工业和信息化领域“双碳”工作的重要抓手，完善绿色制造和服务体系，加快推动制造业全方位转型、全过程改造、全链条变革、全领域提升，厚植新型工业化的生态底色。

任务 4.3　继电电路控制变频器正反转运行

在生产实践中，继电电路控制变频器起 / 停和正反转运行是一种最常见的电路。有些生产设备需要用变频器改造继电器—接触器控制的长动、点动电路或正反转控制电路。那么利用变频器是如何实现电动机正反转控制的呢？本任务使用继电电路控制 E800 系列变频器的正反转运行。

任务要求

某企业要求用变频器改造如图 4-15 所示的三相异步电动机接触器联锁正反转电气控制控制电路，并进行设计、安装与调试。

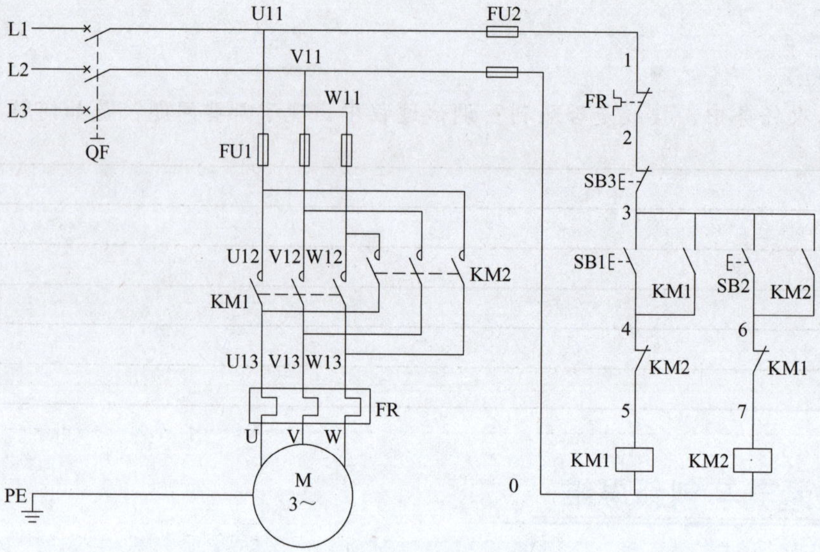

图 4-15　三相异步电动机接触器联锁正反转电气控制控制电路原理图

知识准备

要实现用变频器改造接触器正反转控制系统，需要综合考虑企业现场需求、安全因素、电路元器件的作用、设计要点、正反转控制电路特点、变频器需要设置的参数等。

下面介绍继电电路控制变频器正反转运行电路图设计。

根据综合因素分析，设计如图 4-16 所示的电路。

继电电路控制变频器启 – 停运行

（1）电路中各元器件

QF：主电源通断断路器

KM：变频器通断控制接触器

SB1：变频器通电按钮

SB2：变频器断电按钮

SB3：控制电动机正转起动按钮

SB4：控制电动机反转起动按钮

SB5：变频器停止按钮

KA1：正转控制中间继电器

KA2：反转控制中间继电器

（2）电路的设计要点

1）接触器 KM 只作为变频器的通 / 断控制，而不作为变频器的运行与停止控制。所以，断电按钮 SB2 与继电器 KA1 或 KA2 并联，使变频器运行时，SB2 不起作用。变频器的保护功能动作时通过接触器迅速切断电源，可以方便地实现自锁、互锁控制。

2）控制电路串接报警输出接点 B、C。当变频器故障报警时切断控制电路，KM 断开而停机。

3）变频器的通 / 断电，电动机的正反转运行控制，都采用主令按钮。

4）正反转继电器 KA1 和 KA2 互锁，正反转切换不能直接进行，必须先停机，再改变转向。

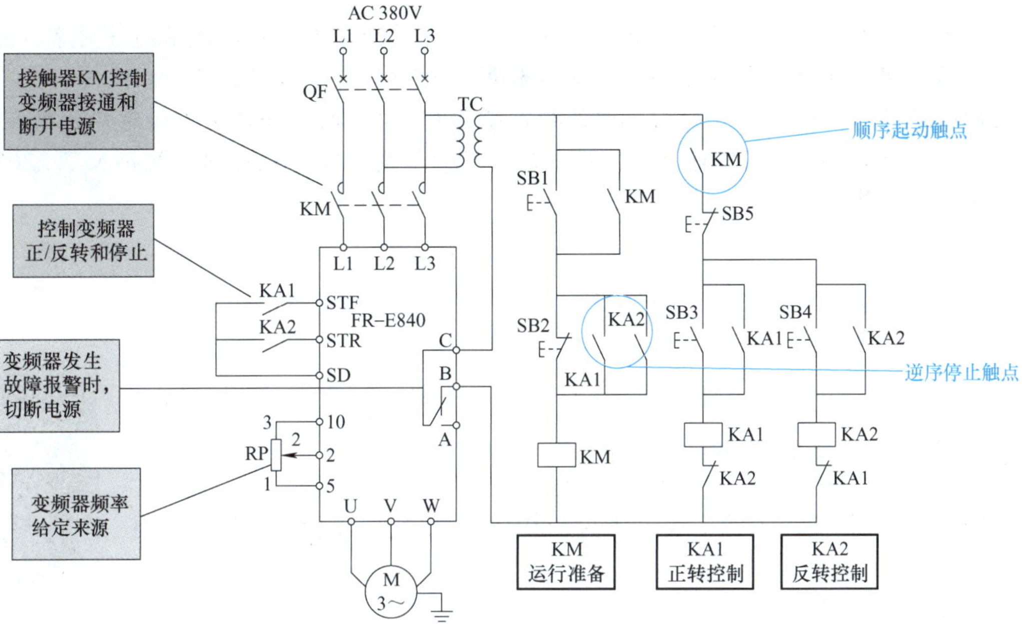

图 4-16　继电电路控制变频器正反转运行电路

（3）正反转控制分析

1）正转。按下 SB1，KM 线圈得电，主触点接通，变频器通电处于待机状态。与 SB1 并联的 KM 的辅助常开触点使 SB1 自锁。这时如果按下 SB3，KA1 线圈得电，它的常开触点 KA1 接通变频器的 STF 端子，电动机正转。同时，KA1 的另一常开触点闭合自锁，KA1 的常闭触点断开，使 KA2 线圈不能通电。

2）反转。要使电动机反转，先按下 SB5，KA1 失电，使电动机停止。然后按下 SB4，KA2 线圈得电，它的常开触点 KA2 闭合，接通变频器 STR 端子，电动机反转。与此同时，KA2 的另一常开触点闭合自锁，KA2 的常闭触点断开，使 KA1 线圈不能通电。

3）停止。当需要断电时，必须先按下 SB5，使 KA1 或 KA2 线圈失电，它的常开触点断开，电动机减速停止，解除了对 SB2 的封锁，这时才能按下 SB2，使变频器断电。变频器故障报警时，控制电路被切断，变频器主电路断电。

（4）控制电路特点

1）自锁保持电路状态的持续：KM 自锁，持续通电；KA1 自锁，持续正转；KA2 自锁，持续反转。

2）互锁保持变频器状态的平稳过渡，避免变频器受冲击。KA1、KA2 互锁，正反转运行不能直接切换；KA1、KA2 常开触点与 SB2 并联，保证运行过程中不能直接断电停机。

3）主电路的通 / 断由控制电路控制，操作更安全可靠。

知识加油站！！！

图 4-16 所示电路图中，变频器的触点输入端子 STF、STR 是不可以接入任何电源的，否则会损坏变频器。中间继电器 KA1、KA2 的常开触点出现在了三个地方：一个用作封锁断电按钮；一个用作自锁保持电路正转运行或反转运行状态的持续；

一个用作控制变频器正反转运行和停止，这三个常开触点不可以使用同一对常开触点。因为用作封锁断电按钮的常开触点和用作自锁保持电路正转运行或反转运行状态的持续的常开触点所在的回路中是接入了220V电源的，如果用同一对常开触点，那么KA1或KA2中间继电器线圈得电时，变频器的STF、STR端子就接入了220V电源，端子就会损坏。

任务实施

1. 训练工具、材料和设备

继电电路控制变频器正反转运行

1）变频器，型号为FR-E840-0026-4-60，每组1台。

2）电工常用仪表和工具，每组1套。

3）对称三相交流电源，线电压为380V，三相笼型异步电动机，每组1台。

4）按钮，每组5个。

5）交流接触器，每组1个。

6）中间继电器，每组2个。

2. 主电路与控制电路

该任务的主电路与控制电路如图4-17所示。

本设计图中，变频器的运行频率选择面板设定，所以模拟电位器没有画出来。当然也可以使用电位器给定频率，进行无级调速。

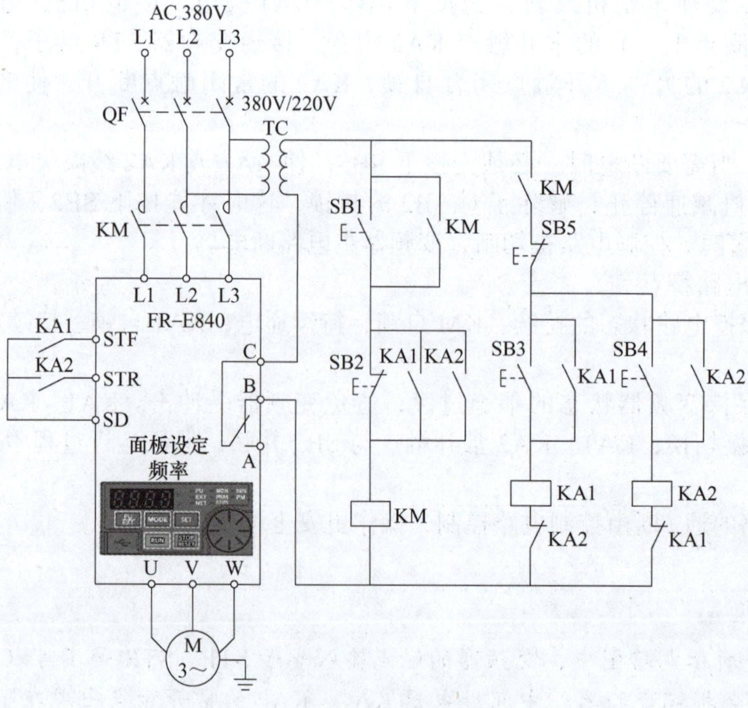

图4-17 变频器主电路与控制电路

3. 主要参数设置（见表 4-12）

表 4-12 变频器功能参数设置

参数号	参数名称	设定数据	参数的功能意义
Pr.1	上限频率	50Hz	设定输出频率的上限
Pr.2	下限频率	0Hz	设定输出频率的下限
Pr.9	电子过电流保护	变频器额定电流	对于 0.75kW 以下的产品，应设定为变频器额定电流的 85%
Pr.79	操作模式	3	面板设定运行频率、外部控制起动（比较方便）

4. 调试步骤

1）按照图 4-17 接好主电路及控制电路；检查电路接线正确无误后才能通电。

2）变频器恢复出厂设置后进行相关参数设置，设置完毕后，将 M 旋钮旋转至频率显示 30Hz，即可进行运行调试操作。

3）按下通电按钮 SB1，变频器通电，按下 SB3，变频器正转运行在 30Hz，按下 SB4 和 SB2，变频器仍然正转运行，没有反转也没有断电。按下 SB5，变频器停止运行。按下 SB4，变频器反转运行在 30Hz，按下 SB3 和 SB2，变频器仍然反转运行，没有正转也没有断电。先按下 SB5，再按下停止按钮 SB2，电动机停止运行。

注：调试时，这 5 个按钮可以随便按，但是控制电路的功能实现了：在变频器未通电的状态下，按任何按钮都没有用；在变频器运行状态下，按断电按钮没有用；在正转或反转运行状态下，按反转按钮或正转按钮没有用。这使得生产设备的运行更安全可靠。

任务评价与反思

任务评价：

请结合自身对本次任务的掌握程度、课堂参与度等方面进行自我评价，小组组长根据组员的活动参与情况给出小组评价。

评价内容	评价指标		权重		等级				
					A	B	C	D	E
					1.0	0.8	0.6	0.2	0
学生学习表现	参与程度	1. 参与的深度	3	60					
		2. 参与的广度	3						
		3. 参与的时机与效率	4						
	科学知识	1. 基础知识落实	10						
		2. 多边的信息传递	5						
	科学探究	1. 和谐的人际关系	5						
		2. 提出问题、发表意见	5						
		3. 思维的求异性、独创性、批判性	5						
		4. 动手实践、自主探索、合作交流的能力	10						

（续）

评价内容	评价指标		权重		等级				
					A	B	C	D	E
					1.0	0.8	0.6	0.2	0
学生学习表现	情感态度	1. 学习活动的兴趣与求知欲	3	60					
		2. 一定的自我调控能力	2						
		3. 体验成功，建立自信心	3						
		4. 良好的学习习惯	2						
自我评价结果									
小组评价结果									

任务反思：

在本次任务中，变频器的运行频率是通过外接调速电位器给定的，你试着做过吗？本次任务的接线比较多，你接线还熟练吗？调试是否成功？在接线和调试过程中出现了哪些问题？

____

____

____

____

职业素养与创新思维

在实训场所进行接线操作时，如果没有太多的元器件，图 4-17 所示电路也可以进行简化绘制，如图 4-18 所示。你能用变频器改造如图 4-19 所示的三相异步电动机点动、长动电气控制电路，并进行设计、安装与调试吗？

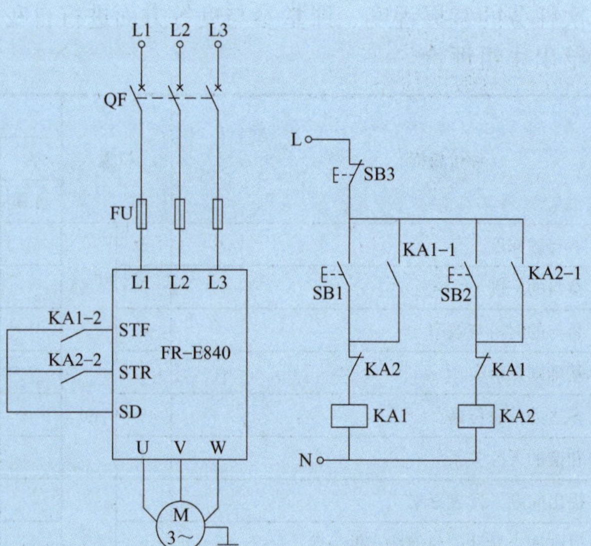

图 4-18 继电电路控制变频器正反转电路图

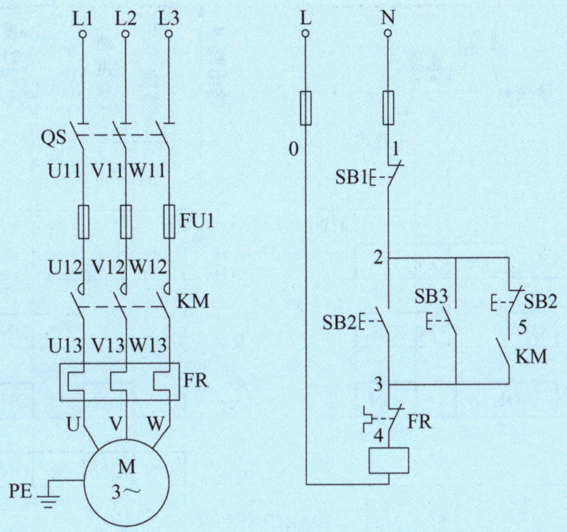

图 4-19　三相异步电动机点动、长动电气控制电路原理图

任务 4.4　外接开关控制变频器多段速运行

为适应现场的需要，可以用参数将多种运行速度预先设定，通过输入端子进行转换。多段速设定只在外部操作模式或 PU/ 外部组合模式（Pr.79=3，4）中有效。可通过开启、关闭外部触点信号（RH、RM、RL、REX 信号）选择多种速度。借助点动频率 Pr.15、上限频率 Pr.1、下限频率 Pr.2，最多可设定 18 种速度。本任务通过变频器参数设置和外接开关来控制变频器的输出频率，从而实现三相异步电动机的多段速运行控制。

任务要求

使用外接开关控制变频器实现多段速（三段速、七段速、十五段速等）单向运行，熟悉变频器多段速相关端子及参数的设置。

知识准备

要变频器外接开关实现三段速、七段速、十五段速等多段速下的连续正反转运行，需要通过 RH、RM、RL、REX 信号的搭配并结合对应参数的设置。

1. 变频器多段速端子组合图

各开关状态与各段速度关系如图 4-20 所示，REX 信号为 15 速选择，需要变更端子的功能来实现。接入 REX 信号所使用的的输入端子，应在 Pr.178 ～ Pr.189（输入端子功能选择）中设定“8”来进行端子功能的分配。

2. 变频器多段速运行参数的设定

变频器的多种运行速度并不是累加上去的，而是通过不同的参数来进行设置的，不同的参数编号对应不同的速度设定。参数号和对应的速度名称见表 4-13。

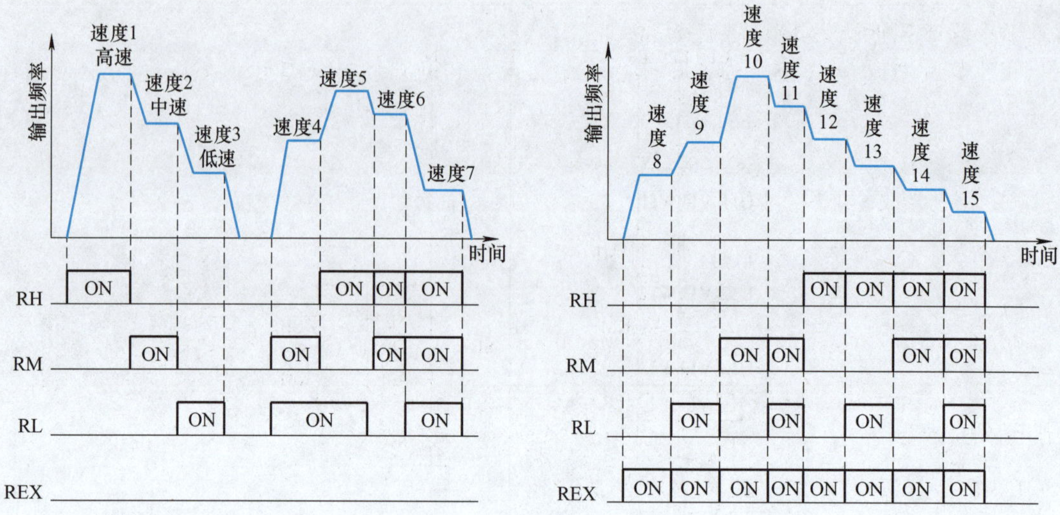

图 4-20　多段速组合段子组合图

表 4-13　变频器多段速参数设置

参数号	参数名称	初始值	参数的功能意义
Pr.4	3 速设定频率（1 速）	50Hz	RH 接通
Pr.5	3 速设定频率（2 速）	30Hz	RM 接通
Pr.6	3 速设定频率（3 速）	10Hz	RL 接通
Pr.24	4 速设定频率	9999	RM、RL 同时接通
Pr.25	5 速设定频率	9999	RH、RL 同时接通
Pr.26	6 速设定频率	9999	RH、RM 同时接通
Pr.27	7 速设定频率	9999	RH、RM、RL 同时接通
Pr.232	8 速设定频率	9999	REX 接通
Pr.233	9 速设定频率	9999	REX、RL 同时接通
Pr.234	10 速设定频率	9999	REX、RM 同时接通
Pr.235	11 速设定频率	9999	REX、RM、RL 同时接通
Pr.236	12 速设定频率	9999	REX、RH 同时接通
Pr.237	13 速设定频率	9999	REX、RH、RL 同时接通
Pr.238	14 速设定频率	9999	REX、RH、RM 同时接通
Pr.239	15 速设定频率	9999	REX、RH、RM、RL 同时接通

注：该表中参数初始值“9999”表示该参数不起作用。

知识加油站！！！

蒸汽余热余压利用——吸收式热泵机组

电厂用低压驱动热泵技术，采用多级发生、多级冷凝的吸收式热泵新流程，热泵由多级发生/冷凝器、吸收器、蒸发器、溶液热交换器、溶液泵、冷剂泵以及各类连接管路和附件组成，可产生较高温度的热水/冷却水，能够利用较低温度的热源或同时使用不同品质的热源进行加热。

某热电厂超低压驱动型吸收式热泵循环水余热利用改造项目中，如图 4-21 所示，安装 5 台热泵机组，回收汽轮机组的循环水余热，年节约标煤 2.16 万 t，减排二氧化碳 5.99 万 t。

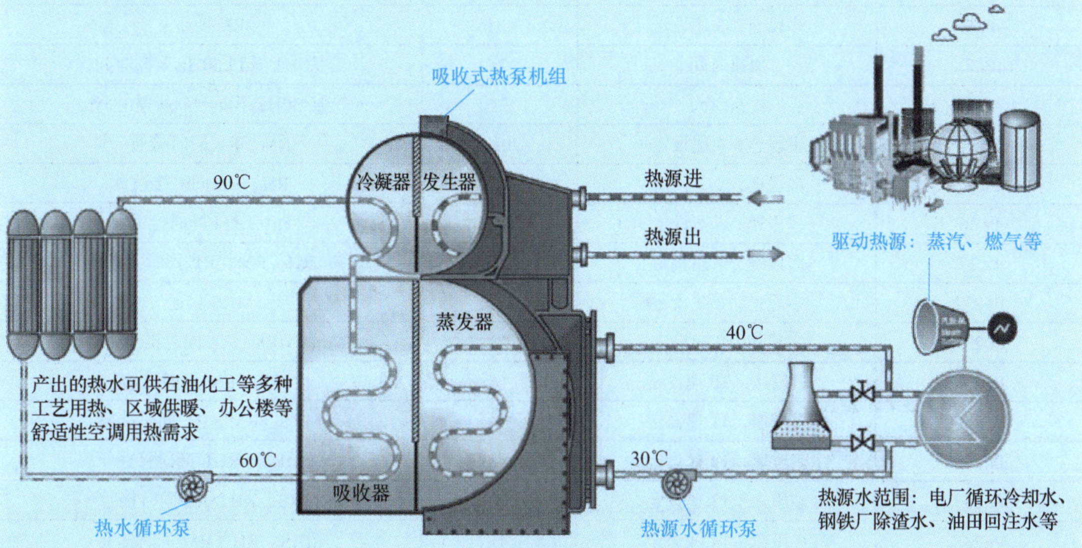

图 4-21　吸收式热泵机组

任务实施

1. 训练工具、材料和设备

1）变频器，型号为 FR-E840-0026-4-60，每组 1 台。

2）电工常用仪表和工具，每组 1 套。

3）对称三相交流电源，线电压为 380V；三相笼型异步电动机，每组 1 台。

4）钮子开关，每组 5 个。

2. 主电路与控制电路

该任务的主电路与控制电路如图 4-22 所示。这里使用 STR 端子作为 REX 信号，也可以使用 MRS、RES 作为 REX 信号。

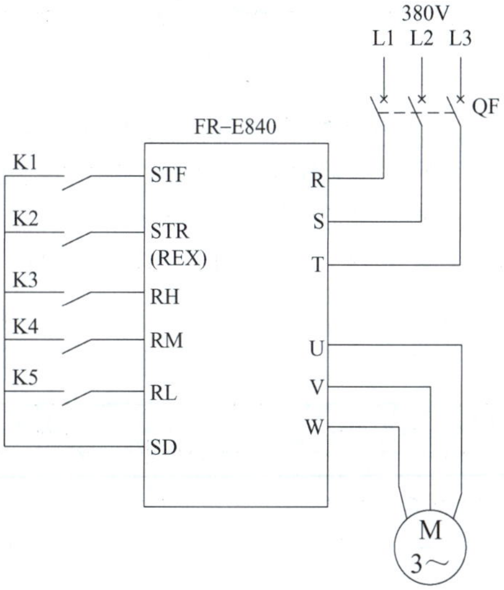

图 4-22　变频器主电路与控制电路

3. 主要参数设置（见表 4-14）

表 4-14　变频器功能参数设置

参数号	参数名称	设定数据	参数的功能意义
Pr.1	上限频率	50Hz	设定输出频率的上限
Pr.2	下限频率	0Hz	设定输出频率的下限

（续）

参数号	参数名称	设定数据	参数的功能意义
Pr.3	基底频率	50Hz	电动机额定频率
Pr.4	多段速，1 速设定	45Hz	RH 接通
Pr.5	多段速，2 速设定	40Hz	RM 接通
Pr.6	多段速，3 速设定	35Hz	RL 接通
Pr.7	加速时间	2s	从 0 上升到 50Hz 所需时间
Pr.8	减速时间	2s	从 50Hz 下降到 0 所需时间
Pr.24	多段速，4 速设定	30Hz	RM、RL 同时接通
Pr.25	多段速，5 速设定	25Hz	RH、RL 同时接通
Pr.26	多段速，6 速设定	20Hz	RH、RM 同时接通
Pr.27	多段速，7 速设定	15Hz	RH、RM、RL 同时接通
Pr.232	多段速，8 速设定	10	MRS 接通
Pr.233	多段速，9 速设定	23	MRS、RL 同时接通
Pr.234	多段速，10 速设定	16	MRS、RM 同时接通
Pr.235	多段速，11 速设定	14	MRS、RM、RL 同时接通
Pr.236	多段速，12 速设定	32	MRS、RHL 同时接通
Pr.237	多段速，13 速设定	40	MRS、RH、RL 同时接通
Pr.238	多段速，14 速设定	45	MRS、RH、RM 同时接通
Pr.239	多段速，15 速设定	5	MRS、RH、RM、RL 同时接通
Pr.79	操作模式	0/2	外部运行模式
Pr.179	SFR 端子功能选择	8	反转起动信号变更为 REX 信号

4. 调试过程

1）主电路及控制电路按照图 4-22 连接好；检查电路接线正确无误后才能通电。

2）变频器恢复出厂设置后进行相关参数设置，设置完毕后即可进行运行调试操作。

闭合正转起动开关 K1，起动变频器，根据图 4-20 多段速组合段子组合图顺序切换开关 K2、K3、K4、K5 的通断顺序，观察并记录变频器的输出频率，完成表 4-15 的数据填写。

表 4-15　多段速的输出频率与开关组合

序号	RH	RM	RL	REX	输出频率
1					
2					
3					
4					
5					
6					
7					
8					
9					

（续）

序号	RH	RM	RL	REX	输出频率
10					
11					
12					
13					
14					
15					

任务进阶与提高——频率跳变

变频器具有频率跳变功能（避开机械共振点），也就是变频器运行中不执行频率输出的那部分频率，又叫跳变频率。可以通过设置相关参数来实现频率跳变，此功能的目的是为了避开变频器控制的机械系统的固有振动频率导致的共振。共振会导致物体发生十分强烈的振动，其振幅比非共振的振幅高几倍，甚至十几倍，极有可能导致物体受到严重损坏，设置跳变频率的目的就是要躲开这些会引起共振的频率，通过跳过发生共振的频率范围以保护机械系统的安全运行。常见的水泵和风机等旋转设备均有其特定的较大振动区间，在明确其振动区间对应的转速和频率的情况下，通过变频器频率跳变功能来使设备快速通过此振动区间，从而对设备起到保护作用。

一般变频器均设置三个跳变频率点，跳变频率设定为各处的上点或下点。如图 4-23 所示，频率跳变 1A、2A、3A 的设定值为跳变点，跳变区间以此频率运行。

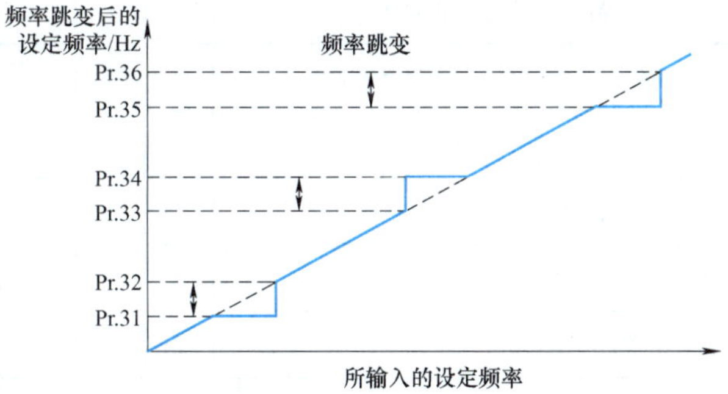

图 4-23　变频器频率跳变示意图

频率跳变 3 点模式由参数 Pr.31 ～ Pr.36 进行设置，见表 4-16。

表 4-16　变频器频率跳变参数值功能介绍

参数号	参数名称	初始值	设定范围	参数的功能意义
Pr.31	频率跳变 1A	9999	0 ～ 590Hz 9999	1A ～ 1B、2A ～ 2B、3A ～ 3B 为跳变的频率； 9999：功能无效
Pr.32	频率跳变 1B	9999		
Pr.33	频率跳变 2A	9999		
Pr.34	频率跳变 2B	9999		
Pr.35	频率跳变 3A	9999		
Pr.36	频率跳变 3B	9999		
Pr.552	频率跳变宽度	9999	0 ～ 30Hz	设定频率跳变（6 点模式）的跳变宽度
		9999	9999	3 点模式

任务评价与反思

任务评价：

请结合自身对本次任务的掌握程度、课堂参与度等方面进行自我评价，小组组长根据组员的活动参与情况给出小组评价。

评价内容	评价指标		权重		等级				
					A	B	C	D	E
					1.0	0.8	0.6	0.2	0
学生学习表现	参与程度	1. 参与的深度	3	60					
		2. 参与的广度	3						
		3. 参与的时机与效率	4						
	科学知识	1. 基础知识落实	10						
		2. 多边的信息传递	5						
	科学探究	1. 和谐的人际关系	5						
		2. 提出问题、发表意见	5						
		3. 思维的求异性、独创性、批判性	5						
		4. 动手实践、自主探索、合作交流的能力	10						
	情感态度	1. 学习活动的兴趣与求知欲	3						
		2. 一定的自我调控能力	2						
		3. 体验成功，建立自信心	3						
		4. 良好的学习习惯	2						
自我评价结果									
小组评价结果									

任务反思：

在本次任务中，你能否熟练拨动开关完成三段速、七段速和十五段速的调试？理解了频率跳变的设置及其使用场合了吗？

____

____

____

____

职业素养与创新思维

电动机节能案例

（1）异步电动机永磁化改造技术　将转子进行二次加工，开出一道弧形槽，在弧形槽内放入磁钢，然后用不导磁的不锈钢扁丝螺旋缠绕在磁钢表面，防止磁钢运行时飞出，实现了电动机性能的改造，降低电动机定子绕组中电流，减少绕组铜耗，提升电动机能效水平，综合节电效果明显。某公司节能改造项目中，系统年节电量约为 162.2 万 kW•h，折合年节约标煤 527.2t，减排二氧化碳 1462t。

（2）特制电动机技术　定子采用低损耗冷轧硅钢片、VPI 真空压力浸漆技术，转子采用高纯度铝锭，优化设计风扇、通风系统、电动机绕组等，降低了定子铜耗、转子损耗、铁耗、机械损耗、杂散损耗等，综合提升了电动机效率，可满足各种空载、满载以及变频系统需求，电动机节电率大于 8%。某公司电动机及水泵能效提升项目中，该电动机系统年节约总电量约 345 万 kW•h，折合年节约标煤 1121t，减排二氧化碳 3108t。

（3）智能磁悬浮透平真空泵综合节能技术　将无接触、无摩擦的磁悬浮轴承技术应用于透平真空泵领域，采用智能管理模式，根据工况自动调整真空度，实现了防喘振、防过载及异常工况下的高度智能化操作，极大地降低了操作和维护要求，相比传统水环真空泵节能效果显著，节水率近 100%。该技术适用于造纸行业真空干燥工艺节能改造，已进行产业化应用。某公司 PM17 真空泵改造项目中，应用 2 台 EV300 磁悬浮透平真空泵替代现场 7 台水环式真空泵，年节约电量 281 万 kW•h，折合年节约标煤 915t，减排二氧化碳 2537t。

项目 5

用 PLC 控制变频器运行

项目学习任务

- 任务 5.1　PLC 与变频器的连接方式
- 任务 5.2　FX5U PLC 开关量控制变频器正反转运行
- 任务 5.3　FX5U PLC 开关量控制变频器多段速运行
- 任务 5.4　FX5U PLC 模拟量控制变频器无级调速

项目学习目标

➢ **知识目标**

熟悉 PLC 与变频器的连接方式。

掌握 PLC 以开关量控制变频器起 / 停、正反转、多段速运行的操作方法。

掌握变频器 DI/DO 定义。

熟悉模拟量和数字量，掌握 A/D、D/A 模块的功能及应用。

掌握 PLC 以模拟量方式控制变频器运行的方法。

➢ **技能目标**

能完成 PLC 开关量控制变频器运行的硬件设计和接线。

能通过 PLC 对变频器进行起 / 停、正反转、多段速运行等控制操作。

会正确设置变频器的运行模式。

会编写模拟量控制程序，完成模拟量控制系统的安装与调试。

➢ **素养目标**

培养自我学习能力，通过查阅编程手册、咨询技术支持等培养解决问题的能力。

培养做事勤劳节俭习惯，增强与时俱进、开拓创新意识。

培养为企业、为社会开源节流，降本增效的责任意识。

任务 5.1　PLC 与变频器的连接方式

在我们的实际项目中经常会用到变频器，如风机变频调速、水泵变频调速、传送带变频调速等。而在使用变频器时通常会使用 PLC 对变频器进行控制。变频器调速性能好，节能环保，起动制动性能好，能提高生产效率，但是无法实现复杂控制要求。PLC 编程简单，通用性强，控制程序可变，可靠性高，抗干扰能力强，无触点接线，但是不能调速。PLC 和变频器综合控制是当前工控领域最常用的控制方式，如电梯控制、自动化生产线等。PLC 和变频器如何控制电动机实现不同方向、不同速度的运转呢？本任务介绍 PLC 对变频器控制通常会采用的几种方式。

任务要求

某企业生产线主轴电动机为三相异步电动机，由变频器拖动控制。要求：按下起动按钮 SB1，主轴电动机 M1 运行，频率从 10Hz 变化到 50Hz，每秒增加 4Hz，再次按下 SB1，主轴电动机以当前的频率运行，再次按下 SB1，主轴电动机停止运行。主轴电动机 M1 运行过程中，HL1 以 1Hz 的周期闪烁。

请根据企业生产线需求，为企业选择合理的控制方案。

知识准备

PLC 与变频器的连接方式

PLC 与变频器一般有三种连接方法：

1）利用 PLC 的开关量输出控制变频器。PLC 的开关量输出端子一般可以与变频器的开关量输入端子直接相连。为了检测变频器某些状态（运行状态，故障状态等），同时可以将变频器的开关量输出端子与 PLC 的开关量输入端子连接起来，如图 5-1 所示。

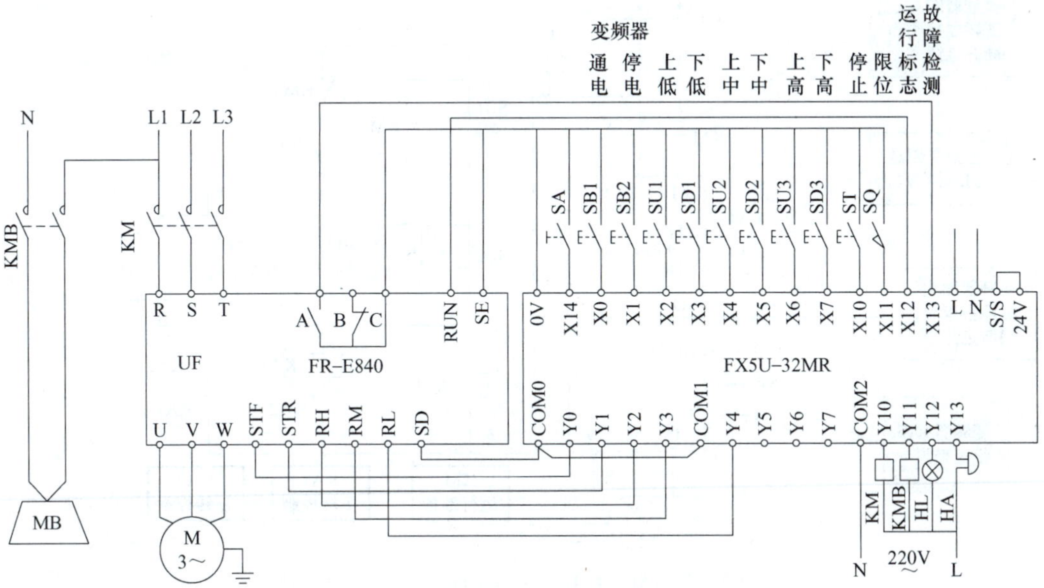

图 5-1　PLC 以开关量方式控制变频器驱动电动机多段速运行

图中，PLC 通过其输出点直接与变频器的开关量信号输入端子相连，变频器接受来自 PLC 的开关型输入信号，通过 PLC 程序可以控制变频器的运行（起动 / 停止、正反转、点动、转速变换等），能实现较为复杂的控制要求，但只能是有级调速。

这种控制方式的优点是对软 / 硬件要求低，接线简单，抗干扰能力强。缺点是无法实现精细的速度调节。

不使用 PLC 时，只要给这些端子接上开关就能对变频器进行正转、反转和多档转速控制。图 5-2 为外接开关控制变频器驱动电动机多段速运行的硬件接线示意图。

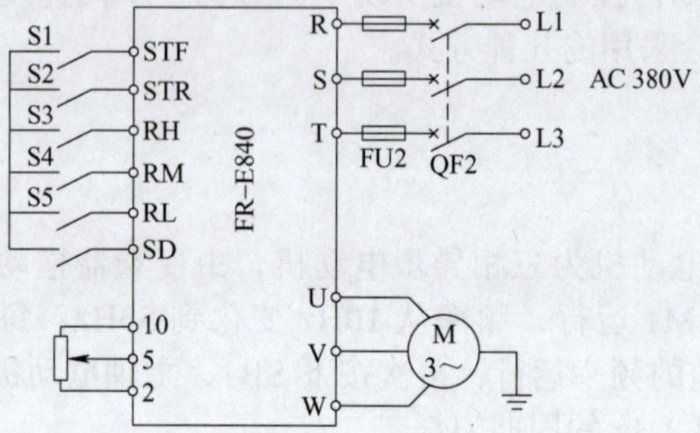

图 5-2　外接开关控制变频器驱动电动机多段速运行的硬件接线示意图

变频器使用继电电路控制时，有时存在因接触不良而误操作现象。使用晶体管进行连接时，则需要考虑晶体管自身的电压、电流容量等因素，以保证系统的可靠性。另外，在设计变频器的输入信号电路时，还应该注意输入信号电路连接不当，有时也会造成变频器的误动作。例如，当输入信号电路采用继电器等感性负载，继电器开闭时，产生的浪涌电流带来的噪声有可能引起变频器的误动作，应尽量避免。图 5-3 为继电电路控制变频器正反转运行硬件接线图。

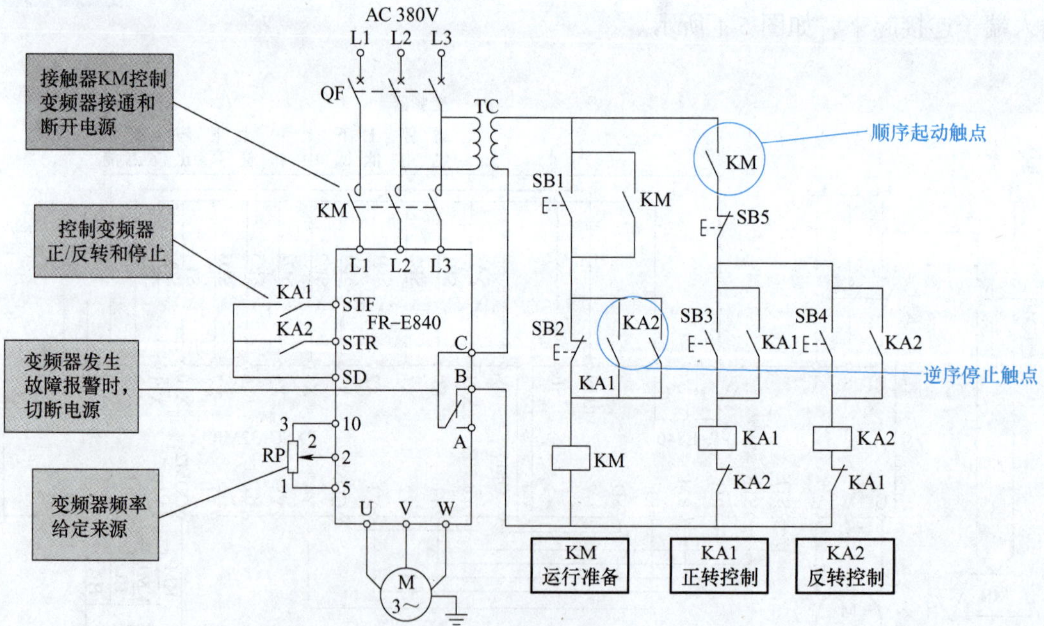

图 5-3　继电电路控制变频器正反转运行硬件接线图

2）利用 PLC 的模拟量输出模块控制变频器。变频器有电压和电流模拟量输入端子，改变这些端子的电压或电流输入值可以改变电动机的转速，如果将这些端子与 PLC 的模拟量输出端子连接，就可以利用 PLC 控制变频器来调节电动机的转速。模拟量是一种连续变化的量，利用模拟量控制功能可以使电动机的转速连续变化（无级调速）。PLC 的模拟量输出模块输出 0 ～ 5V 电压信号或 4 ～ 20mA 电流信号，作为变频器的模拟量输入信号，控制变频器的输出频率。

这种控制方式的优点是接线简单，编程简单，调速过程平滑连续，工作稳定，实时性强。但需要选择与变频器输入阻抗匹配的 PLC 输出模块，且 PLC 的模拟量输出模块价格较为昂贵，此外还需采取分压措施使变频器适应 PLC 的电压信号范围，在连接时注意将布线分开，保证主电路一侧的噪声不传至控制电路。图 5-4 为模拟量输入控制变频器无级调速接线图。FX5U PLC 本体内置两路模拟量输入和一路模拟量输出，不需要再额外购买 FX5-4AD-ADP、FX5U-4DA-ADP 等模拟量输入 / 输出模块，是 FX3U 和 FX2N PLC 所不具有的，使用方便。模拟量在工程中常常使用。

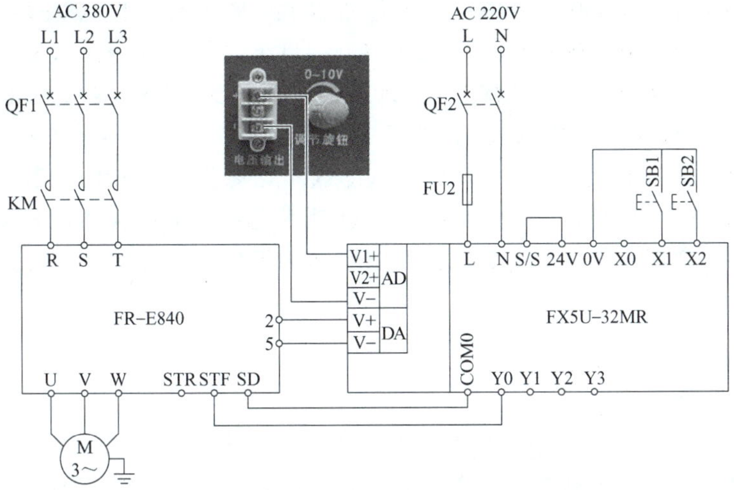

图 5-4　模拟量输入控制变频器无级调速接线图

3）PLC 与变频器的通信接口的连接。变频器都有一个 RS485 串行接口（有的也提供 RS232 接口）。单一的 RS485 链路最多可以连接 30 台变频器，而且根据各变频器的地址或采用广播信息，都可以找到需要通信的变频器。链路中有一个主控制器（主站），而各变频器则是从属的控制对象（从站）。可以使用 PLC 的 RS485 与变频器的 RS485 接口通过通信方式控制变频器起动 / 停止、正反转、点动、多段速等，还可以通过这种方式修改变频器的参数。有的 PLC、变频器有 CC-Link、Ethernet、Profibus DP 等通信接口。图 5-5 为 FX5U PLC 与变频器的 CC-Link 通信控制示意图，FX5U PLC 需要配置 CC-Link 主站 / 智能软元件模块，变频器需要配置内置选件 FR-A8NC E KIT，结合触摸屏进行远程控制时，可以节省 PLC 的输出端子，直接将各种控制和调频命令发送给变频器，变频器根据 PLC 通过 CC-Link 通信电缆送来的指令就能执行相应的功能控制。

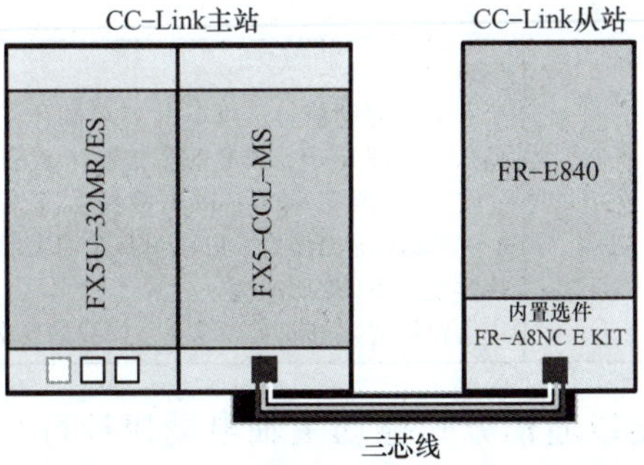

图 5-5　FX5U PLC 与变频器的 CC-Link 通信控制示意图

知识加油站！！！

PLC 与三菱变频器的通信控制方式有三种：

① PLC 采用 RS485 端子的无协议串行通信控制变频器。

② PLC 采用 RS485 端子的 Modbus-RTU 通信协议控制变频器。

③ PLC 采用现场总线方式控制变频器。

三菱变频器可内置各种类型的通信选件。如用于 CC-Link IE 现场网络的 FR-A8NCE 选件（用于 A800 和 F800 系列变频器）；用于 CC-Link 现场总线的 FR-A8NC 选件（用于 A800 和 F800 系列变频器）；用于 CC-Link 现场总线的 FR-A8NC E KIT 选件（用于 E800 系列变频器）；用于 Profibus DP 现场总线的 FR-A8NP 选件（用于 A800 和 F800 系列变频器）；用于 Profibus DP 现场总线的 FR-A8NP E KIT 选件（用于 E800 系列变频器）；用于 DeviceNet 现场总线的 FR-A8ND 选件（用于 A800 和 F800 系列变频器）；用于 DeviceNet 现场总线的 FR-A8ND E KIT 选件（用于 E800 系列变频器）等。三菱 FX 系列 PLC 需要有对应的通信接口模块与之对接。

任务实施

根据任务要求，完成主轴电动机 M1 生产线方案设计。

方案 1：PLC 开关量控制变频器拖动主轴电动机运行。该方案是否可行？请说明理由。如果可行，请选择熟悉的 PLC 和变频器，设计控制电路图，并完成变频器参数设置。

该方案是否可行？请在○内打钩 ☑可行　○不可行	理由如下： 变频器起动信号：可以由 PLC 的开关量输出 Y 点连接到变频器的数字量输入点 STF 端子，PLC 编程控制 Y 点输出，从而控制变频器起动 变频器频率信号：频率要求从 10Hz 变化到 50Hz，每秒增加 4Hz，有 10Hz、14Hz、18Hz、22Hz、26Hz、30Hz、34Hz、38Hz、42Hz、46Hz、50Hz，共 11 个频率输出，用 4 个多段速端子 RH、RM、RL、REX 接到 PLC 的四个输出点，根据多段速端子组合图，通过 PLC 编程、变频器参数设置，可以实现 11 个频率的输出 所以该方案可以实现企业生产线的要求

方案 2：PLC 模拟量控制变频器拖动主轴电动机运行。该方案是否可行？请说明理由。如果可行，请选择熟悉的 PLC 和变频器，设计控制电路图，并完成变频器参数设置。

该方案是否可行？请在○内打钩 ☑可行　○不可行	理由如下： 变频器起动信号：可以由 PLC 的开关量输出 Y 点连接到变频器的数字量输入点 STF 端子，PLC 编程控制 Y 点输出，从而控制变频器起动 变频器频率信号：PLC 的模拟量输入端子输入 0～5V 电压信号或 4～20mA 电流信号，PLC 模拟量输出端子连接到变频器的模拟量输入端子，控制变频器的输出频率 所以该方案可以实现企业生产线的要求

方案 3：PLC 与变频器以通信方式拖动主轴电动机运行。该方案是否可行？请说明理由。如果可行，请选择熟悉的 PLC 和变频器，设计控制电路图，并完成变频器参数设置。

该方案是否可行？请在○内打钩 ☑可行　○不可行	理由如下： 可以由 PLC 通过通信端子和变频器的通信端口进行 RS485 通信；或通过 PLC 扩展网络模块，变频器内置通信选件，进行 CC-Link 现场总线通信等通信方式，控制变频器起动信号和频率信号 所以该方案可以实现企业生产线的要求

成果展示

结合学校相关设备，任意选择一种方案，完成企业生产线主轴电动机的完整控制。请写出你的个性化设计图和 PLC 程序。

你的设计图：	你的 PLC 程序：

任务评价与反思

任务评价：

请结合自身对本次任务的掌握程度、课堂参与度等方面进行自我评价，小组组长根据组员的活动参与情况给出小组评价。

评价内容	评价指标		权重		等级				
					A	B	C	D	E
					1.0	0.8	0.6	0.2	0
学生学习表现	参与程度	1. 参与的深度	3	60					
		2. 参与的广度	3						
		3. 参与的时机与效率	4						
	科学知识	1. 基础知识落实	10						
		2. 多边的信息传递	5						
	科学探究	1. 和谐的人际关系	5						
		2. 提出问题、发表意见	5						
		3. 思维的求异性、独创性、批判性	5						
		4. 动手实践、自主探索、合作交流的能力	10						

（续）

评价内容		评价指标	权重		等级				
					A	B	C	D	E
					1.0	0.8	0.6	0.2	0
学生学习表现	情感态度	1. 学习活动的兴趣与求知欲	3	60					
		2. 一定的自我调控能力	2						
		3. 体验成功，建立自信心	3						
		4. 良好的学习习惯	2						
自我评价结果									
小组评价结果									

任务反思：

上述三种方案中，你可以完成企业生产线主轴电动机的完整控制吗？请设计详细的电气接线图，列出变频器参数设置表，编写 PLC 程序。

____

____

____

____

职业素养与创新思维

CC-Link 网络由 1 个主站和若干从站构成。主站负责控制整个网络中的所有从站，具有唯一性，站号固定为 0 号，通常由中大型 PLC 担当；从站有远程 I/O 站、远程设备站、智能设备站、本地站、备用主站等类型，不具有唯一性，站号也不固定，通常由 PLC、远程 I/O 模块、人机界面、变频器及机器人等设备担当，如图 5-6 所示。在 CC-Link 网络中，各站的功能和典型单元见表 5-1。

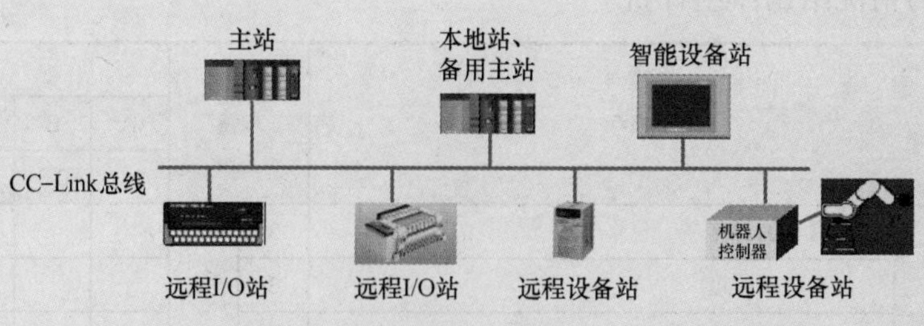

图 5-6　CC-Link 网络架构示意图

表 5-1　CC-Link 各站功能和典型单元

名称		描述	典型单元
主站		主要负责控制所有的远程 I/O 站、远程设备站、智能设备站和本地站	A/QnA/Q 系列 PLC
从站	远程 I/O 站	仅处理 bit 数据，只能与主站做远程输入 RX 和远程输出 RY 通信	数字 I/O、电磁阀等

（续）

名称		描述	典型单元
从站	远程设备站	处理 bit 数据和 word 数据，能与主站做远程输入 RX、远程输出 RY、远程写 RWw 和远程读 RWr 通信	A/D、D/A 转换模块、温度控制模块、变频器等
	智能设备站	除了与远程设备站功能相同外，还可以执行不定期数据传送功能	A/QnA/Q 系列 PLC、人机界面等
	本地站	能与主站以及其他本地站进行通信	A/QnA/Q 系列 PLC
	备用主站	当主站工作时，它是一个本地站；当主站出现故障时，接替作为主站工作	A/QnA/Q 系列 PLC

任务 5.2　FX5U PLC 开关量控制变频器正反转运行

变频器有很多开关量端子，如正转、反转和多段速控制端子等。PLC 的开关量输出端子一般可以与变频器的开关量输入端子直接相连。这种控制方式接线简单，抗干扰能力强。利用 PLC 的开关量输出可以控制变频器的起动 / 停止、正反转、点动、转速和加减速时间等，能实现较为复杂的控制要求，但是只能是有级调速。本任务介绍 PLC 开关量控制变频器正反转运行。

任务要求

某企业生产线传送带由变频器拖动控制。要求：按下通电按钮 SB1，变频器得电处于待机状态，通电指示灯 HL1 亮；按下正转按钮 SB2，传送带以 20Hz 的频率（面板设定）正转运行，正转指示灯 HL2 亮；按下反转按钮 SB3，传送带以 20Hz 的频率（面板设定）反转运行，反转指示灯 HL3 亮；按下停止按钮 SB4，变频器停止运行，停止运行指示灯慢闪 3s 后停止；变频器发生故障而跳闸时，变频器切断电源，同时故障报警指示灯 HL4 快速闪烁；按下断电按钮 SB5，变频器失电，通电指示灯 HL1 灭；故障解除后，按下复位按钮 SB6，故障报警指示灯 HL4 灭。

知识准备

PLC 控制变频器正反转广泛应用在生产和生活领域，如电梯门的开关，电梯的上升和下降，旋转门的开关等。PLC 控制变频器运行的优点是操作方便，无需停机即可实现正反转的切换，无需专门的外部正反转切换装置，控制电流小。取代大量的继电接触器的功能，从而节能、减少故障率、体积小。灵活方便，容易实现各种保护、报警、指示、定时及计数等功能。

PLC 控制变频器正反转运行

1. 变频器的几种运行模式

变频器的运行模式是指变频器的受控方式，是指对输入变频器的起动指令和频率指令的位置进行指定，通常概括以下几种运行模式。

外部运行模式：使用控制电路端子，通过设置在外部的电位器或开关等输入起动指令和频率指令。

PU 运行模式：使用操作面板、参数模块输入起动指令和频率指令。

网络运行模式（NET 运行模式）：使用 RS485 通信、Ethernet 通信和通信选件，输入起动指令和频率指令。

要对变频器的运行模式进行切换，需要修改其功能参数 Pr.79，变频器的运行模式有：外部 /PU 切换模式（Pr.79=0），固定为 PU 运行模式（Pr.79=1），固定为外部运行模式（Pr.79=2），外部 /PU 组合运行模式 1（Pr.79=3），外部 /PU 组合运行模式 2（Pr.79=4），网络运行模式（Pr.79=0，P340=1 或 10）。

要使变频器运行起来，起动指令和频率指令缺一不可。下面说明变频器的几种运行情况，见表 5-2。

表 5-2　变频器的运行模式

起动指令	频率指令	运行模式	操作演示
操作面板设定	操作面板设定	PU 运行模式（Pr.79=0 或 1）	
	多段速端子 RH、RM、RL 输入进行设定	外部 /PU 组合运行模式 2（Pr.79=4）	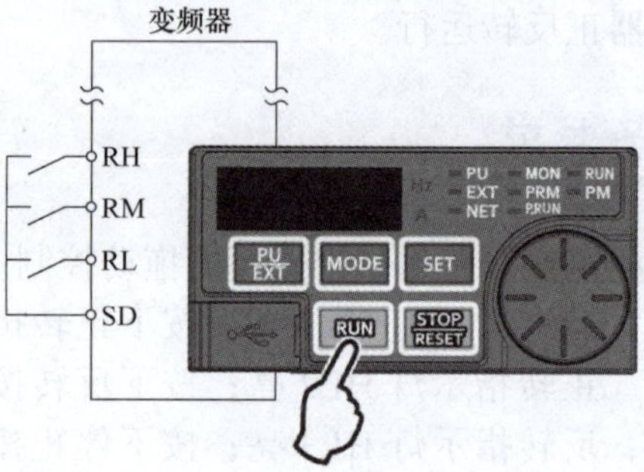
	端子 2 输入电压进行设定	外部 /PU 组合运行模式 2（Pr.79=4）	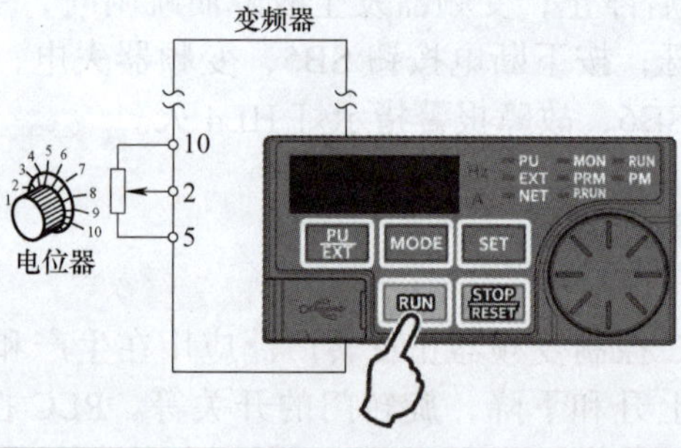
	端子 4 输入电流进行设定	外部 /PU 组合运行模式 2（Pr.79=4）	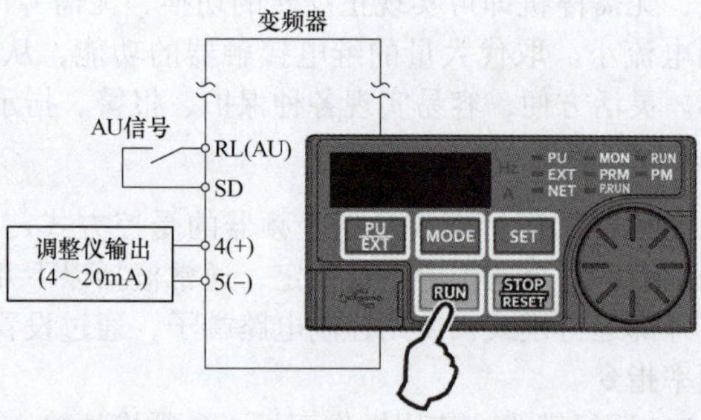

（续）

起动指令	频率指令	运行模式	操作演示
外部 STF、STR 输入	操作面板设定	外部 /PU 组合运行模式 1（Pr.79=3）	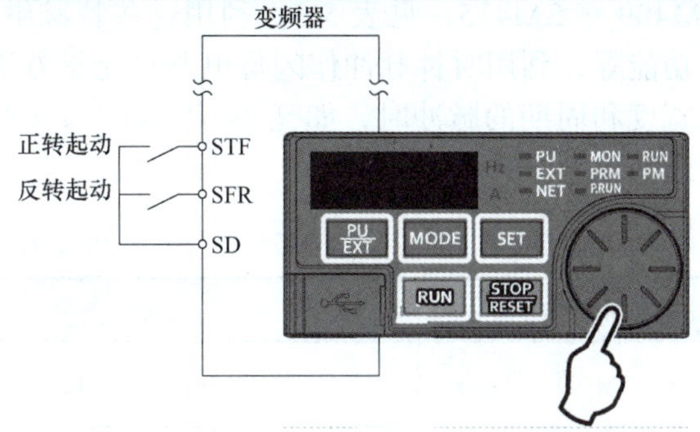
	多段速端子 RH、RM、RL 输入进行设定	外部 /PU 组合运行模式 1（Pr.79=2）	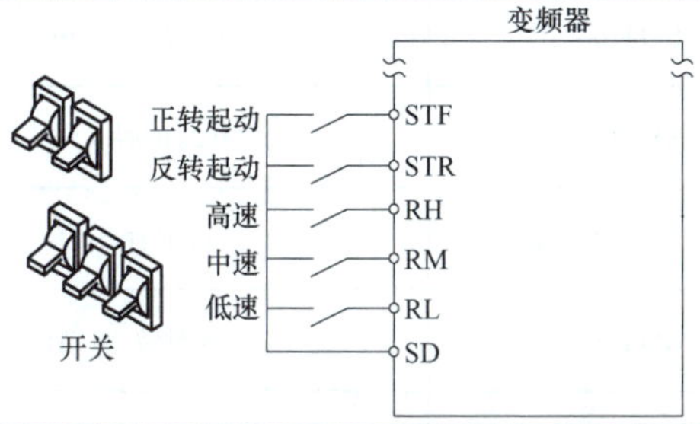
	端子 2 输入电压进行设定	外部 /PU 组合运行模式 1（Pr.79=2）	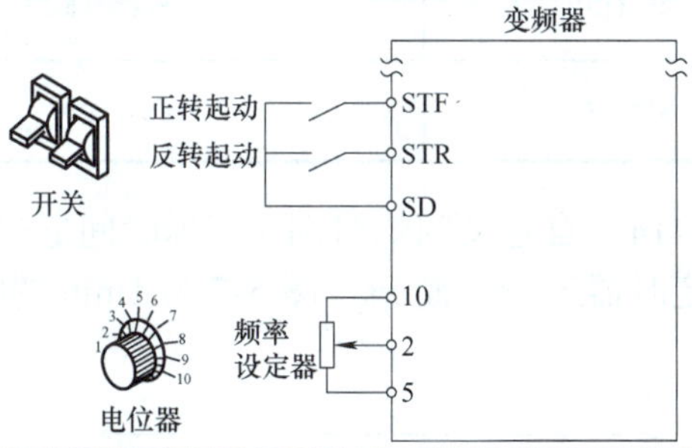
	端子 4 输入电流进行设定	外部 /PU 组合运行模式 1（Pr.79=2）	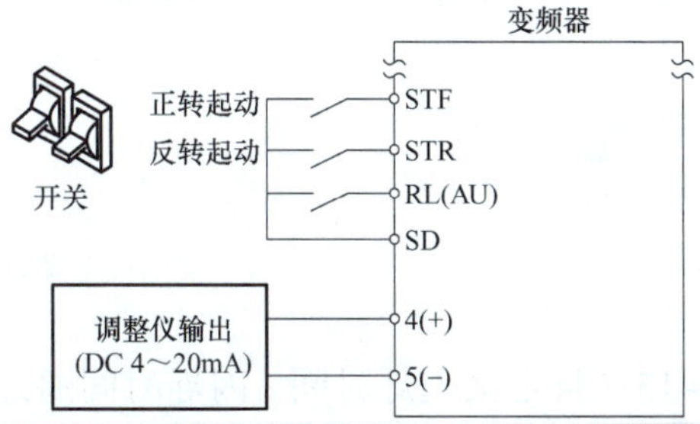
使用本体的 PU 接口或 Ethernet 接口或内置选件等通信输入	使用本体的 PU 接口或 Ethernet 接口或内置选件等通信输入	NET 运行模式（P340=1 或 10）	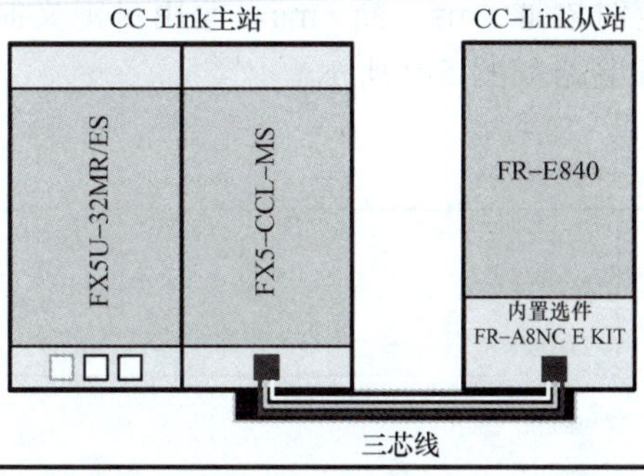

注：外部端子输入可以是外接开关控制，也可以继电器触点控制，还可以是 PLC 输出点控制。

2. FX5U PLC 的内部时钟脉冲

FX5U PLC 的特殊辅助继电器（SM）是 PLC 内部确定的，具有特殊功能的继电器，如 SM409 ～ SM415，见表 5-3。利用这些特殊继电器可以提供丰富的定时控制，如实现闪烁功能等，利用时钟脉冲作闪烁电路只能是方波信号，即亮灭时间相同。如果需要输出可调宽度和周期的脉冲时，如亮 3s 灭 2s 的闪烁电路，用时钟脉冲则无法实现，需要用定时器来实现。

表 5-3　FX5U PLC 的内部时钟脉冲

编号	名称	内容
SM409	0.01s 时钟（100Hz）	0.005s　0.005s
SM410	0.1s 时钟（10Hz）	0.05s　0.05s
SM411	0.2s 时钟（5Hz）	0.1s　0.1s
SM412	1s 时钟（1Hz）	0.5s　0.5s
SM413	2s 时钟（0.5Hz）	1s　1s
SM414	2*n*s 时钟	*n*s　*n*s
SM415	2*n* ms 时钟	*n*(ms)　*n*(ms)

SM414：自定义闪烁时间（闪烁时间通过特殊寄存器 SD414 指定），当指定时间为 *n* 时，该定时器通 *n*s、断 *n*s。图 5-7 为 1min 的时钟脉冲，即通 30s、断 30s 的闪烁。

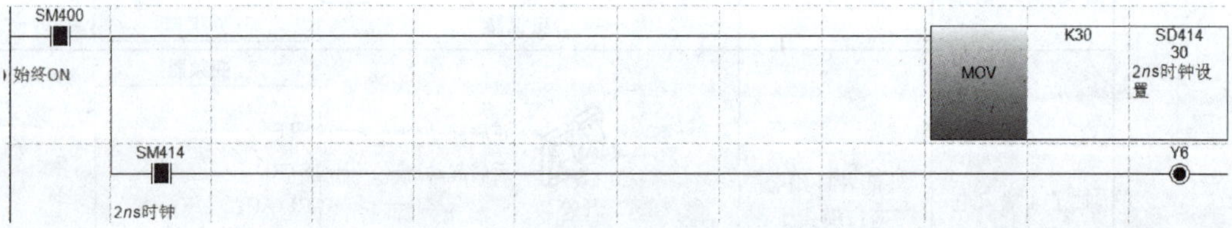

图 5-7　使用自定义制作 1min 的闪烁电路

SM415：自定义闪烁时间（闪烁时间通过特殊寄存器 SD415 指定），当指定时间为 *n* 时，该定时器通 *n*ms、断 *n*ms。使用自定义制作 2Hz 的闪烁电路如图 5-8 所示，使用定时器的闪烁电路如图 5-9 所示。

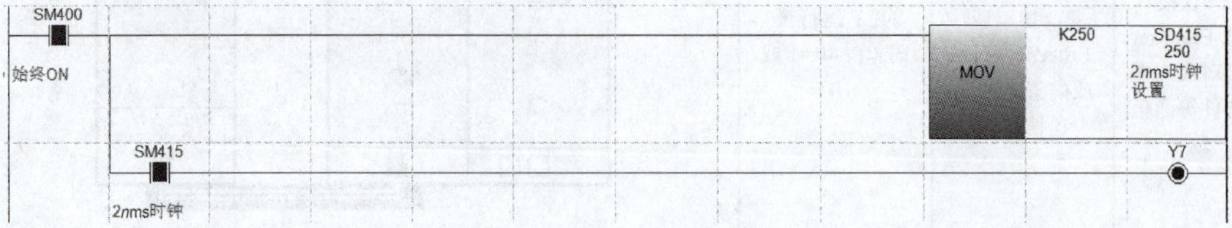

图 5-8　使用自定义制作 2Hz 的闪烁电路

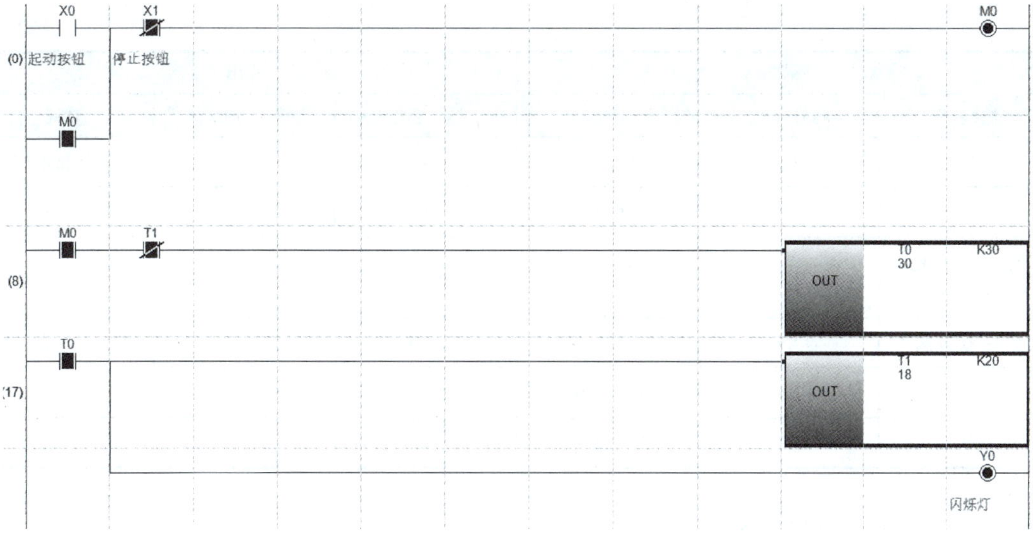

图 5-9　使用定时器的闪烁电路

任务实施

根据任务要求，完成生产线传送带控制任务，具体操作步骤：

进行 PLC 和变频器综合控制项目实施时，首先要对所需要的硬件进行配置，然后进行 I/O 分配、PLC 接线、变频器接线，再进行变频器参数设置，PLC 程序编制与下载，最后调试运行，调试无误后，形成文档资料。

1. 硬件配置（见表 5-4）

表 5-4　硬件配置

序号	设备名称	产品名称	型号	数量
1	MELSEC iQ-FX5U	CPU 主机	FX5U-32MR/ES	1
2	FR-E840	变频器	FR-E840-0026-4-60	1
3	CJ10-10	交流接触器	线圈电压 220V	1
4	按钮	按钮	自定	6
5	指示灯	指示灯	220V 供电	5
6	电动机	三相异步电动机	YS5024，380V，△联结，或自定	1

2. I/O 分配表

根据任务要求，分析得到需要 8 个输入，8 个输出，具体见表 5-5。

表 5-5　PLC I/O 分配表

输入			输出		
器件名称	PLC 地址	功能	器件名称	PLC 地址	功能
SB1	X0	通电按钮	KM	Y0	通电接触器
SB2	X1	正转按钮	HL1	Y1	通电指示灯

（续）

输入			输出		
器件名称	PLC 地址	功能	器件名称	PLC 地址	功能
SB3	X2	反转按钮	HL2	Y2	正转指示灯
SB4	X3	停止按钮	HL3	Y3	反转指示灯
变频器继电器输出端子 A	X4	故障输出	HL4	Y4	故障报警指示灯
变频器 RUN 端子	X5	运行指示	HL5	Y5	停止运行指示灯
SB5	X6	断电按钮	STF	Y10	变频器正转
SB6	X7	复位按钮	STR	Y11	变频器反转

3. 控制系统硬件接线图

控制系统硬件接线如图 5-10 所示。PLC 的输入端子 X 除了接对应的按钮外，其中一个输入端子接入变频器的继电器输出端子 A 或 B（异常输出端子），当变频器异常时，A、C 间导通，B、C 间导通，X4 有信号输入 PLC，要求能切断电源，同时要求故障报警指示灯 HL4 快速闪烁。一个输入端子接入变频器的运行端子 RUN，当变频器正在运行时，反馈到 PLC 的输入端子 X5 有信号，当变频器停止或正在制动时，RUN 端子输出为高电平，表示 X5 处于 OFF 状态（不导通状态），反馈到 PLC 的输入端子 X5 无信号。所以这里的变频器的继电器输出端子和变频器的运行端子 RUN 作为 PLC 的反馈信号，能更加真实地模拟现场运行情况。

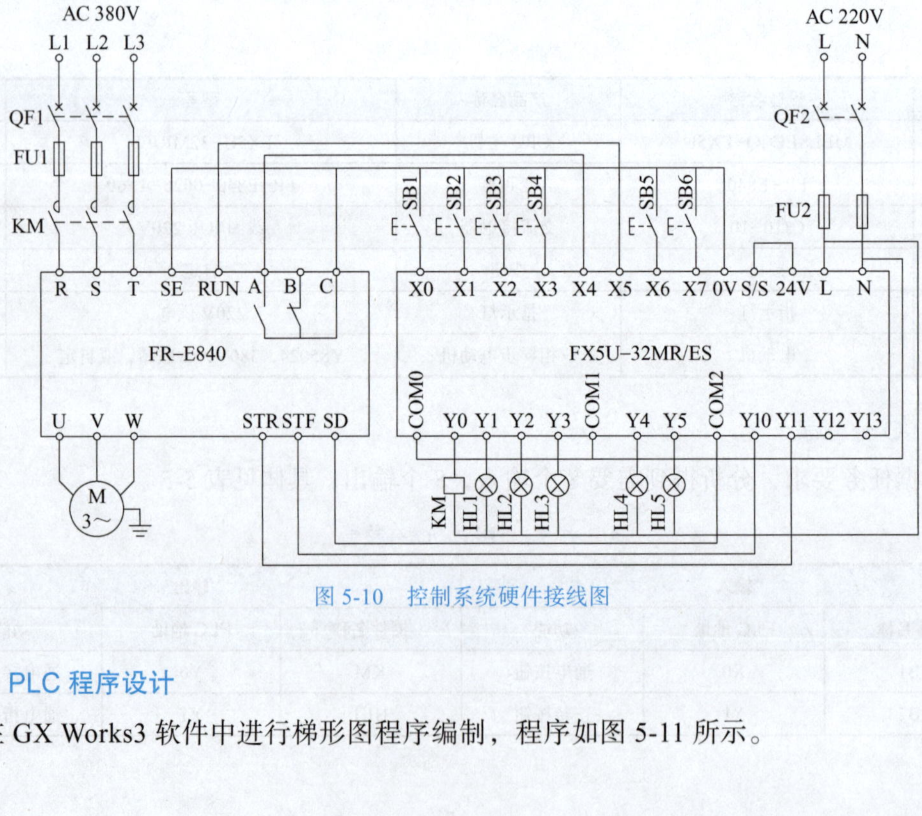

图 5-10 控制系统硬件接线图

4. PLC 程序设计

在 GX Works3 软件中进行梯形图程序编制，程序如图 5-11 所示。

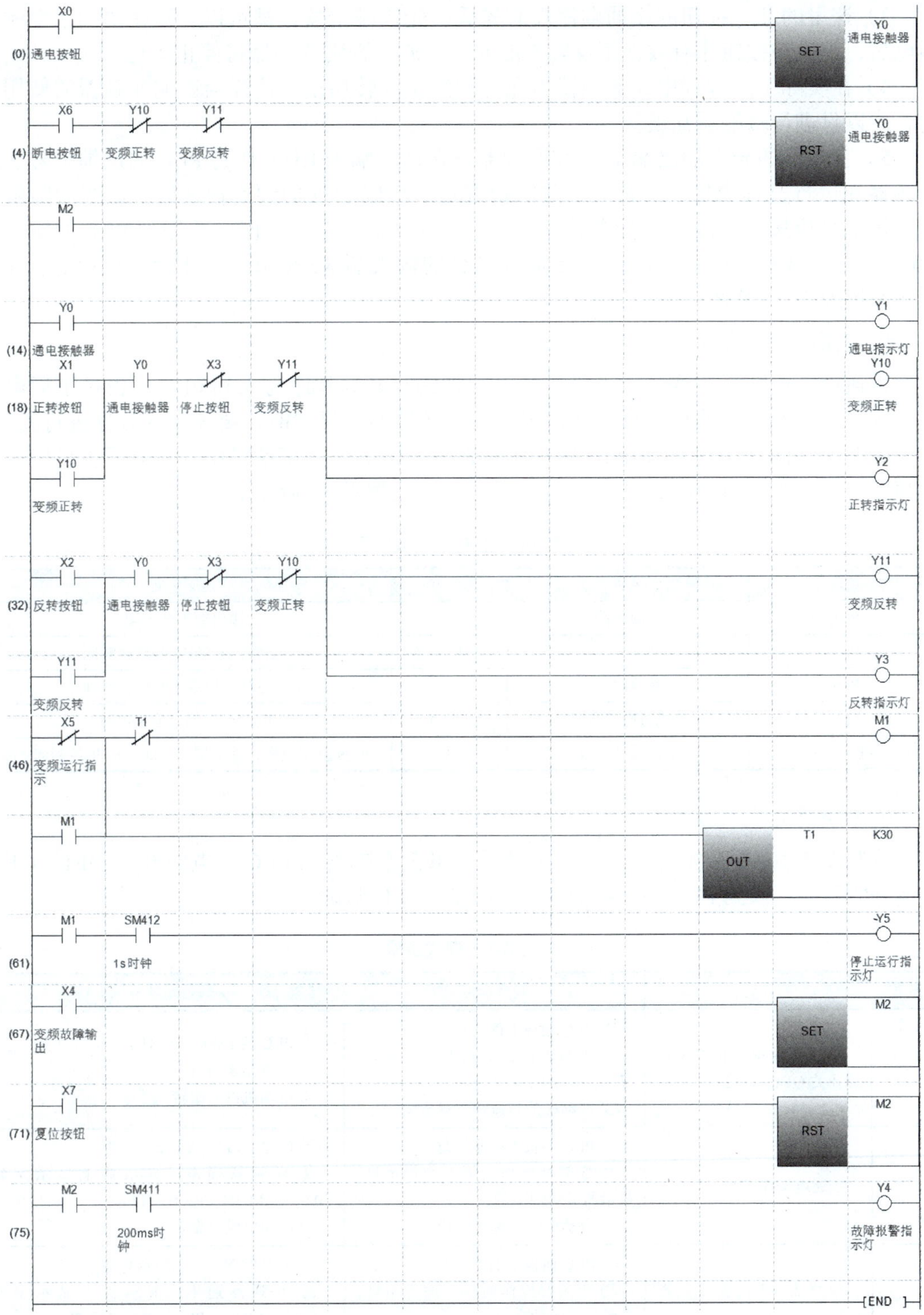

图 5-11　PLC 控制变频器正反转程序

1）通电按钮信号 X0 用于控制变频器通电，变频器通电后，按正转 / 反转按钮才有用，如果变频器没有通电，按正转 / 反转按钮后，变频器没有反应。

2）变频器正在正转或反转运行时，按断电按钮无效。

3）这里的几个按钮的接通顺序没有先后，先按哪个按钮都可以。程序要确保变频器通电后，正反转按钮才有效，正反转不能同时接通，否则变频器将停止运行。

4）在实际生产过程中，变频器不允许频繁正反转切换，这样会影响变频器的使用寿命，所以只进行接触器互锁。

5）变频器的异常输出端子 A 和变频器正在运行端子 RUN 作为 PLC 的反馈信号。当变频器在运行过程中出现异常时，故障报警指示灯以 5Hz 的频率快速闪烁，当故障解除后，按下复位按钮，故障报警指示灯熄灭。当变频器正在运行时，反馈到 PLC 的输入端 X5 点亮，当变频器停止运行时，反馈到 PLC 的输入端 X5 熄灭，停止运行指示灯以 1Hz 的频率慢闪 3s 后熄灭。

5. 变频器参数设置

接通设备电源后，变频器并没有通电，将编写好的程序写入到 PLC 后再按下通电按钮，变频器才通电，然后进行参数设置。在变频器参数设置时，要先对变频器进行复位。本任务变频器的起动信号由外部 STF 或 STR 信号给定，频率信号由变频器面板设定。故变频器运行模式选择参数 Pr.79 设为 3。其他参数设置见表 5-6。

表 5-6　变频器参数设置

参数编号	名称	设定值	功能含义
Pr.1	上限频率	50Hz	输出频率的上限
Pr.7	加速时间	1.5s	从停止到 50Hz 的加速时间
Pr.8	减速时间	1.8s	从 50Hz 到停止的减速时间
Pr.9	电机过电流保护	0.66A	电动机的额定输出电流
Pr.79	运行模式选择	3	面板设定频率，外部端子 STF、STR 控制起 / 停

6. 系统调试

按照图 5-10 进行接线，经确认无误后，闭合变频器和 PLC 的电源开关 QF1、QF2。将编好的程序写入到 PLC 中，按照表 5-7 中步骤进行调试。

表 5-7　调式步骤

序号	操作过程	观察项目	现场状况
1	闭合变频器和 PLC 的电源开关 QF1、QF2	① PLC 面板上的指示灯 ② 变频器操作面板上的指示灯，显示器显示的字符 ③ 电动机的转速和选择方向	① PLC 的 PWR、P.RUN 指示灯点亮 ② 变频器未通电 ③ 电动机没有旋转
2	按通电按钮 SB1	① PLC 面板上的指示灯 ② 变频器操作面板上的指示灯，显示器显示的字符 ③ 电动机的转速和选择方向	① PLC 的 Y0、Y1 指示灯亮 ② 变频器通电，显示器上显示字符“0.00”，MON、EXT、HZ 亮 ③ 电动机没有旋转
3	按照表 5-3 设置变频器参数	① PLC 面板上的指示灯 ② 变频器操作面板上的指示灯，显示器显示的字符 ③ 电动机的转速和选择方向	① PLC 的 Y0、Y1 指示灯亮 ② 变频器通电，显示器上显示字符“0.00”，MON、PU、EXT、HZ 亮 ③ 电动机没有旋转
4	按正转按钮 SB2，同时旋转变频器的 M 旋钮，设定变频器运行频率，此处设为 30	① PLC 面板上的指示灯 ② 变频器操作面板上的指示灯，显示器显示的字符 ③ 电动机的转速和选择方向	① PLC 的 Y0、Y1、Y10 指示灯亮，X5 点亮（表示变频器正在运行） ② 变频器显示器上显示字符“30.00” ③ 电动机正向旋转

（续）

序号	操作过程	观察项目	现场状况
5	按停止按钮 SB4	① PLC 面板上的指示灯 ② 变频器操作面板上的指示灯，显示器显示的字符 ③ 电动机的转速和选择方向	① PLC 的 Y0、Y1 亮，Y5 闪烁 3s 后熄灭，X5 熄灭（表示变频器停止） ② 变频器显示器上显示字符 “0.00” ③ 电动机没有旋转
6	按反转按钮 SB3	① PLC 面板上的指示灯 ② 变频器操作面板上的指示灯，显示器显示的字符 ③ 电动机的转速和选择方向	① PLC 的 Y0、Y1、Y11 指示灯亮，X5 亮（表示变频器正在运行） ② 变频器显示器上显示字符 “30.00” ③ 电动机反向旋转
7	将变频器的输出端子 A 接入到端子 B，让变频器出现故障	① PLC 面板上的指示灯 ② 变频器操作面板上的指示灯，显示器显示的字符 ③ 电动机的转速和选择方向	① PLC 的 Y4 快闪，X4 亮，X5 熄灭 ② 变频器断电 ③ 电动机停止旋转
8	将变频器的输出端子 B 接入到端子 A，解除故障，按复位按钮 SB7	① PLC 面板上的指示灯 ② 变频器操作面板上的指示灯，显示器显示的字符 ③ 电动机的转速和选择方向	① PLC 端无 X、Y 亮 ② 变频器断电 ③ 电动机停止旋转

调试说明：4 ～ 8 操作顺序可以任意，可以先正转再反转，也可以先反转再正转，在正转或反转过程中，按断电按钮，变频器不会断电，仍然继续原来的动作，需要按下停止按钮，让变频器停止运行后，再按断电按钮，变频器才能断电。

成果展示

结合学校相关设备，用 PLC 控制变频器完成企业生产线传送带的控制。请写出你的个性化设计图和 PLC 程序。

你的设计图：	你的 PLC 程序：

任务评价与反思

任务评价：

请结合自身对本次任务的掌握程度、课堂参与度等方面进行自我评价，小组组长根据组员的活动参与情况给出小组评价。

评价内容	评价指标		权重		等级				
					A	B	C	D	E
					1.0	0.8	0.6	0.2	0
学生学习表现	参与程度	1. 参与的深度	3	60					
		2. 参与的广度	3						
		3. 参与的时机与效率	4						
	科学知识	1. 基础知识落实	10						
		2. 多边的信息传递	5						
	科学探究	1. 和谐的人际关系	5						
		2. 提出问题、发表意见	5						
		3. 思维的求异性、独创性、批判性	5						
		4. 动手实践、自主探索、合作交流的能力	10						
	情感态度	1. 学习活动的兴趣与求知欲	3						
		2. 一定的自我调控能力	2						
		3. 体验成功，建立自信心	3						
		4. 良好的学习习惯	2						
自我评价结果									
小组评价结果									

任务反思：

能否独立完成该企业生产线传动带控制任务？能否根据任务要求绘制电气原理图？能否按照图样正确接线？接线是否熟练？软件使用是否熟练？在本次任务完成过程中，有哪些地方需要改进？

____

____

____

____

职业素养与创新思维

任务拓展 1：本任务的频率信号没有指定来源，这里用的是面板给定。可以采用电位器外接到变频器端子 10，2，5 进行给定；可以外接 0 ～ 10V 模拟电压或外接 4 ～ 20mA 模拟电流给定；也可以用多段速端子给定。也就是说频率也是外部给定，Pr.79 设为 2。请任选一种（除面板给定）频率给定信号，完成上述任务的电气设计、程序设计、变频器参数设置，并进行联机调试。

PLC 控制变频器可逆调速运行

任务拓展 2：有一台升降机，用变频器控制，变频器的通 / 断电由接触器控制，要求有通电指示、正反转指示，正转运行频率为 40Hz，反转运行频率为 20Hz，试用 PLC 与变频器联合控制，进行电路设计、接线、设置参数、编程和调试。

任务拓展 3：模拟工业洗衣机变频 -PLC 控制系统，并进行设计与调试。具体控制要求如下：

（1）工业洗衣机有强洗、弱洗两种控制方式，强洗时采用 50Hz 频率，正转 5s 停 2s，反转 5s 停 2s，循环 5 次，弱洗时采用 30Hz 频率，正转 3s 停 4s，反转 3s 停

4s，循环 3 次。

（2）洗衣过程为进水—洗衣—脱水—结束，由进水电磁阀 YV1 控制进水，由出水电磁阀 YV2 控制出水。

（3）洗衣机有水位上限位 SQ1 和下限位 SQ2。

（4）控制按钮包括强洗、弱洗选择开关，起动、停止按钮。

（5）输出部分包括洗好状态指示灯。

任务 5.3　FX5U PLC 开关量控制变频器多段速运行

由于工艺上的要求，很多生产机械需要在不同阶段以不同的转速运行。为了方便驱动这类负载，变频器提供了多段速度设定功能，可以预先通过参数设定多种运行速度，并通过外部端子进行速度切换操作，以满足工艺要求。如自动扶梯在无人时低速运行，有人时高速运行；电梯开门 / 关门、上升 / 下降、地铁开 / 关门；花样（音乐）喷泉；罐装生产线等。本任务介绍 PLC 开关量控制变频器多段速运行。

任务要求

现生产企业给出以下任务，食品加工生产线传送带电动机为三相异步电动机，由变频器拖动控制。按下起动按钮 SB1，电动机依次按照 10Hz、15Hz、20Hz、25Hz、30Hz、26Hz、16Hz、6Hz 8 个速度各运行 5s，然后循环，按下停止按钮，变频器停止运行。

知识准备

1. 变频器输入端子功能

如图 5-12 所示，在初始设定状态下，RH、RM、RL 信号分配给端子 RH、RM、RL，通过在 Pr.178 ～ Pr.184（输入端子功能选择）中设定“0（RL）”“1（RM）”“2（RH）”，也可以将 RH、RM、RL 信号分配到其他端子上。

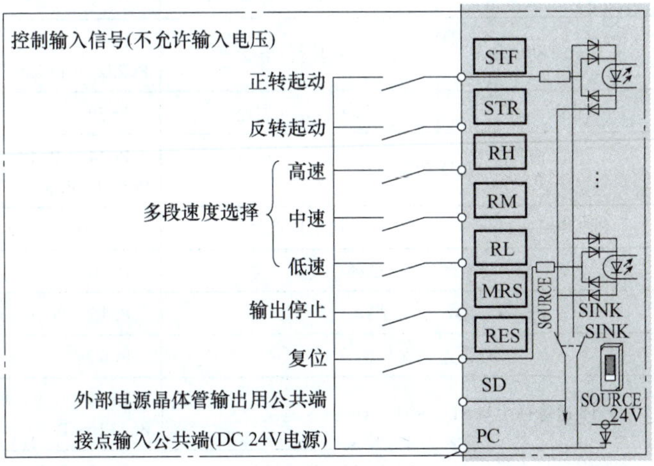

图 5-12　E840 变频器开关量输入端子

在变频器出厂时，其默认的开关量输入端子初始功能见表 5-8，可以通过修改参数 Pr.178 ～ Pr.184 的设定值，变更各输入端子的功能，见表 5-9。

表 5-8 开关量输入端子初始功能

参数编号	名称	初始值	初始信号	设定范围
Pr.178	STF 端子功能选择	60	STF（正转指令）	0 ～ 5、7、8、10、12 ～ 16、18、22 ～ 27、30、37、42、43、46、47、50 ～ 52、**60**、62、65 ～ 67、72、74、76、84、87 ～ 89、92、9999
Pr.179	STR 端子功能选择	61	STR（反转指令）	0 ～ 5、7、8、10、12 ～ 16、18、22 ～ 27、30、37、42、43、46、47、50 ～ 52、**61**、62、65 ～ 67、72、74、76、84、87 ～ 89、92、9999
Pr.180	RL 端子功能选择	0	RL（低速运行指令）	0 ～ 5、7、8、10、12 ～ 16、18、22 ～ 27、30、37、42、43、46、47、50 ～ 52、62、65 ～ 67、72、74、76、84、87 ～ 89、92、9999
Pr.181	RM 端子功能选择	1	RM（中速运行指令）	
Pr.182	RH 端子功能选择	2	RH（高速运行指令）	
Pr.183	MRS 端子功能选择	24	MRS（输出停止）	
Pr.184	RES 端子功能选择	62	RES（变频器复位）	

注：“60” 仅 Pr.178 可以设定，“61” 仅 Pr.179 可以设定。

信号名不是端子名称，端子是实际存在的硬件实物端子，信号名是通过变更各端子的设定值而表示的功能名。表 5-9 中灰底表示常用功能。

表 5-9 输入端子功能选择

设定值	信号名	功能		相关参数
0	RL	Pr.59=0（初始值）	低速运行指令	Pr.4 ～ Pr.6、Pr.24 ～ Pr.27、Pr.232 ～ Pr.239
		Pr.59 ≠ 0	遥控设定（设定清零）	Pr.59
		Pr.270=1，11	挡块定位选择 0	Pr.270、Pr.275、Pr.276
1	RM	Pr.59=0（初始值）	中速运行指令	Pr.4 ～ Pr.6、Pr.24 ～ Pr.27、Pr.232 ～ Pr.239
		Pr.59 ≠ 0	遥控设定（减速）	Pr.59
2	RH	Pr.59=0（初始值）	高速运行指令	Pr.4 ～ Pr.6、Pr.24 ～ Pr.27、Pr.232 ～ Pr.239
		Pr.59 ≠ 0	遥控设定（加速）	Pr.59
3	RT	第 2 功能选择		Pr.44 ～ Pr.48、Pr.51、Pr.450 ～ Pr.463、Pr.569、Pr.832、Pr.836 等
		Pr.270=1，11	挡块定位选择 1	Pr.270、Pr.275、Pr.276
4	AU	端子 4 输入选择		Pr.267
5	JOG	JOG 运行选择		Pr.15、Pr.16
7	OH	外部过热保护输入		Pr.9
8	REX	15 速选择（与 RL、RM、RH 的 3 速组合）		Pr.4 ～ Pr.6、Pr.24 ～ Pr.27、Pr.232 ～ Pr.239
10	X10	变频器运行许可（连接 FR-XC/FR-HC2/FR-CV）		Pr.17、Pr.30、Pr.70

（续）

设定值	信号名	功能	相关参数
12	X12	PU 运行外部互锁	Pr.79
13	X13	外部直流制动开始	Pr.10 ～ Pr.12
14	X14	PID 控制有效	Pr.127 ～ Pr.134、Pr.575 ～ Pr.577
15	BRI	制动开启完成	Pr.278 ～ Pr.285
16	X16	PU/ 外部运行切换（X16-ON 时外部运行）	Pr.79、Pr.340
18	X18	V/F 切换（X18-ON 时 V/F 控制）	Pr.80、Pr.81、Pr.800
22	X22	定向指令（矢量控制对应选件用）	Pr.350 ～ Pr.359、Pr.361 ～ Pr.366、Pr.369、Pr.393、Pr.396 ～ Pr.399
23	LX	预备励磁 / 伺服 ON	Pr.850
24	MRS	输出停止	Pr.17
25	STOP	起动自保持选择	Pr.250
26	MC	控制模式切换	Pr.800
27	TL	转矩限制选择	Pr.815
30	JOG2		Pr.15、Pr.16
37	X37	三角波功能选择	Pr.592 ～ Pr.597
42	X42	转矩偏置选择 1	Pr.840 ～ Pr.845
43	X43	转矩偏置选择 2	Pr.840 ～ Pr.845
46	TRG	输入跟踪触发	Pr.1020 ～ Pr.1047
47	TRC	开始 / 结束跟踪采样	Pr.1020 ～ Pr.1047
50	SQ	顺控起动	Pr.414
51	X51	错误清除	Pr.414
52	X52	累积脉冲监视器清除（矢量控制对应选件用）	Pr.635
60	STF	正转指令（仅可对 STF 端子（Pr.178）分配）	Pr.250
61	STR	反转指令（仅可对 STR 端子（Pr.179）分配）	Pr.250
62	RES	变频器复位	Pr.75
65	X65	PU/NET 运行切换（X65-ON 时 PU 运行）	Pr.79、Pr.340
66	X66	外部 /NET 运行切换（X66-ON 时 NET 运行）	Pr.79、Pr.340
67	X67	指令权切换（X67-ON 时 Pr.338、Pr.339 的指令有效）	Pr.338、Pr.339
72	X72	PID P 控制切换	Pr.127 ～ Pr.134、Pr.575 ～ Pr.557
74	X74	磁通衰减切断输出	Pr.850
76	X76	近点 DOG	Pr.511、Pr.1282、Pr.1283、Pr.1285、Pr.1286
84	X84	紧急驱动执行指令	Pr.514、Pr.515、Pr.523、Pr.524、Pr.1013
87	X87	急速停止	Pr.464 ～ Pr.478
88	LSP	正转行程终点	Pr.1292
89	LSN	反转行程终点	Pr.1292
92	X92	紧急停止	Pr.1103
9999	—	功能无效	—

RH、RM、RL三个端子通过不同的逻辑组合，最多可以组合出7个速度，如图5-13所示。在参数Pr.4～Pr.6中设定1～3速的频率，在参数Pr.24～Pr.27中设定4～7速的频率。RH信号为ON时按Pr.4中设定的频率运行，RM信号为ON时按Pr.5中设定的频率运行，RL信号为ON时按Pr.6中设定的频率运行。七段速具体端子通断组合和频率参数设置见表5-10。

表5-10　七段速端子通断组合和频率参数设置

速度	接通（ON）端子	设定参数
1速	RH	Pr.4
2速	RM	Pr.5
3速	RL	Pr.6
4速	RM+RL	Pr.24
5速	RH+RL	Pr.25
6速	RH+RM	Pr.26
7速	RH+RM+RL	Pr.27

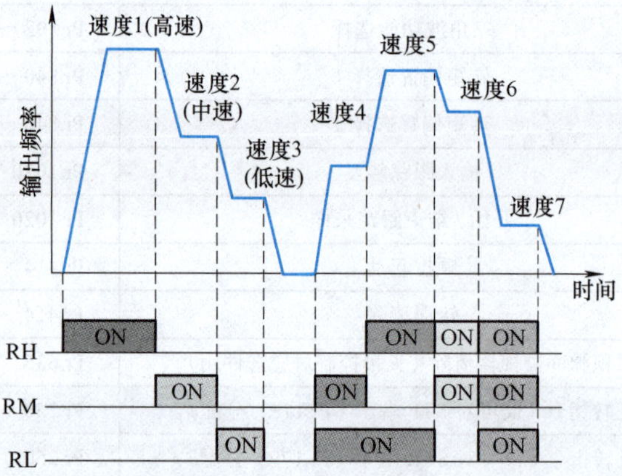

图5-13　七段速端子组合图

通过RH、RM、RL、REX信号的搭配可以设定8～15速，如图5-14所示。在参数Pr.232～Pr.239中设定8～15速的频率。RH、RM、RL信号使用端子RH、RM、RL，REX信号输入所使用的端子可以是端子STR、MRS、RES，应在Pr.178～Pr.184（输入端子功能选择）中设定“8”来进行端子功能的分配。如选用MRS端子作为REX信号，则需要将Pr.184设为“8”。十五段速具体端子通断组合和频率参数设置见表5-11。

表5-11　十五段速端子通断组合和频率参数设置

速度	接通（ON）端子	设定参数
1速	RH	Pr.4
2速	RM	Pr.5
3速	RL	Pr.6
4速	RM+RL	Pr.24
5速	RH+RL	Pr.25

（续）

速度	接通（ON）端子	设定参数
6 速	RH+RM	Pr.26
7 速	RH+RM+RL	Pr.27
8 速	MRS	Pr.232
9 速	MRS+RL	Pr.233
10 速	MRS+RM	Pr.234
11 速	MRS+RM+RL	Pr.235
12 速	MRS+RH	Pr.236
13 速	MRS+RH+RL	Pr.237
14 速	MRS+RH+RM	Pr.238
15 速	MRS+RH+RM+RL	Pr.239

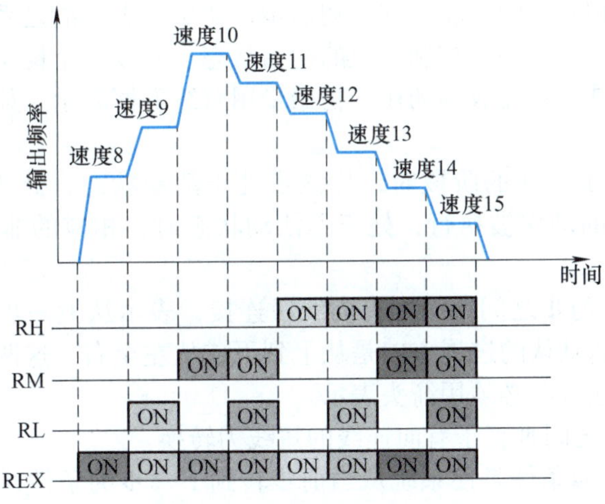

图 5-14　十五段速端子组合图

2. PLC 编程方法：顺序控制设计法

三菱 PLC 目前在教学中使用最多的有 2N、3U 和 5U 等类型，相关的软件主要有 GX Developer、GX Works2 和 GX Works3 软件。GX Developer 适用于 Q 系列、FX 系列 PLC，GX Works2 适用于 Q 系列、L 系列、F 系列 PLC，GX Works3 软件适用于 iQ-R、iQ-L、iQ-F 系列 PLC。

顺序控制设计法又称为顺序功能图（Sequential Function Chart，SFC）法，它是按照生产工艺预先规定的顺序，在各输入信号的作用下，根据内部状态和时间顺序，使生产过程中各执行机构自动有序地进行操作。顺序功能图又叫状态转移图或程序流程图，它专门用于工业顺序控制程序设计，能完整地描述控制系统的工作过程、功能和特性，是分析、设计电气控制系统控制程序的重要工具。这种方法能够清晰地表示出控制系统的逻辑关系，从而大大提高编程的效率。

（1）顺序功能图的组成　顺序功能图由步、有向连线、转换、转换条件和动作（或命令）组成，也称为顺序功能图的五要素，如图 5-15 所示。

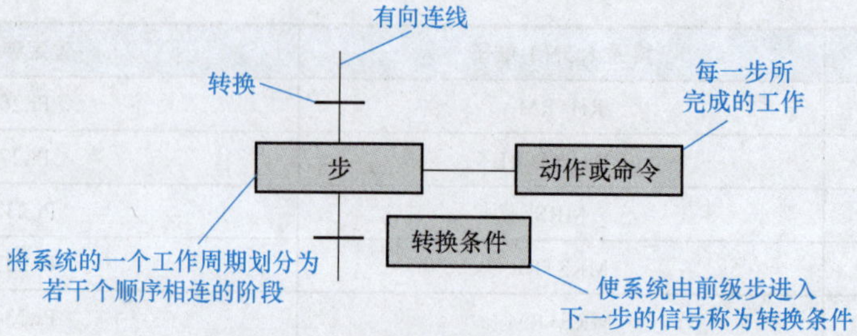

图 5-15　顺序功能图的五要素

1）步（序、状态）。将系统的工作过程分为若干个阶段，这些阶段称为“步”。每一步可用不同编号的步进继电器 S 或辅助继电器 M 进行标注和区分。

“步”是控制过程中的一个特定状态。在每一步中要完成一个或多个特定的动作。步的图形符号如图 5-16a 所示，用矩形框表示，框中的数字是该步的编号。

a. 初始步。

系统的初始状态相对应的“步”称为初始步，初始状态一般是系统等待起动命令的相对静止的状态。初始步表示一个控制系统的初始状态，所以一个控制系统必须有一个初始步，初始步可以没有具体要完成的动作。初始步用双线方框表示，如图 5-16b 所示。

b. 活动步。

系统正处于某一步所在的阶段时，称该步处于活动状态，此步为“活动步”。步处于活动状态时，相应的动作被执行；处于不活动状态时，相应的非存储型的动作被停止执行。

2）有向连线。步与步之间用一个有向线段连接，表示从上一步转换到下一步，即有向连线。步的活动状态默认的进展方向是从上到下或从左至右，这两个方向的有向连线上的箭头可以省略。其他方向必须用箭头表示。

3）转换。在两步之间垂直于有向连线的短线为转换。

4）转换条件。转换条件是使系统从当前步转到下一步的条件，常见的转换条件有按钮、行程开关、定时器和计数器的常开触点或常闭触点，满足转换条件 PLC 才可以执行下一步，如图 5-17 所示。

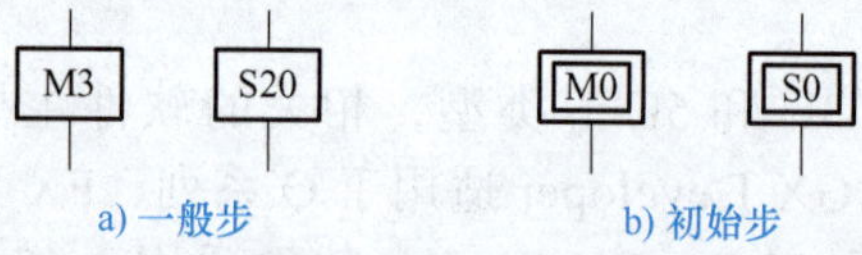

图 5-16　步的图形符号

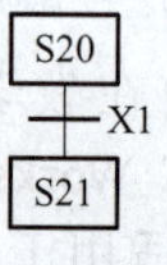

图 5-17　有向连线、转换、转换条件的图形符号

5）动作（或命令）。一个步表示控制过程中的稳定状态，它可以对应一个或多个动作。可以在步右边加一个矩形框，在框中用简明的文字说明该步对应的动作，如图 5-18 所示。当该步处于活动状态时，相应的动作被执行。图 5-18a 表示一个步对应一个动作，图 5-18b、c 表示一个步对应多个动作。

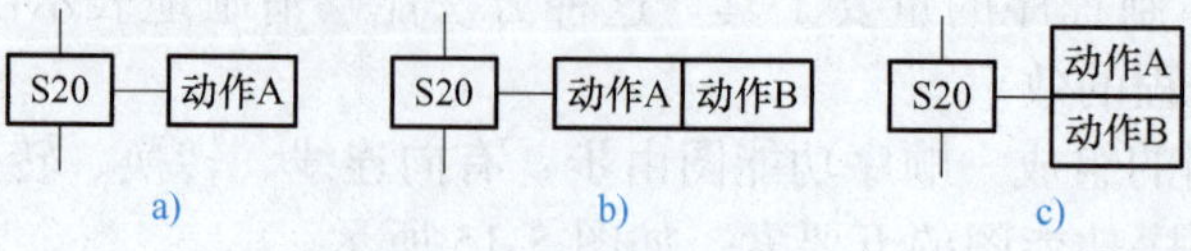

图 5-18　动作的表示方法

（2）顺序功能图的结构　顺序功能图主要有三种结构：单序列结构、选择序列结构、并行序列结构，如图 5-19 所示。

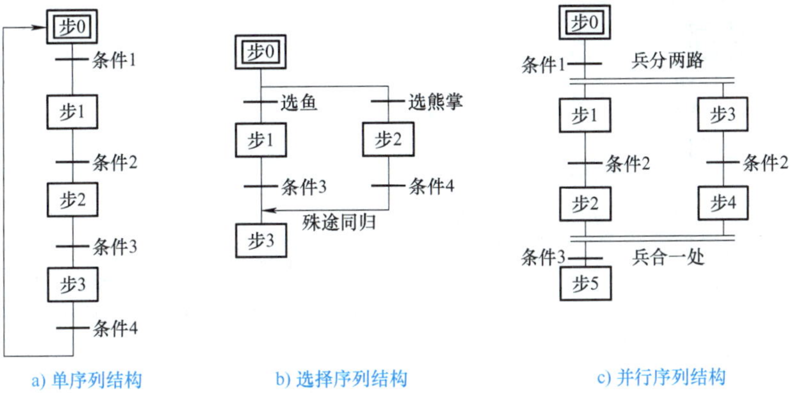

图 5-19　顺序功能图的结构

1）单序列结构。特点：是一维顺序结构，步转移只有一种流向。图 5-20 所示是单序列结构的 SFC 图。其特点如下。

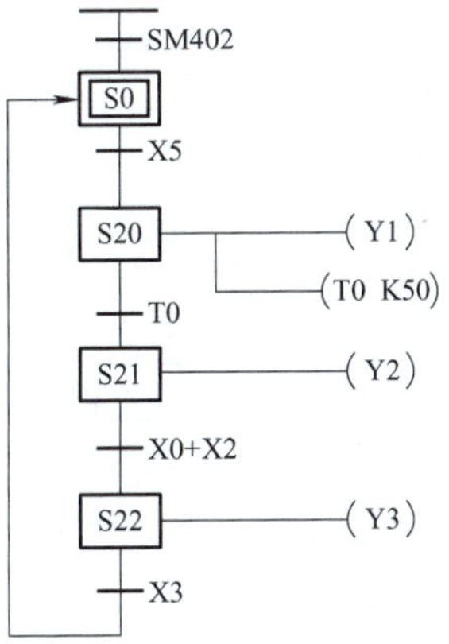

图 5-20　单序列结构 SFC 图

图 5-20 中，X5 接通，执行 S20 的动作，5s 时间到后，执行 S21 的动作，X0 和 X2 同时接通，执行 S22 的动作，X3 接通，回到初始状态，等待 X5 的信号到来。

2）选择序列结构。特点：由两个或两个以上的分支流程组成，任一条件满足就转移，且只能转向一条，结尾任一条件满足合并，即从多条分支流程中选择执行某一条单支流程。图 5-21 所示是具有 3 条分支的选择序列结构的 SFC 图。从 3 条分支中选择执行哪一条分支由转换条件 X1、X2、X3 决定；分支转移条件 X1、X2、X3 不能同时接通，哪条先接通，就执行哪条分支；汇合状态 S24 由 S21、S22、S23 中任意一个驱动。

3）并行序列结构。特点：由两个或两个以上的分支流程组成，一旦条件满足几条分支同时进行转移，结尾分支都满足才合并。图 5-22 所示是具有 2 条分支的并行序列结构的 SFC 图。图中若 S0 动作，则只要转换条件 X0 接通，2 条分支流程同时并列执行，没有先后之分；当各分支流程的动作全部结束时（先执行完的流程要等待全部流程动作完成)，一旦 T3 为 ON，则汇合状态 S0 动作。若其中一条分支流程没有执行完，则 S0 不可能动作。

SFC 不同结构编程

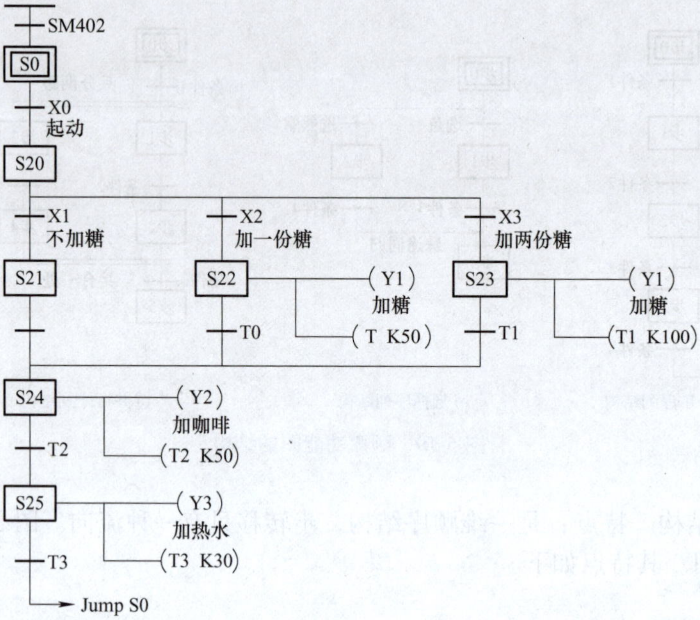

图 5-21　选择序列结构 SFC 图

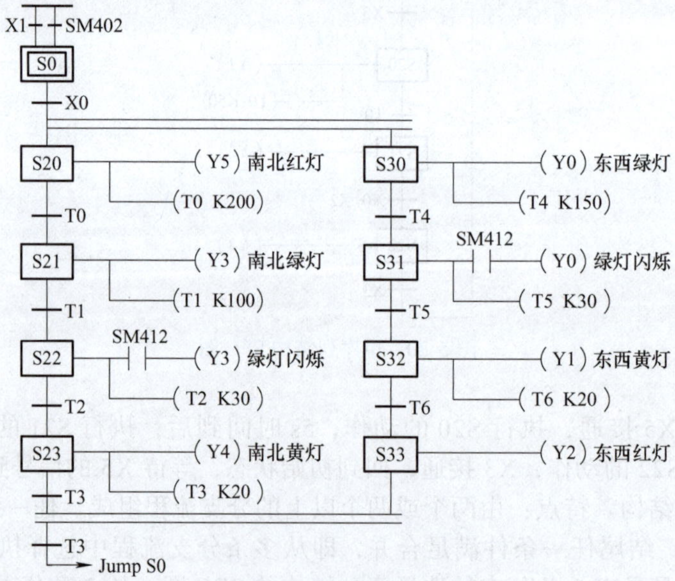

图 5-22　并行序列结构 SFC 图

3. GX Works3 编程软件中 SFC 编程简介

FX5U 系列 PLC 的顺序功能图由块组成，每个块由步、转换条件和一系列动作组成。通过 CPU 参数设置，如图 5-23 所示，块 0 可以在 SFC 程序起动时自动起动，所以初始步只能使用 S0 表示。系统设置了自动激活 S0，所以可以不使用 SM402。在这种情况下激活结束步时，块 0 被自动再起动，再次从初始步开始执行。

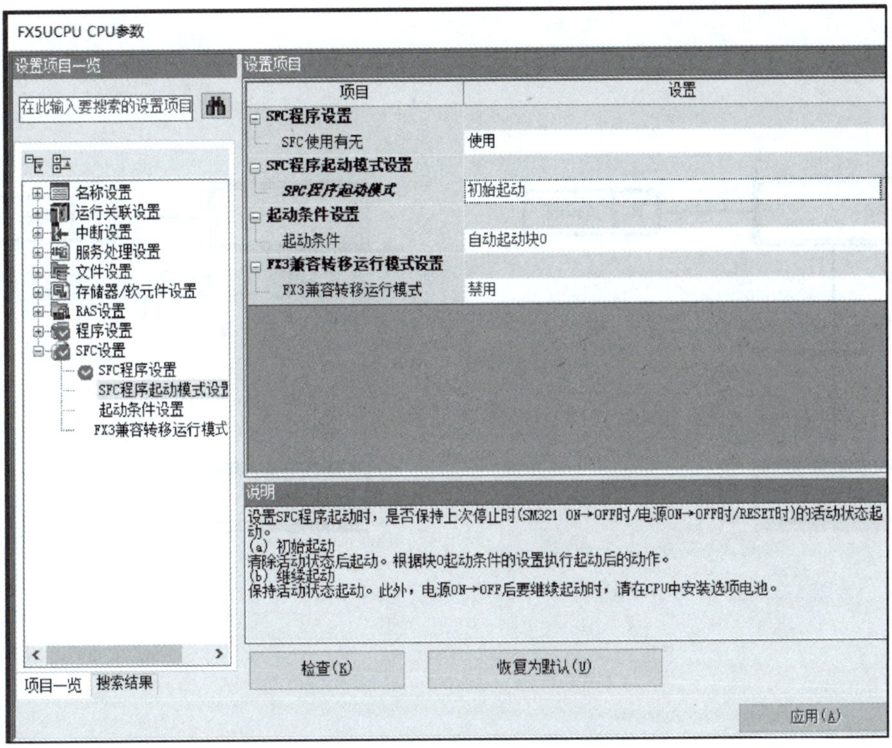

图 5-23　起动 SFC 程序时 CPU 参数的设置

（1）新建 SFC 程序　首先确保 GX Works3 的软件版本在 V1.081 及以上，因为低版本不支持 SFC 编程语言。打开编程软件，新建工程，程序语言选择 SFC，如图 5-24 所示。

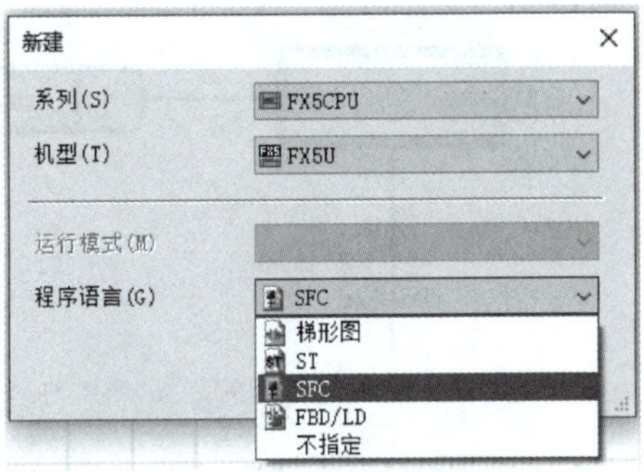

图 5-24　新建 SFC 程序

确认后，出现如图 5-25 所示的状态，S0 为初始步，“Action0”为运行输出名，不需要修改名字，双击新建梯形图，编辑该步的输出。“Transition0”为转换条件名，不需要修改名字，双击新建梯形图，编辑从 S0 到下一步的转换条件。

（2）插入步　鼠标单击转移条件“Transition0”，出现如图 5-26 所示的图标，从左到右依次是插入步、插入转换条件、插入选择分支、插入并列分支、添加选择分支、删除、剪切、复制、帮助等工具。单击“插入步”，将出现如图 5-27a 所示的画面。插入的步包括了步、转换条件和动作输出。插入的步按照插入的先后顺序依次编号为 Step0、Step1……，根据绘制的 SFC 图依次插入需要的步数。

在图 5-27a 中，可以修改步的名称和步的编号。单击“Step0”，右键，选择“编辑”→“属性”，弹出步的“属性编辑”对话框，将数据名改为小车前进，步号改为 S20，出现如图 5-27b 所示的画面。

（3）编辑转换条件　双击转换条件名“Transition0”，弹出“新建数据”对话框，选择“梯形图”，单击“确定”按钮，出现对“Transition0”的编辑窗口，鼠标单击该窗口的表头，按住鼠标往下拖，该窗口以浮窗的形式出现，可以对其进行缩放，以方便编辑。转移条件一般为常开或常闭触点，如输入“X1”，按 <F7> 或 <F8> 键，回车，如图 5-28 所示。编辑后，Transition0 下面出现一条下划线。

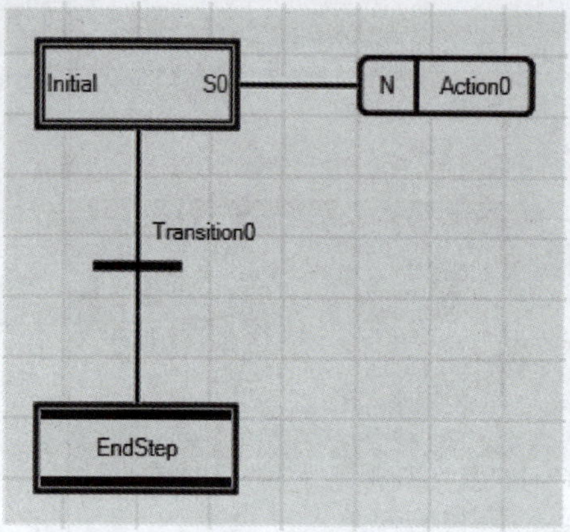

图 5-25　SFC 初始状态

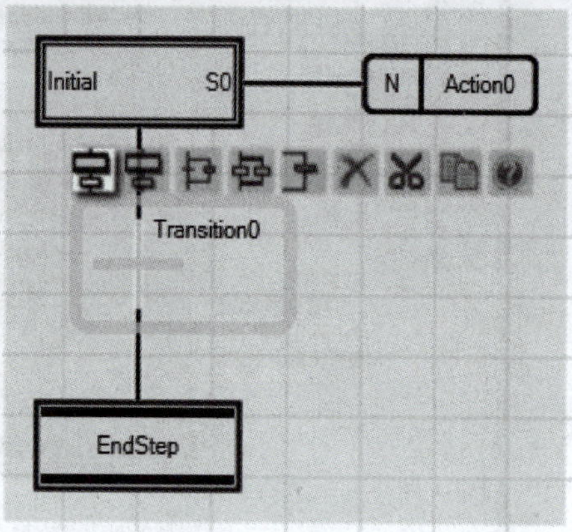

图 5-26　SFC 快捷工具

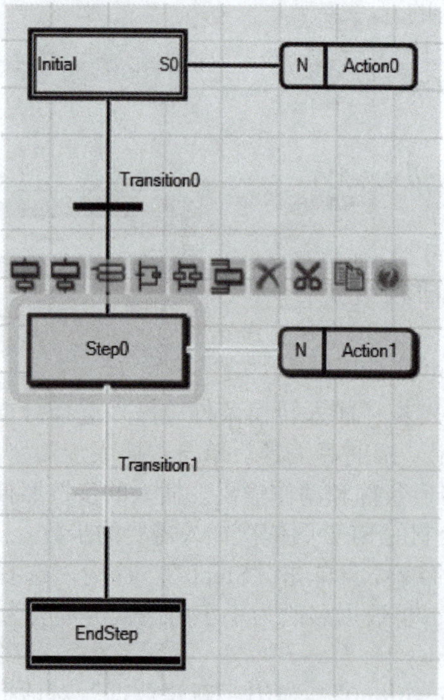

a) Step0为插入的步

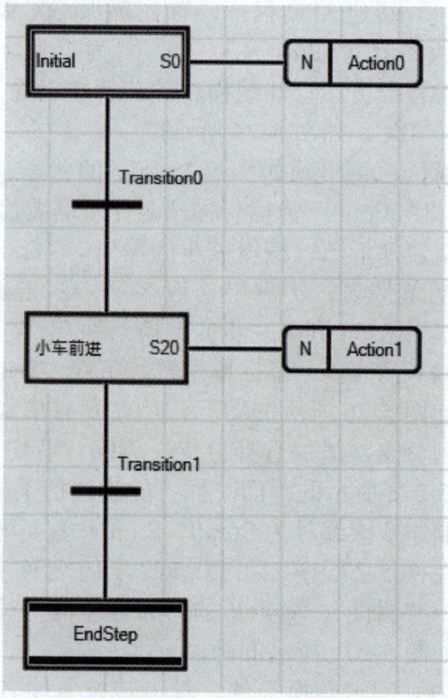

b) 对插入的步进行改名

图 5-27　修改步的名称

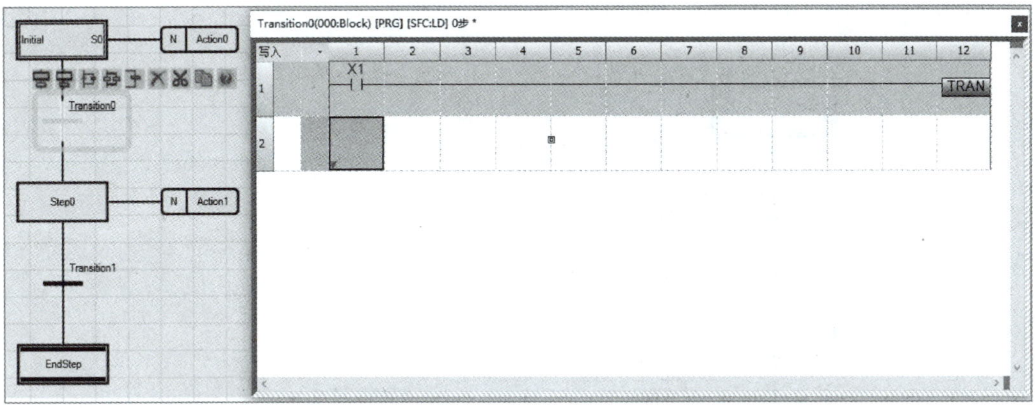

图 5-28　转换条件的编辑

（4）编辑运行输出　双击运行输出名“Action1”，弹出“新建数据”对话框，选择“梯形图”，单击“确定”按钮，出现对“Action1”的编辑窗口，单击该窗口的表头，按住鼠标往下拖，该窗口以浮窗的形式出现，可以对其进行缩放，以方便编辑。运行输出一般为输出继电器、定时器、计数器的线圈。但 FX5U 系列 PLC 的输出不能直接跟左母线，需要用触点转接，这里使用 SM400，编辑后，“Action1”下面出现一条下划线，如图 5-29 所示。如果某一步没有运行输出，如 S0 这一步没有运行输出，则需要将运行输出“Action0”删掉，否则会出现“运行输出的程序使用了未创建或运行输出未定义标签‘Action0’，请确认运行输出的程序或标签的定义”这样的错误提示。

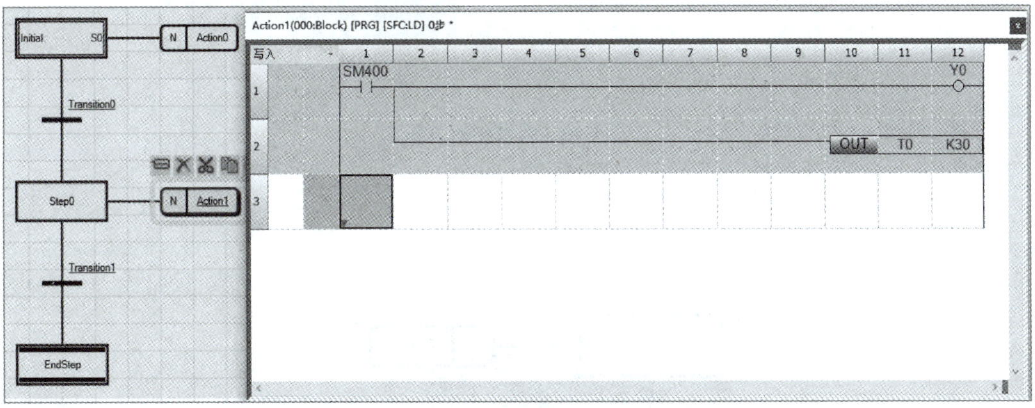

图 5-29　运行输出的编辑

（5）步的跳转　“S0”是初始步，“EndStep”是结束步，如果系统要求程序能够循环执行，程序执行一遍后不返回到 S0，而是返回到其他步，则需要进行跳转。单击“EndStep”结束步上面的转换条件名，右键，选择“编辑”→“切换跳转符号与连接线”，如图 5-30 所示。

单击“切换跳转符号与连接线”，出现如图 5-31 所示的画面。在下拉列表中选择要跳转的步，这里选择“Step0”，双击，回车，出现如图 5-32a 所示的画面。

在图 5-32a 中，选择最下面的“Step0”，右键，选择“编辑”→“切换跳转符号与连接线”，可以在图 5-32a 和图 5-32b 之间进行切换。

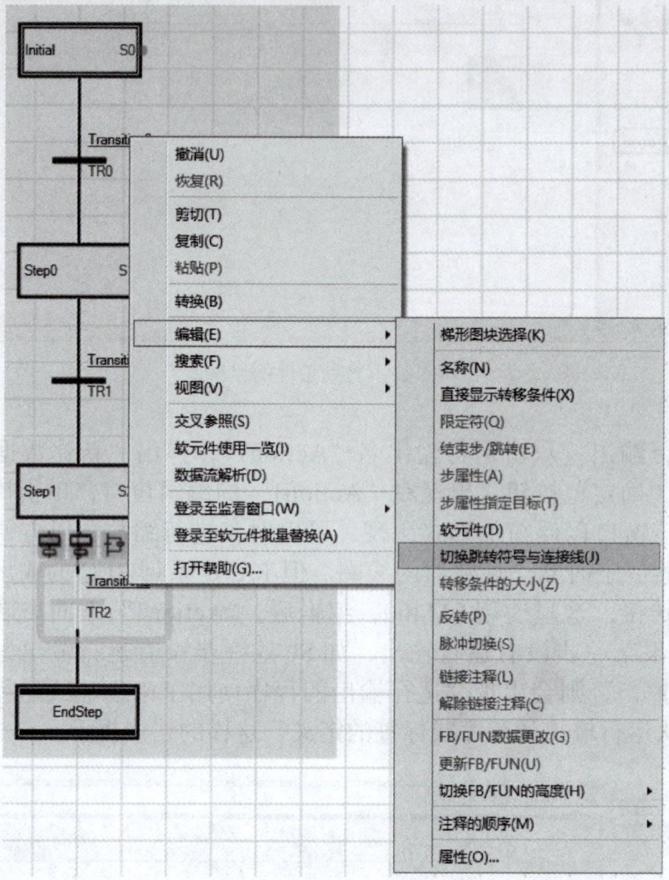

图 5-30　编辑步的跳转

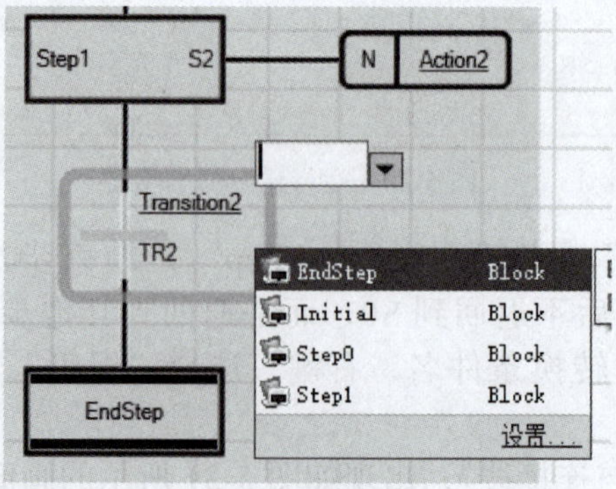

图 5-31　选择要跳转的步名

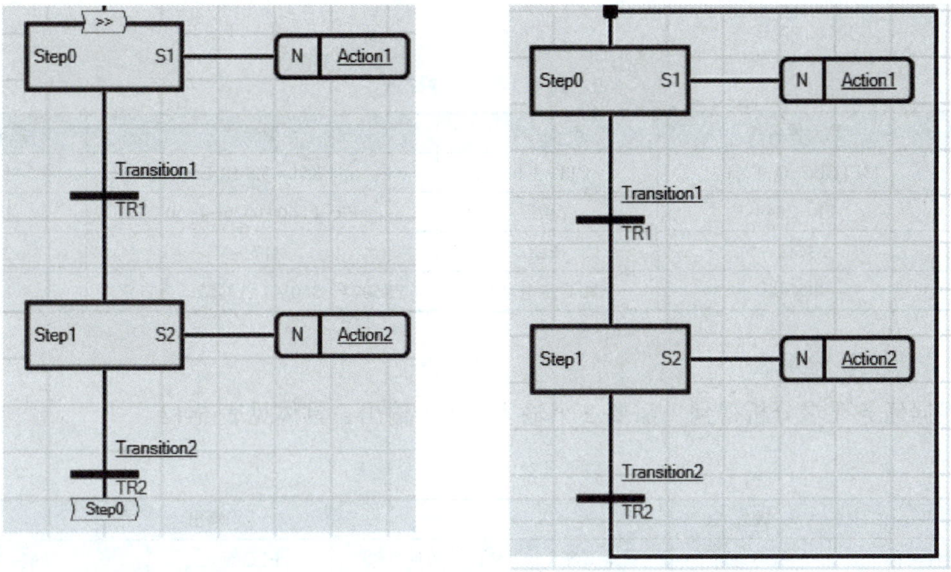

a) 跳转到Step0的表示(一)　　b) 跳转到Step0的表示(二)

图 5-32　跳转到 Step0 的表示

（6）SFC 中停止程序的编写　自动循环的 SFC 程序需要进行停止，停止程序需要单独做一个梯形图程序。在软件的导航栏中，右击 MAIN 主程序，选择“新建数据”，程序语言选择“梯形图”，如图 5-33 所示。在新建的梯形图中编写停止程序的梯形图即可。

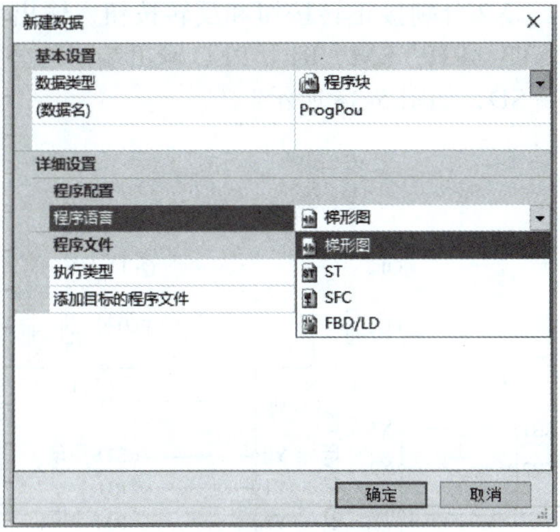

图 5-33　在 SFC 中新建梯形图程序

任务实施

操作步骤：

进行 PLC 和变频器综合调速项目实施时，首先要对所需要的硬件进行配置，然后进行网络架构、I/O 分配、PLC 接线及变频器接线，再进行变频器参数设置、PLC 程序编制与下载，最后调试运行。调试无误后，形成文档资料。

1. 硬件配置（见表 5-12）

表 5-12　硬件配置

序号	软元件名称	产品名称	型号	数量
1	MELSEC iQ-FX5U	CPU 主机	FX5U-32MR/ES	1
2	FR-E840	变频器	FR-E840-0026-4-60	1
3	按钮	按钮	自定	2
4	电动机	三相异步电动机	YS5024，380V，△联结，或自定	1

2. 列出 I/O 分配表

根据任务要求分析得到，需要 2 个输入，4 个输出，具体见表 5-13。

表 5-13　PLC I/O 分配表

输入			输出		
器件名称	PLC 地址	功能	器件名称	PLC 地址	功能
SB1	X1	起动按钮	STF	Y0	变频器正转
SB2	X2	停止按钮	RH	Y1	高速
			RM	Y2	中速
			RL	Y3	低速

3. 绘制控制系统硬件接线图

PLC 的输入端子 X1、X2 分别接正转按钮和反转按钮，输出端子 Y0 ～ Y3 分别接变频器的数字量输入端子 STF、RH、RM、RL，PLC 输出端子的公共端子 COM0 接变频器数字量输入端子的公共端 SD，如图 5-34 所示。

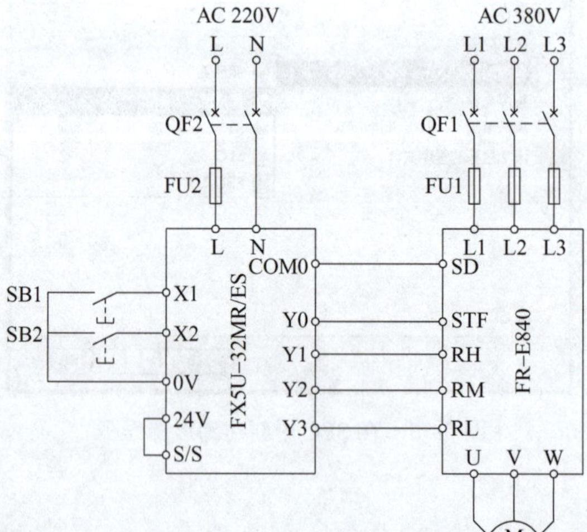

图 5-34　控制系统硬件接线图

PLC 控制变频器多段速运行－上

4. PLC 程序设计

在 GX Works3 软件中，新建 SFC 程序，系统自动生成 MAIN 主程序（块 0），在块 0 中输入图 5-35 中 SFC 程序，然后再新建一个梯形图，在梯形图中编写停止程序。

（1）自动循环程序　在图 5-35 中，S20 ~ S27 之间是自动循环步，程序的基本思路是：按下起动按钮，变频器以面板设定的频率 10Hz 正转运行，每隔 5s，变频器端子 RH、RM、RL、RM+RL、RH+RL、RH+RM、RH+RM+RL 依次接通，并循环，可以交替使用 T0 和 T1 两个定时器。

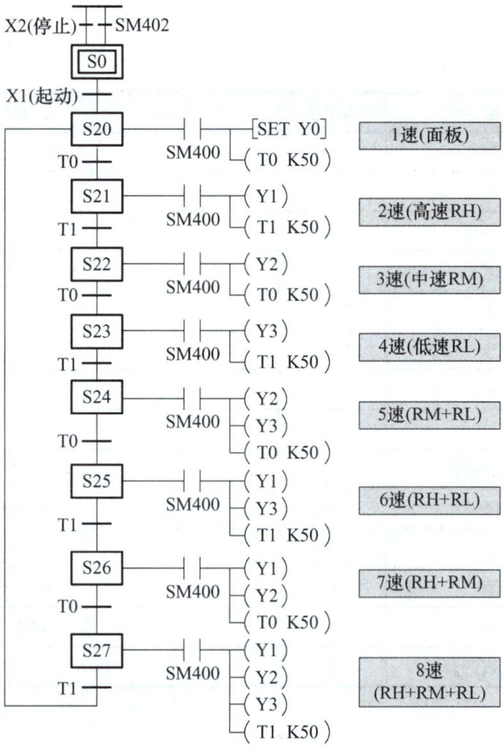

图 5-35　PLC 控制变频器多段速运行 SFC 图

PLC 控制
变频器多段
速运行－下

（2）停止程序　用 SFC 编写的程序一般是自动运行，停止程序可以单独在梯形图中编写。基本思路是：按下停止按钮，让程序回到初始步，并让其他步复位，置位的线圈复位。具体程序如图 5-36 所示。

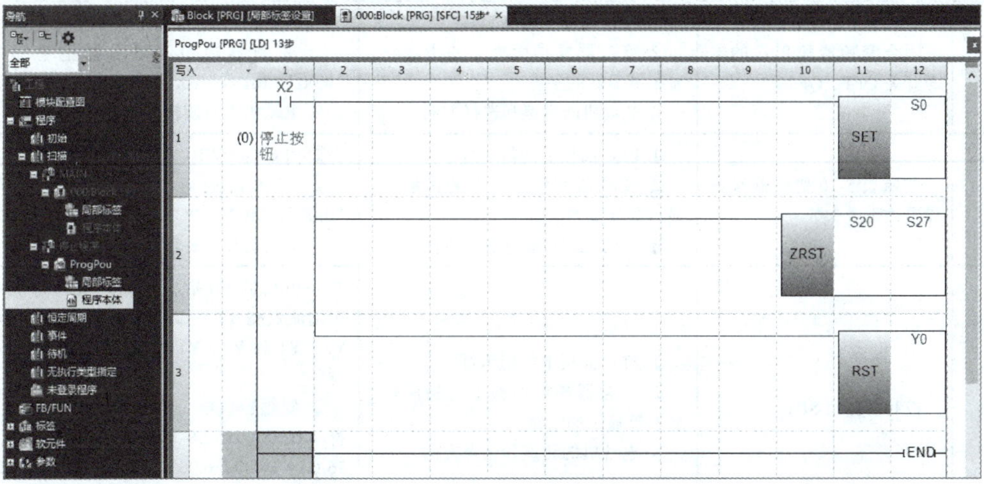

图 5-36　PLC 控制变频器多段速运行停止程序

5. 变频器参数设置

接通设备电源后，变频器和PLC得电，按照表5-14对变频器进行参数设置。在变频器参数设置时，要先对变频器进行复位。本任务变频器的起动信号由外部STF或STR信号给定，频率信号由变频器面板设定。故变频器运行模式选择参数Pr.79设为3。其他参数设置见表5-14。

表5-14　变频器参数设置

参数编号	名称	设定值	参数说明
Pr.1	上限频率	50	输出频率的上限
Pr.2	下限频率	0	输出频率的下限
Pr.3	基准频率	50	电动机额定频率
Pr.4	高速	15Hz	RH端子对应的频率
Pr.5	中速	20Hz	RM端子对应的频率
Pr.6	低速	25Hz	RL端子对应的频率
Pr.7	加速时间	1.5	从停止到50Hz的加速时间
Pr.8	减速时间	1.5	从50Hz到停止的减速时间
Pr.9	电子过电流保护	0.66	电动机的额定输出电流
Pr.24	4速	30Hz	RM、RL同时接通
Pr.25	5速	26Hz	RH、RL同时接通
Pr.26	6速	16Hz	RH、RM同时接通
Pr.27	7速	6Hz	RH、RM、RL同时接通
Pr.79	运行模式选择	3	面板设定频率，外部端子STF、STR控制起停

6. 系统调试

按照图5-34控制系统硬件接线图进行接线，经确认无误后，闭合变频器和PLC的电源开关QF1、QF2。将编好的程序写入到PLC中，按照表5-15中步骤进行调试。

表5-15　调试步骤

序号	操作过程	观察项目	现场状况
1	闭合变频器和PLC的电源开关QF1、QF2	①PLC面板上的指示灯 ②变频器操作面板上的指示灯，显示器显示的字符 ③电动机的转速和选择方向	①PLC的PWR、P.RUN指示灯亮 ②变频器通电，显示器上显示字符“0.00”，MON、EXT、HZ亮 ③电动机没有旋转
2	按照表5-10变频器参数设置表设置参数	①PLC面板上的指示灯 ②变频器操作面板上的指示灯，显示器显示的字符 ③电动机的转速和选择方向	①PLC的PWR、P.RUN指示灯亮 ②变频器通电，显示器上显示字符“0.00”，MON、PU、EXT、HZ亮 ③电动机没有旋转
3	按起动按钮SB1	①PLC面板上的指示灯 ②变频器操作面板上的指示灯，显示器显示的字符 ③电动机的转速和选择方向	①PLC的Y0指示灯始终亮，每隔5s依次轮流点亮Y1、Y2、Y3、Y2和Y3、Y1和Y3、Y1和Y2、Y1和Y2和Y3，然后重新循环 ②变频器通电，显示器上每隔5s显示字符“10.00、15.00、20.00、25.00、30.00、26.00、16.00、6.00”然后重新循环，MON、EXT、HZ亮 ③电动机正向旋转

（续）

序号	操作过程	观察项目	现场状况
4	按停止按钮 SB2	① PLC 面板上的指示灯 ② 变频器操作面板上的指示灯，显示器显示的字符 ③ 电动机的转速和选择方向	① PLC 的 PWR、P.RUN 指示灯亮 ② 变频器通电，显示器上显示字符“0.00”，MON、EXT、HZ 亮 ③ 电动机没有旋转

再按起动按钮，重复上述现象，任意时刻按停止按钮，变频器停止运行。

成果展示

结合学校相关设备，用 PLC 控制变频器完成食品加工生产线传送带电动机的控制。请写出你的个性化设计图和 PLC 程序。

你的设计图：	你的 PLC 程序：

任务评价与反思

任务评价：

请结合自身对本次任务的掌握程度、课堂参与度等方面进行自我评价，小组组长根据组员的活动参与情况给出小组评价。

评价内容	评价指标		权重		等级				
					A	B	C	D	E
					1.0	0.8	0.6	0.2	0
学生学习表现	参与程度	1. 参与的深度	3	60					
		2. 参与的广度	3						
		3. 参与的时机与效率	4						
	科学知识	1. 基础知识落实	10						
		2. 多边的信息传递	5						

（续）

评价内容	评价指标		权重		等级 A	B	C	D	E
					1.0	0.8	0.6	0.2	0
学生学习表现	科学探究	1. 和谐的人际关系	5	60					
		2. 提出问题、发表意见	5						
		3. 思维的求异性、独创性、批判性	5						
		4. 动手实践、自主探索、合作交流的能力	10						
	情感态度	1. 学习活动的兴趣与求知欲	3						
		2. 一定的自我调控能力	2						
		3. 体验成功，建立自信心	3						
		4. 良好的学习习惯	2						
自我评价结果									
小组评价结果									

任务反思：

能否独立完成该企业生产线传动带多段速的控制任务？能否根据任务要求绘制电气原理图？能否按照图样正确接线？接线是否熟练？软件使用是否熟练？在本次任务完成过程中，有哪些地方需要改进？

____

____

____

____

职业素养与创新思维

顺序功能图的块由步及转换条件构成，是表示一系列动作的单位。每个块能完成相对独立的功能，如图5-37所示。SFC程序内可以创建多个块。在块内从初始步开始，步与转换条件进行交互，并以结束步或跳转转移结束而构成。

在新建SFC工程时，系统自动生成MAIN主程序（块0），然后再在导航栏中，右击MAIN主程序，选择“新建数据”，生成新的数据Block1和Block2，块号依次为1、2，这样就在MAIN下面建立了另外两个程序模块（块1和块2），在块0中将主顺序功能图输入，在块1中将强洗顺序功能图输入，在块2中弱洗顺序功能图输入。

步的属性设置中有数据名、类型、步号及属性，属性指定目标的设置。步有四种属性设置，BC：块起动步（有结束检查）；BS：块起动步（无结束检查）；R：复位步；SC：线圈保持步。

将强洗和弱洗两部分设计成BS块，强洗时调用第1块的BL1，并顺序执行，这样强洗部分能独立完成相应的工艺要求。弱洗时调用第2块的BL2，并顺序执行，这样弱洗部分能独立完成相应的工艺要求。这里采用 BS 块的原因是，强 / 弱洗部分执行时间长短不影响块 0 中进水和脱水的工作，如采用 BC 块，强 / 弱洗部分执行时间太长影响进水和脱水的工作。块 0 如果系统设置自动激活 S0 的话，就不用 SM402。

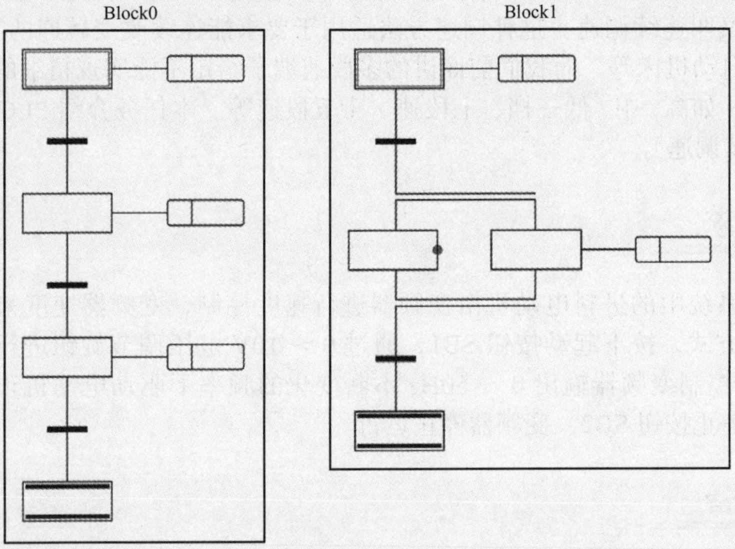

图 5-37　SFC 程序内的块

强洗 BS 块的生产方法是：在块 0 中，单击强洗这个步，右键选择“编辑”选项，在“编辑”中选择“属性”，弹出“步的属性设置”对话框。然后在“属性”下拉菜单中选择“BS”，并在“属性指定目标”下拉菜单中选择“BL1”。弱洗 BS 块的生产方法与强洗的生产方法相同。

请用以上方法完成以下控制任务，图 5-38 为总工艺 SFC 图，强洗和弱洗的块 1 和块 2 请自行完成。模拟工业洗衣机变频-PLC 控制系统，并进行设计与调试。具体控制要求如下：

1）工业洗衣机有强洗、弱洗两种控制方式，强洗时采用 50Hz 频率，正转 5s 停 2s，反转 5s 停 2s，循环 5 次，弱洗时采用 30Hz 频率，正转 3s 停 4s，反转 3s 停 4s，循环 3 次。

2）洗衣过程为进水—洗衣—脱水—结束，由进水电磁阀 YV1 控制进水，由出水电磁阀 YV2 控制出水。

3）洗衣机有水位上限位 SQ1 和下限位 SQ2。

4）控制按钮包括强洗、弱洗选择开关，起动、停止按钮。

5）输出部分包括洗好状态指示灯。

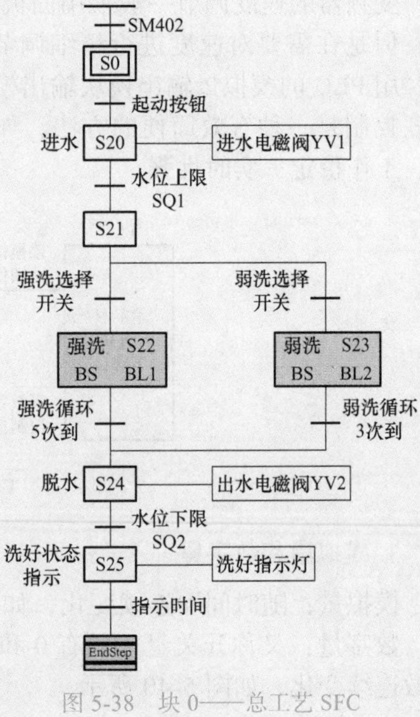

图 5-38　块 0——总工艺 SFC

任务 5.4　FX5U PLC 模拟量控制变频器无级调速

无级调速是指电动机在拖动工作机械过程调节速度时，使其转速可做均匀平滑变化。因而无级调速又叫连续调速。这种调速方法适用于要求能连续改变转速的工作机械负载，如程序控制的自动机床等。而我们前面讲的多段速端子给定不能实现精细的速度调节，而是分成了几档，如高 / 中 / 低三档、七段速、十五段速等。本任务介绍 PLC 对变频器控制无级调速（连续调速）。

任务要求

定长切料系统中的进料电动机由变频器进行速度控制，变频器速度采用模拟量给定方式，按下起动按钮 SB1，通过 0 ～ 10V 电压调节旋钮进行调速，使 PLC 控制变频器输出 0 ～ 50Hz 不断变化的频率下驱动电动机正转运行，按下停止按钮 SB2，变频器停止运行。

PLC 控制变频器无级调速

知识准备

目前，在工业控制中，越来越多地采用变频器来实现交流电动机的调速。通常情况下，变频器的速度调节一般采用面板调节、多段速端子预置参数调节、电位器调节三种方式。但是在需要对速度进行精细调节时，仅利用上述方式还不能满足生产工艺的控制要求。用 PLC 的模拟量输出模块输出模拟信号（DC 0 ～ 10V 或 4 ～ 20mA）对变频器实现速度控制是一种有效简便的方法，如图 5-39 所示。这种方法编程简单、调速过程平滑连续、工作稳定、实时性强。

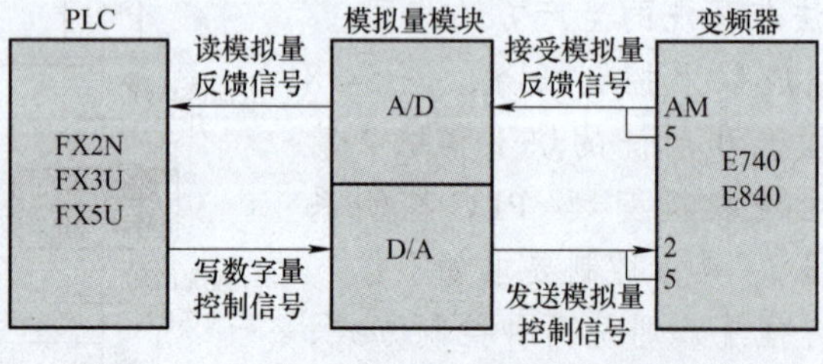

图 5-39　PLC 模拟量模块控制变频器框图

1. 模拟量和数字量

模拟量：随时间而连续变化，如温度、压力、流量、液位等。

数字量：又称开关量，只有 0 和 1（或开和关或通和断）两种状态，其参数值不随时间做连续变化，如图 5-40 所示。

2. A/D 转换和 D/A 转换

在变频器的模拟量控制中，A/D 转换和 D/A 转换都是必不可少的环节。PLC 的输出信号是数字量，这个数字量不能直接接到变频器上，因为变频器只能接受模拟量信号；同样，变频器的模拟量（电压、电流）输出端子也不能直接与 PLC 输入端子相连。因此就需要一种能在模拟信号与数字信号之间进行转换的电路——模拟量模块。

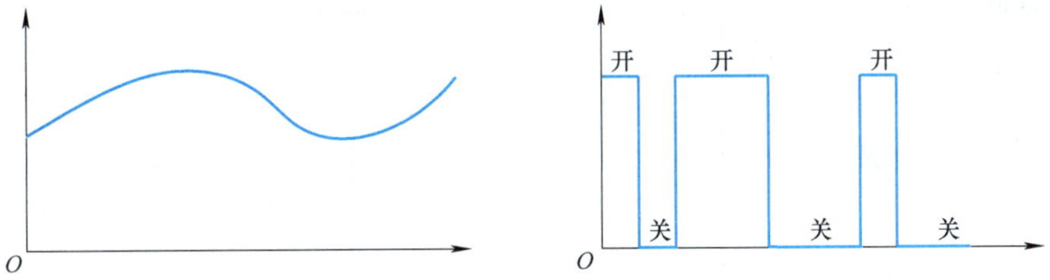

a) 模拟量　　b) 数字量

图 5-40　模拟量和数字量

A/D 转换：将输入来的模拟量信号进行量化处理，转换为相应的数字量信号。

一般需用传感器、变送器等元件，把模拟量转换成标准的电信号，一般标准电流信号为 4 ～ 20mA、0 ～ 20mA；标准电压信号为 0 ～ 10V、0 ～ 5V 或 −10 ～ 10V 等。

模拟量经过 A/D 转换后的数字量，可以用二进制 8 位、10 位、12 位、16 位或更高位来表示；位数越高，表明分辨率越高，精度也越高。一般大、中型机多为 12 位或更高，小型机多为 8 位或 12 位。

D/A 转换：将输入来的数字量信号进行模拟化处理，转换为相应的模拟量信号。

3. FX5U CPU 内置的模拟量模块

FX5U 系列 PLC 本体上内置有 A/D 转换和 D/A 转换功能，一般不需要另外配置模拟量模块，位于左侧盖板下方。打开后，可以看到模拟量输入 / 输出接口，实物如图 5-41 所示，该接口提供了两路模拟量输入通道和一路模拟量输出通道，端子排列见表 5-16。

图 5-41　FX5U PLC 模拟量输入 / 输出接口

表 5-16　FX5U PLC 模拟量输入 / 输出端子排列

<table>
<tr><th>端子排</th><th colspan="2">信号名称</th><th colspan="2">功能</th></tr>
<tr><td rowspan="5">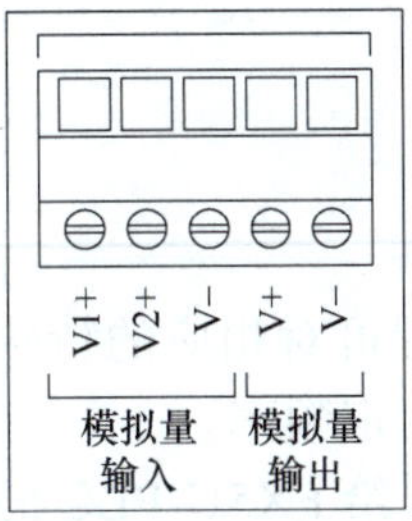</td><td rowspan="3">模拟量输入</td><td>V1+</td><td>CH1</td><td>电压输入（+）</td></tr>
<tr><td>V2+</td><td>CH2</td><td>电压输入（+）</td></tr>
<tr><td>V−</td><td>CH1/CH2</td><td>电压输入（−）</td></tr>
<tr><td rowspan="2">模拟量输出</td><td>V+</td><td>CH1</td><td>电压输出（+）</td></tr>
<tr><td>V−</td><td>CH1</td><td>电压输出（−）</td></tr>
</table>

在进行 A/D 转换时，模拟量和数字量存在一定的对应转换关系，如图 5-42a 所示，这种对应关系称为模块的 A/D 转换标定，其主要参数见表 5-17。同样，在进行 D/A 转换时，数字量和模拟量也存在一定的对应转换关系，如图 5-42b 所示，这种对应关系称为模块的 D/A 转换标定，其主要参数见表 5-18。

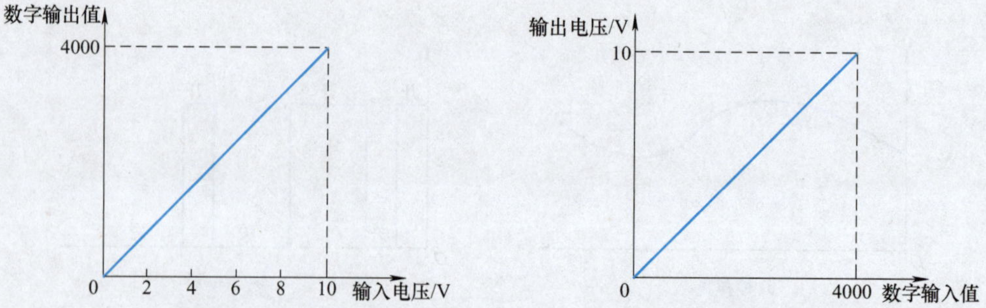

a) A/D转换标定　　b) D/A转换标定

图 5-42　A/D 和 D/A 转换标定

表 5-17　FX5U 系列 PLC 模拟量输入通道主要参数

输入点数	模拟量输入参数		数字量输出参数			软元件分配	
	输入值	范围	数字量输出	数字量输出值	分辨率	通道 1	通道 2
2	电压	DC 0 ～ 10V	12 位无符号二进制	0 ～ 4000	2.5mV	SD6020	SD6060
	电流	DC 4 ～ 20mA		400 ～ 2000	10μA		

表 5-18　FX5U 系列 PLC 模拟量输出通道主要参数

输出点数	数字量输入参数		模拟量输出参数			软元件分配
	数字量输入值	数值范围	输出	范围	分辨率 /mV	通道 1
1	12 位无符号二进制	0 ～ 4000	电压	DC 0 ～ 10V	2.5	SD6180

FX5U CPU 模块只支持电压输入，但在 V+、V− 端子间并联连接 250Ω 电阻（转换为 1 ～ 5V 电压）或 500Ω 电阻（转换为 2 ～ 10V 电压）后，可以作为电流输入使用。接线方法如图 5-43 所示。

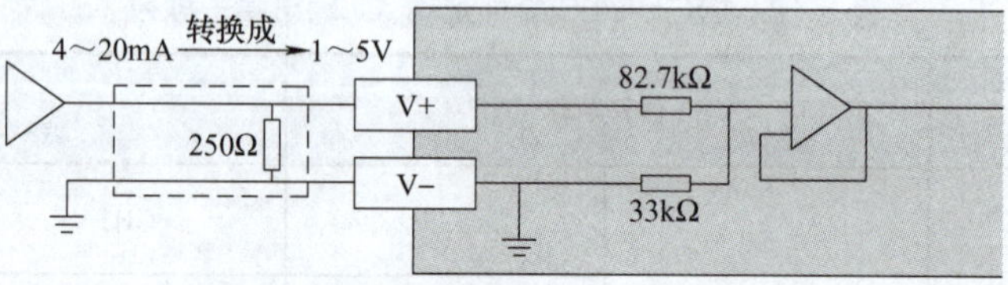

图 5-43　内置模拟量输入为电流信号的对应接线方法

4. FX5U 系列 PLC 几个特殊功能寄存器的使用说明

FX5U 系列 PLC 使用三菱 GX Works3 软件编程时，用户通过编程可对相应的特殊功能寄存器进行读 / 写操作，以监视变频器的运行频率及设定变频器的给定频率。

（1）监视变频器的运行频率　如果变频器的模拟量输出信号传送给 FX5U PLC 的模拟量输入通道 1，那么该模拟量经过 A/D 转换的结果就会存放在 SD6020 中，当 CPU 读取 SD6020 中的数据时，就可以监视变频器当前的运行频率。同样，如果变频器的模拟量输出信号传送给 FX5U PLC 的模拟量输入通道 2，那么该模拟量经过 A/D 转换的结果就会存放在 SD6060 中，当 CPU 读取 SD6060 中的数据时，也可以监视变频器当前的运行频率。

A/D 模块编程应用举例：

将通道 1 接入 0 ～ 10V 电压信号。当输入电压是 3V 时，Y0 指示灯亮；当输入电压是 6V 时，Y1 指示灯亮。

将通道 2 接入 4 ～ 20mA 电流信号。当输入电流是 8mA 时，Y2 指示灯亮；当输入电流是 16mA 时，Y3 指示灯亮。

编程思路：FX5U 系列 PLC 内置模拟量的规格是 DC 0 ～ 10V 的电压输入，对应数字量输出范围为 0 ～ 4000。其输入电压 V_i 和数字量 D_i 的对应关系为：D_i=（4000/10）× V_i；那么电压输入为 3V 时，对应的数字量为 1200；6V 时，对应的数字量为 2400，依此类推。本例采用将电压信号接入 CH1，其数字量输出值存储在数据寄存器 SD6020 中，电流信号接入 CH2，其数字量输出值存储在数据寄存器 SD6060 中。

打开编程界面，可直接从特殊数据寄存器 SD6020 读取 CH1 的数字量输出值，从特殊数据寄存器 SD6060 读取 CH2 的数字量输出值。3V 对应的数字量为 1200，为了正好在 3V 时点亮 Y0，可以取 1200 ± 10 两个数，1190 和 1210，其他电压 / 电流依此类推。通过比较指令编写的程序如图 5-44 所示。要根据现场调试现象微调数字量的值，得到正确的输出结果。

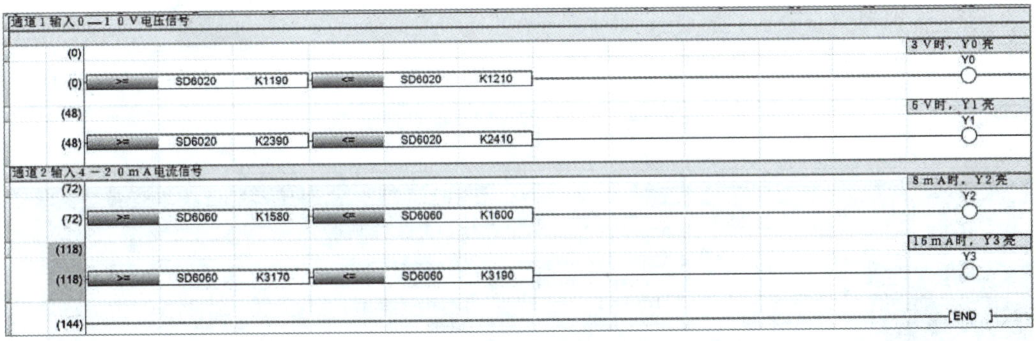

图 5-44　PLC 的电压 / 电流模拟量输入程序

（2）设定变频器的给定频率　如果 CPU 向 SD6180 写入数据，那么该数字量经过 D/A 转换后就变为了模拟量，该模拟量信号通过输出通道端子输出给变频器，就可以设定变频器当前的给定频率了。

D/A 模块编程应用举例：

按下起动按钮，PLC 控制变频器输出 20Hz 的固定频率驱动电动机正转运行，按下停止按钮，PLC 控制变频器停止运行。

编程思路：FX5U 系列 PLC 内置模拟量的规格是 DC 0 ～ 10V 的电压输出，对应的频率是 0 ～ 50Hz，对应数字范围为 0 ～ 4000。其数字量 D_i 和输出频率 F 的对应关系为：D_i=（4000/50）× F，那么 20Hz 对应的数字量为 1600。

打开编程界面，将 20Hz 对应的数字量值 1600 传送到特殊数据寄存器 SD6180 中，通过如图 5-45 所示编程，就可以在变频器显示器监视到 20.00Hz。

（3）模拟量输入 / 输出通道设置　模拟量输入 / 输出通道的设置方法有两种：一种方式是通过特殊功能寄存器进行设置，需要编写程序；另一种方法是通过软件进行设置，不需要编写程序，只需要在相应的下拉菜单栏上设定即可。使用特殊功能寄存器相对不方便，在实际应用中，建议使用软件设置模拟量输入 / 输出通道。

用软件设置模拟量输入通道的过程：选择导航窗口→“参数”→“FX5U CPU”→“模块参数”→“模拟输入”→“基本设置”，可进行通道 CH1、CH2 的启用操作，如在“CH1”下选择“允许”选项启用 CH1。A/D 转换方式可以选择“采用处理”和“平均处理”，“采用处理”即直接使用瞬时值，“平均处理”是将多次采样值进行平均后再使用，数值平均处理的方式有时间平均、次数平均、移动平均三种，设置界面如图 5-46 所示。

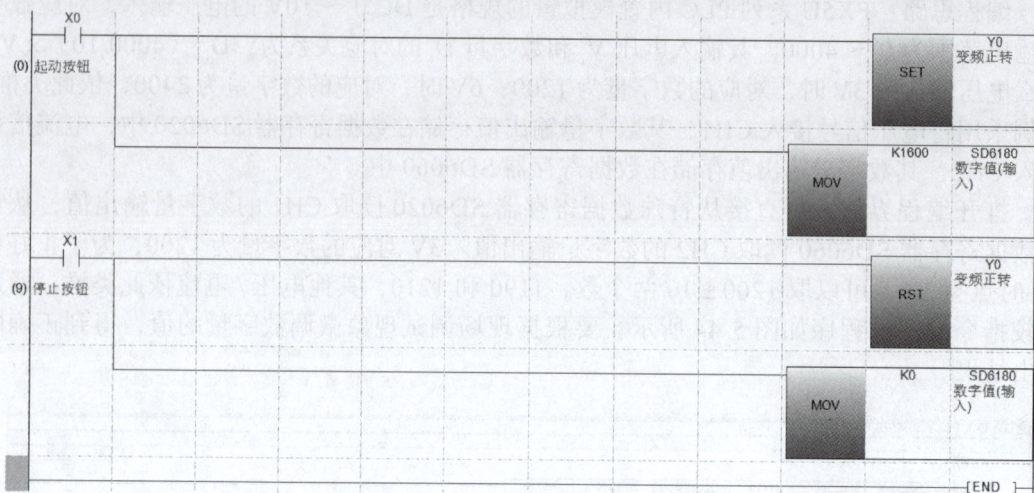

图 5-45　PLC 的模拟量输出程序

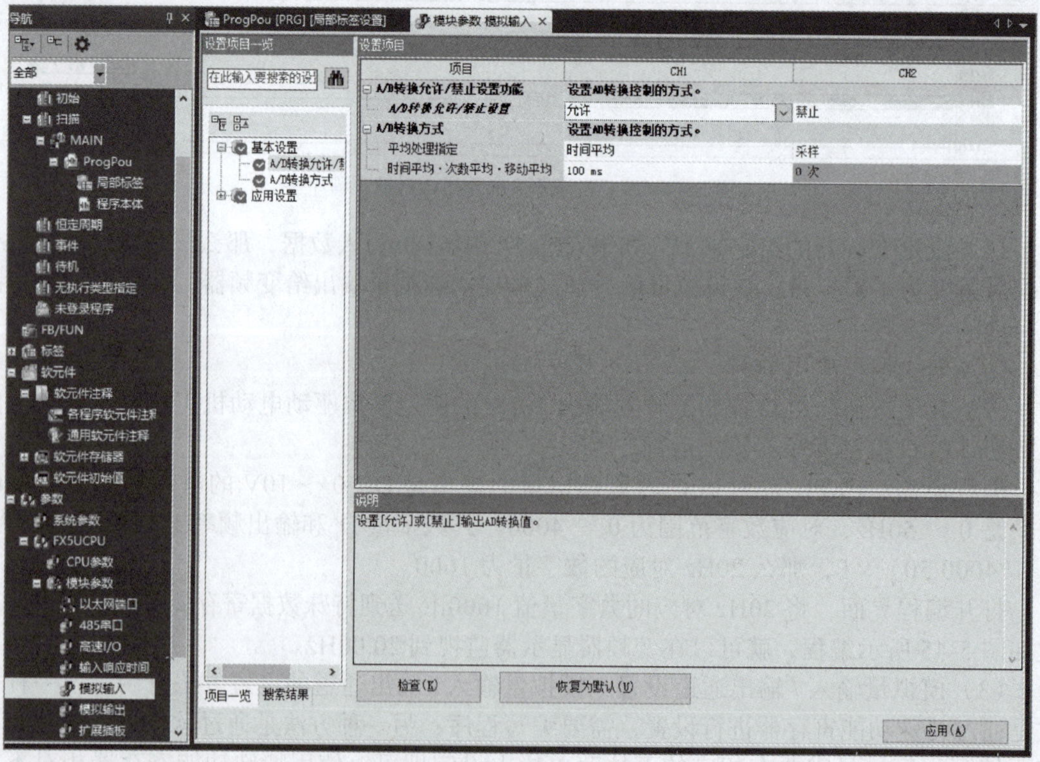

图 5-46　启用内置模拟量输入通道参数的基本设置

如无特殊需求，内置模拟量输入通道在基本设置完成后即可正常使用。

用软件设置模拟量输出通道的过程如图 5-47 所示。

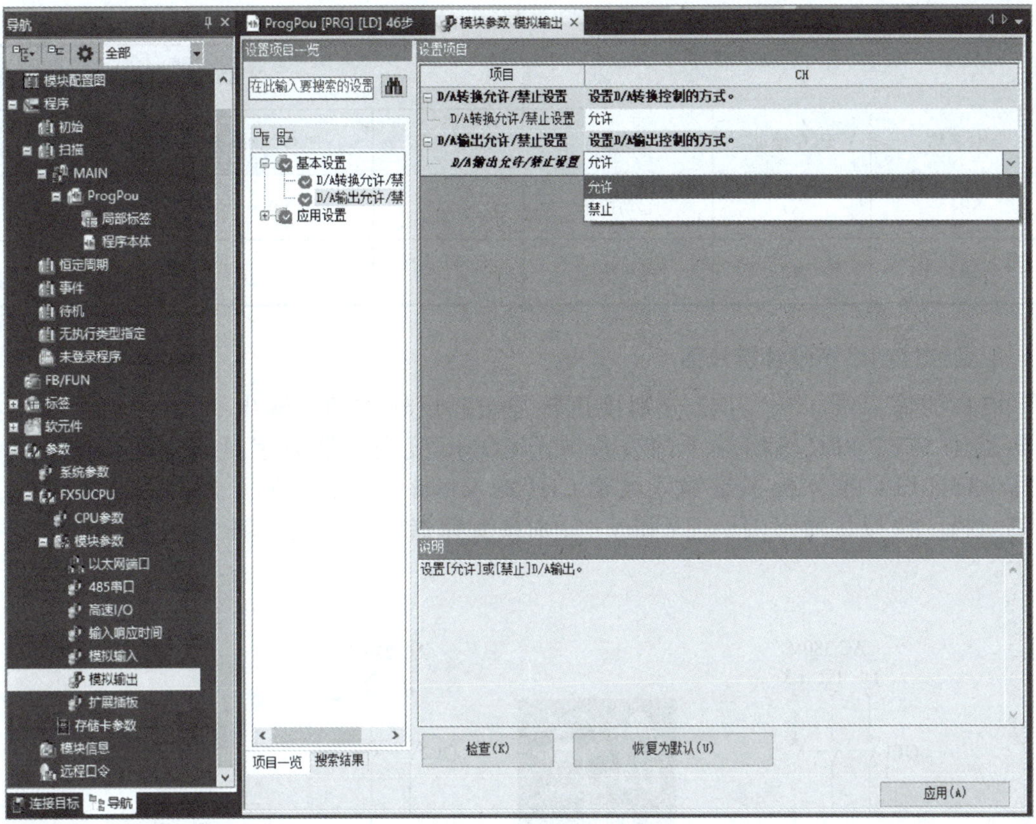

图 5-47　启用内置模拟量输出通道参数的基本设置

任务实施

操作步骤：

进行 PLC 和变频器综合调速项目实施时，首先要对所需要的硬件进行配置，然后进行网络架构、I/O 分配、PLC 接线、变频器接线，再进行变频器参数设置，PLC 程序编制与下载，最后调试运行，调试无误后，形成文档资料。

1. 硬件配置（见表 5-19）

表 5-19　硬件配置

序号	软元件名称	产品名称	型号	数量
1	MELSEC iQ-FX5U	CPU 主机	FX5U-32MR/ES	1
2	FR-E840	变频器	FR-E840-0026-4-60	1
3	按钮	按钮	自定	2
4	信号发生器	电压源或电流源	0 ～ 10V 可调或 0 ～ 20mA 可调	1
5	电动机	三相异步电动机	YS5024，380V，△联结，或自定	1

2. 列出 I/O 分配表

根据任务要求，分析得到需要 2 个输入，1 个输出，具体见表 5-20。

表 5-20 PLC I/O 分配

输入			输出		
器件名称	PLC 地址	功能	器件名称	PLC 地址	功能
SB1	X1	起动按钮	STF	Y0	变频器正转
SB2	X2	停止按钮			

3. 绘制控制系统硬件接线图

PLC 的输入端子 X1、X2 分别接正转按钮和反转按钮，输出端子 Y0 接变频器的正转端子 STF，PLC 输出端子的公共端子 COM0 接变频器数字量输入端子的公共端 SD，FX5U PLC 本体模拟量输入通道 CH1 的 V1 端子接电压源正极，V−端子接电压源的负极。模拟量输出端子 V+ 和 V−分别接变频器模拟量输入端子 2 和 5，如图 5-48 所示。

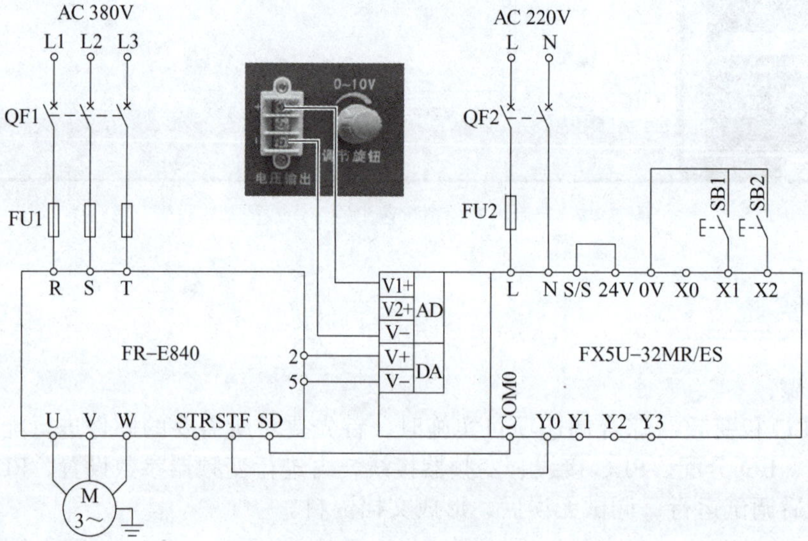

图 5-48 控制系统硬件接线图

4. PLC 程序设计

在导航窗口的参数中启用模拟量输入通道 CH1 和模拟量输出通道 CH，启用方法如图 5-46 和图 5-47 所示。设置完成，单击右下角的应用，即可启用完成。然后在 MAIN 程序本体中输入图 5-49 所示梯形图。

5. 变频器参数设置

接通设备电源后，变频器和 PLC 得电，按照表 5-21 对变频器进行参数设置。在变频器参数设置时，要先对变频器进行复位。本任务变频器的起动信号由外部 STF 或 STR 信号给定，频率信号由模拟量输入端子 2−5 之间给定。故变频器运行模式选择参数 Pr.79 设为 2。变频器参数设置见表 5-21。

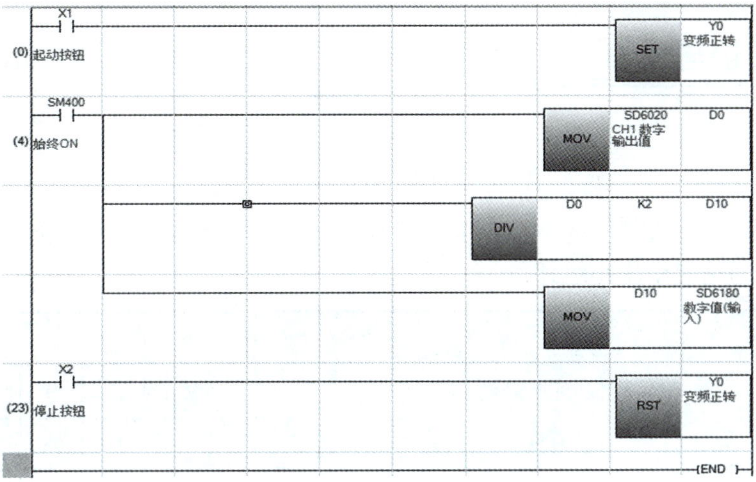

图 5-49　PLC 控制变频器无级调速梯形图程序

表 5-21　变频器参数设置

参数编号	名称	设定值	参数说明
Pr.1	上限频率	50	输出频率的上限
Pr.2	下限频率	0	输出频率的下限
Pr.3	基准频率	50	电动机额定频率
Pr.4	高速	15Hz	RH 端子对应的频率
Pr.7	加速时间	1.5	从停止到 50Hz 的加速时间
Pr.8	减速时间	1.5	从 50Hz 到停止的减速时间
Pr.9	电子过电流保护	0.66	电动机的额定输出电流
Pr.79	运行模式选择	2	外部操作模式
Pr.73	模拟量输入选择	0	0：端子 2 输入 0 ～ 10V（不可逆） 1：端子 2 输入 0 ～ 5V（不可逆） 10：端子 2 输入 0 ～ 10V（可逆） 11：端子 2 输入 0 ～ 5V（可逆）

6. 系统调试

按照图 5-48 接线，经确认无误后，闭合变频器和 PLC 的电源开关 QF1、QF2。将编好的程序写入 PLC 中，按照以下步骤进行调试：

1）将 0 ～ 10V 可调电源接入 PLC 的 V1+ 和 V−端子。

2）按下起动按钮 SB1。

3）观察 PLC 指示灯、变频器显示器和电动机运行情况：

PLC 的 Y0 指示灯亮，变频器的 RUN 指示灯常亮，电动机正向旋转，显示器上显示的字符为“10.00”，旋转可调电源的旋钮，显示器上的频率可以在“0.00 ～ 50.00”之间连续运行。

4）按下停止按钮 SB2；PLC 的 Y0 指示灯熄灭，变频器的 RUN 指示灯熄灭，显示器上显示的字符为“0.00”，电动机停止旋转。

任务评价与反思

任务评价：

请结合自身对本次任务的掌握程度、课堂参与度等方面进行自我评价，小组组长根据组员的活动参与情况给出小组评价。

评价内容	评价指标		权重		等级				
					A	B	C	D	E
					1.0	0.8	0.6	0.2	0
学生学习表现	参与程度	1. 参与的深度	3	60					
		2. 参与的广度	3						
		3. 参与的时机与效率	4						
	科学知识	1. 基础知识落实	10						
		2. 多边的信息传递	5						
	科学探究	1. 和谐的人际关系	5						
		2. 提出问题、发表意见	5						
		3. 思维的求异性、独创性、批判性	5						
		4. 动手实践、自主探索、合作交流的能力	10						
	情感态度	1. 学习活动的兴趣与求知欲	3						
		2. 一定的自我调控能力	2						
		3. 体验成功，建立自信心	3						
		4. 良好的学习习惯	2						
自我评价结果									
小组评价结果									

任务反思：

能否独立完成无级调速的控制任务？能否根据任务要求绘制电气原理图？能否按照图样正确接线？接线是否熟练？软件使用是否熟练？在本次任务完成过程中，有哪些地方需要改进？

职业素养与创新思维

1. 职业素质培养要求

由于模拟量输入 / 输出电源取自 PLC 本体的 DC 24V 电源，所以为防止接线错误损坏电源，一定要确认电源的正负极性标识，然后才能接线。另外，模拟量通道不允许带电拔插和接线。

2. 专业素质培养问题

问题 1：程序下载成功后，发现变频器只有起动信号，没有频率输出。

解：可能原因有系统的硬件接线错误、变频器运行模式错误或模拟量输入 / 输出通道未启用、输出未运行等。

问题 2：变频器实际输出的频率与程序设定的频率差别较大。

解：可能是变频器功能参数 Pr.73 设置错误，应使 Pr.73=0，或者模拟量输出通道参数的应用设置错误，应多次尝试，减小输出误差。

项目 6

用通信控制变频器运行

项目学习任务

- 任务 6.1　FX5U PLC 与 E840 变频器的 RS485 通信控制变频器运行
- 任务 6.2　FX5U PLC 与 E840 变频器的 Modbus_RTU 通信控制变频器运行
- 任务 6.3　FX5U PLC 与 E840 变频器的 CC-Link 通信控制变频器运行

项目学习目标

➢ **知识目标**

了解 PLC RS485 通信控制系统。

掌握三菱变频器通信控制硬件接口。

掌握 FX5U PLC 与三菱变频器 RS485 通信、Modbus_RTU 通信的指令格式及通信设置方法。

了解 CC-Link 通信模块的结构、作用、网络配置和设置方法。

掌握 FX5U PLC 和三菱变频器几种通信的编程和参数设置方法。

➢ **技能目标**

会安装三菱变频器与 PLC 通信的硬件接口。

会配置通信选件，并安装 PLC 与变频器不同通信选件的硬件接口。

会进行通信设置，能完成通信接口硬件接线。

会使用变频器参数设置软件完成变频器各种通信参数的设置与调试。

会编写 PLC 通信控制程序，能完成 PLC 与变频器以上三种通信控制系统的安装与调试。

➢ **素养目标**

培养自我学习能力，通过查阅编程手册、通信手册及咨询技术支持等培养解决问题的能力。

培养做事勤劳节俭习惯，增强与时俱进、开拓创新意识。

培养为企业、为社会开源节流，降本增效的责任意识。

任务 6.1　FX5U PLC 与 E840 变频器的 RS485 通信控制变频器运行

FX5U PLC 通过通信方式控制变频器的运行状态（正转、反转、停止、运行频率等）。这种方式可以减少变频器的接线，仅通过一条通信电缆连接，就可以完成变频器的起动、停止、频率设定，并且很容易实现多台电动机的同步运行。该方式成本低、信号传输距离远、抗干扰性强。本任务介绍 FX5U PLC 与 E840 变频器以 RS485 通信方式控制变频器运行。

任务要求

PLC 以通信方式控制变频器正反转运行。按下正转按钮 SB1，变频器正转运行在 20Hz 频率下；按下反转按钮 SB2，变频器反转运行在 30Hz 频率下；按下停止按钮 SB3，变频器停止运行。

知识准备

1. 通信系统构成

FX5U PLC CPU 模块可以使用内置 RS485 端口、通信板、通信适配器，连接最多 4 通道的串行端口。通信通道的分配不受系统构成的影响，为固定状态，如图 6-1 所示。通信通道选择方法见表 6-1。

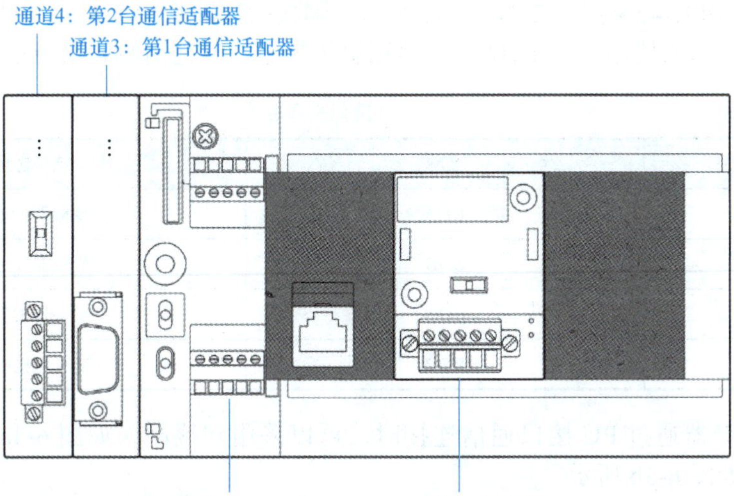

图 6-1　FX5U PLC CPU 模块通信通道

表 6-1　通信通道选择方法

三菱 PLC 通信控制硬件接口		串行口	选件位置	延长距离
内置 RS485 端口		通道 1	内置于 CPU 模块中，不需要扩展设备	50m 以下
通信板	FX5-485-BD	通道 2	由于可以内置在 CPU 模块中，所以安装面积不变，为集成型	50m 以下
通信适配器	FX5-485ADP	通道 3、通道 4	在 CPU 模块的左侧安装通信适配器	1200m 以下

注：按由近到远的顺序对 CPU 模块分配通道 3、通道 4。

2. 通信系统接线

变频器的 PU 接口是可以进行 RS485 通信的。E840 变频器 PU 接口如图 6-2 所示。

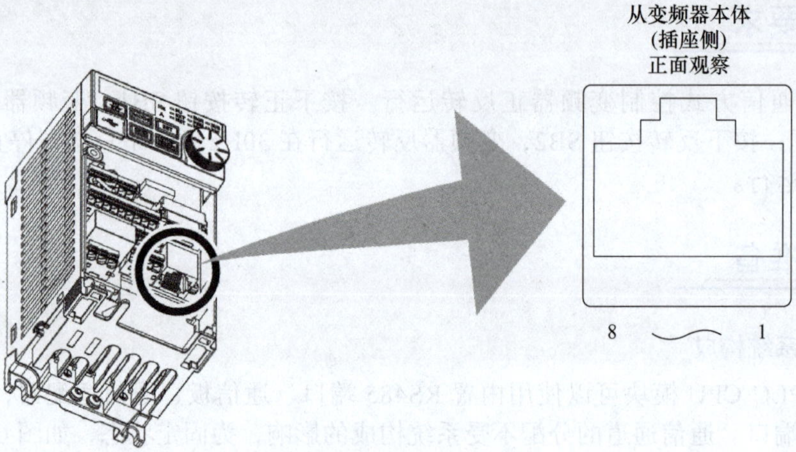

图 6-2　E840 变频器 PU 接口

PU 接口采用 RJ45 接头，2 号引脚、8 号引脚接操作面板或参数模块用的电源，进行 RS485 通信时，请勿使用。1 号引脚、7 号引脚为接地。其他引脚含义见表 6-2。

表 6-2　PU 接口引脚含义

RJ45 引脚编号	名称	端子含义
3	RDA	变频器接收 +
4	SDB	变频器发送 −
5	SDA	变频器发送 +
6	RDB	变频器接收 −

PLC 和变频器通过 PU 接口通信连接时，可以采用四线制，如图 6-3a 所示，也可以采用两线制，如图 6-3b 所示。

在 FX5U PLC 的 RS485 通信配置中，若使用内置 RS485 端口、FX5-485-BD 扩展板或 FX5-485ADP 适配器，需要注意终端电阻的设置。使用内置 RS485 端口进行通信时，请将终端电阻切换开关设定为 110Ω，如图 6-4 所示。

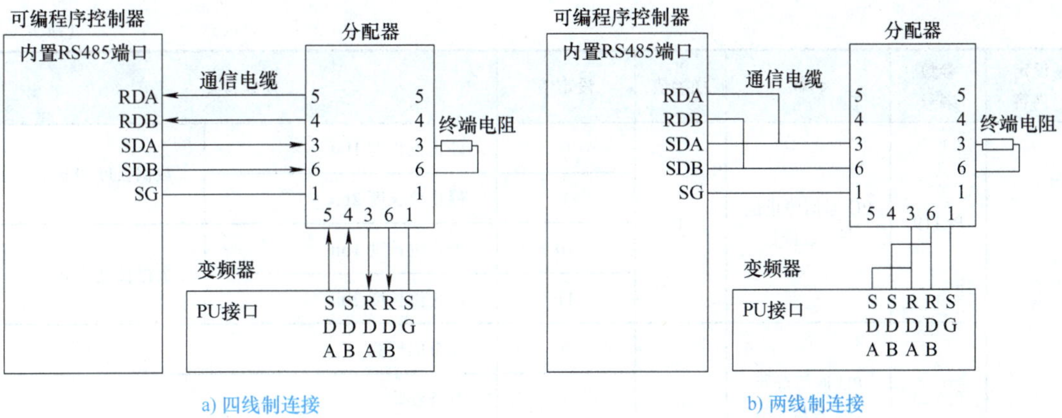

图 6-3　PLC 和变频器的连接

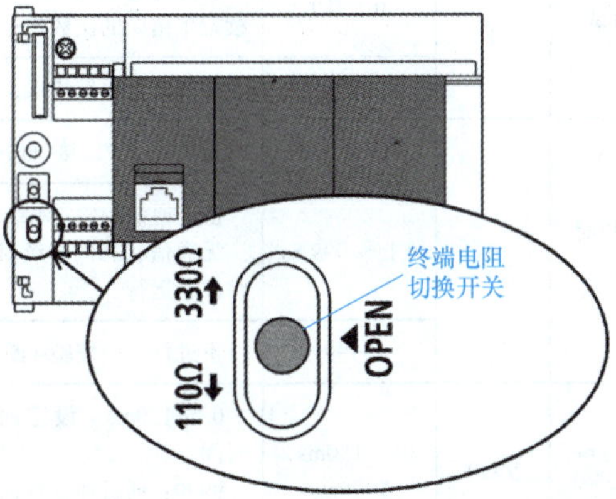

图 6-4　FX5U CPU 模块内置 RS485 端口终端电阻

3. 变频器通信设定

E800 系列变频器与三菱 PLC 通过 PU 端口连接进行通信时，必须进行设定的参数见表 6-3。

表 6-3　E800 系列变频器 PU 端口通信时必须设定的参数

设定内容	参数编号	名称	初始值	设定值	功能含义
显示设定	Pr.160	用户组读出选择	0	0，1，9999	9999：仅显示简单模式参数 0：显示简单参数模式 + 扩展参数 1：仅显示注册至用户组的参数
通信设定	Pr.549	协议选择	0	0，1	0：三菱变频器（计算机链接）协议 1：Modbus-RTU 协议
	Pr.117	PU 通信站号	0	0 ～ 31	为变频器的站号指定 一台计算机连接多台变频器时，设定变频器的站号
	Pr.118	PU 通信速度	192	48，96，192，384，576，768，1152	设定通信速度 通信速度为设定值 ×100 例如，如果设定值是 192，则通信速度为 19200bit/s

（续）

设定内容	参数编号	名称	初始值	设定值	功能含义	
通信设定	Pr.119	PU 通信停止位长 / 数据长	1	0	停止位长度 1bit	数据长度 8bit
				1	停止位长度 2bit	
				10	停止位长度 1bit	数据长度 7bit
				11	停止位长度 2bit	
	Pr.120	PU 通信奇偶校验	2	0	无奇偶校验	
				1	有奇校验	
				2	有偶校验	
	Pr.121	PU 通信再试次数	1	0 ～ 10	设定发生数据接收错误时的再试次数允许值。如果连续发生错误的次数超过了允许值，则变频器将停止运行	
				9999	即使发生通信错误，变频器也不停止运行	
	Pr.122	PU 通信校检时间间隔	0	0	无法进行 PU 接口通信	
				0.1 ～ 999.8s	设定通信校验（断线检测）时间间隔 无通信状态的持续时间如果超过允许时间，则变频器将停止运行	
				9999	不进行通信校验（断线检测）	
	Pr.123	PU 通信的等待时间设定	9999	0 ～ 150ms，9999ms	0 ～ 150ms：设定向变频器发送后直到回复的等待时间 9999：通过通信数据进行设定 等待时间：设定数据 ×10ms	
	Pr.124	PU 通信 CR/LF 选择	1	0，1，2	0：无 CR、LF 1：有 CR 2：有 CR、LF	
运行模式设定	Pr.79	选择运行模式	0	0	上电时外部运行模式	
	Pr.340	选择通信起动模式	0	1，10	1：网络运行模式 10：网络运行模式（可以通过操作面板更改 PU 运行模式和网络运行模式）	

4. FX5U 系列 PLC 的变频器通信专用指令介绍

为了方便 PLC 以通信方式控制变频器运行，许多 PLC 机型都提供了专门用于变频器通信控制的指令。FX5U 系列 PLC 提供 6 条变频器通信专用指令，它们分别是运行控制指令 IVDR、运行监视指令 IVCK、参数读取指令 IVRD、参数写入指令 IVWR、参数成批写入指令 IVBWR、多个指令 IVMC。下面从控制变频器这个角度详细介绍变频器通信专用指令的使用方法。

（1）变频器运行状态的控制（IVDR） PLC 采用通信方式对变频器的运行状态（正转、反转、点动、停止等）进行控制，这种操作称为运行状态的控制。

1）指令说明。指令功能：将控制变频器运行所需的设定值从 PLC 写入（复制到）变频器中，其格式如图 6-5 所示，指令操作说明见表 6-4。

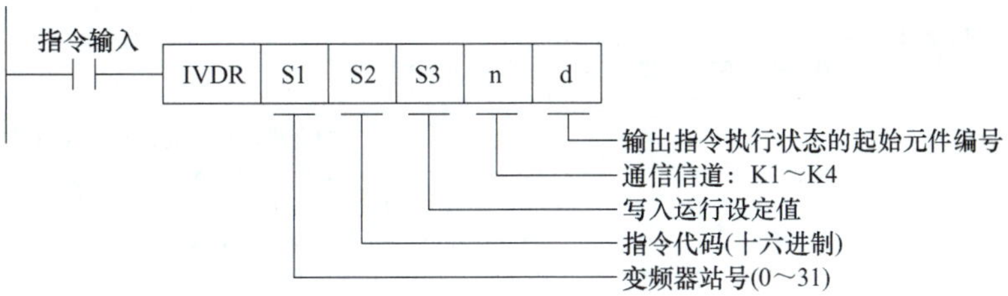

图 6-5　运行控制指令格式

指令解读：当触点接通时，按照指令代码 S2 的要求，把通道 n 连接的 S1 号变频器的运行设定值 S3 写入（复制到）该变频器中。

表 6-4　运行控制指令操作说明

写入内容	指令代码	操作数解释	通信方向	操作形式	通道号
设定频率值	HED	设定值，单位 0.01Hz	PLC ↓ 变频器	写操作	CH1 ↓ K1
设定运行状态	HFA	H1 →停止运行			
		H2 →正转运行			
		H4 →反转运行			
		H8 →低速运行			
		H10 →中速运行			
		H20 →高速运行			
		H80 →点动运行			
设定运行模式	HFB	H0 →网络模式			
		H1 →外部模式			
		H2 → PU 模式			

2）指令应用。下面通过举例具体说明变频器运行控制指令（IVDR）的实际应用。

【例 6-1】控制要求：按钮 X0 接通时，控制 1 号站变频器正转运行，运行频率为 30Hz；按钮 X1 接通时，控制 1 号站变频器停止运行。

根据控制要求编写通信控制程序，如图 6-6 所示。

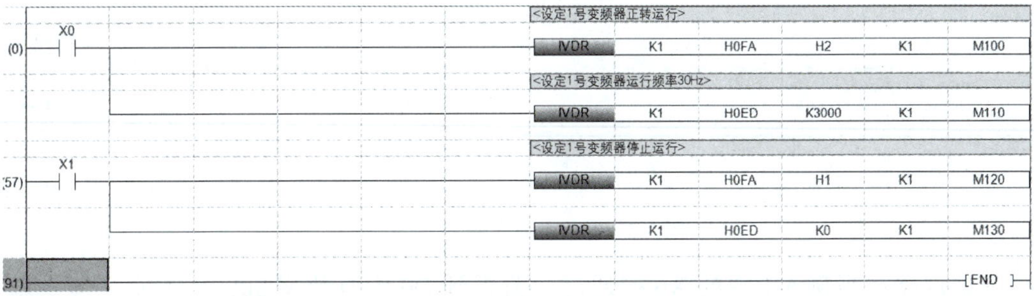

图 6-6　通信控制变频器起动、运行和停止程序

（2）变频器运行状态的监视（IVCK）　PLC 采用通信方式对变频器的运行状态信息（电流值、电压值、频率值、正反转等）进行采集，这种操作称为运行状态监视。

1）指令说明。指令功能：将控制变频器运行所需的设定值从 PLC 写入（复制到）变频器中，其格式如图 6-7 所示，指令操作说明见表 6-5。

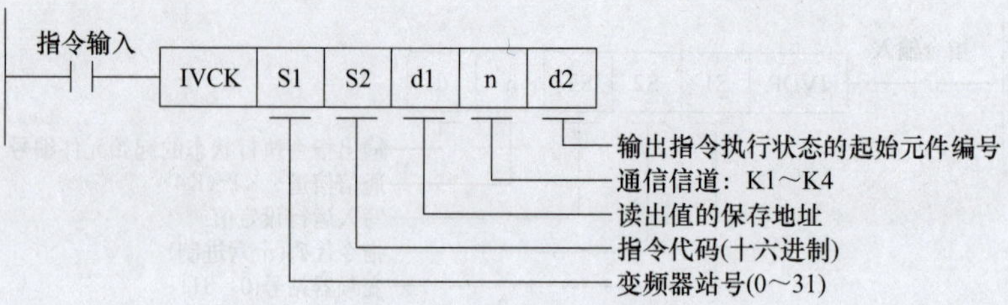

图 6-7　运行监视指令格式

指令解读：当触点接通时，按照指令代码 S2 的要求，把通道 n 连接的 S1 号变频器的运行监视数据读取（复制）后保存到 PLC 的数据存储单元 d1 中。

表 6-5　运行监视指令操作说明

读取内容	指令代码	操作数解释	通信方向	操作形式	通道号
输出频率值	H6F	当前值，单位 0.01Hz	变频器 ↓ PLC	读操作	CH1 ↓ K1
输出电流值	H70	当前值，单位 0.01A			
输出电压值	H71	当前值，单位 0.1V			
运行状态监视	H7A	b0=1，H1；RUN（变频器运行中）			
		b1=1，H2；正转中			
		b2=1，H4；反转中			

2）指令应用。下面通过举例具体说明变频器运行监视指令（IVCK）的实际应用。

【例 6-2】控制要求：监视例 6-1 变频器的运行状态。

根据控制要求编写通信控制程序，如图 6-8 所示。

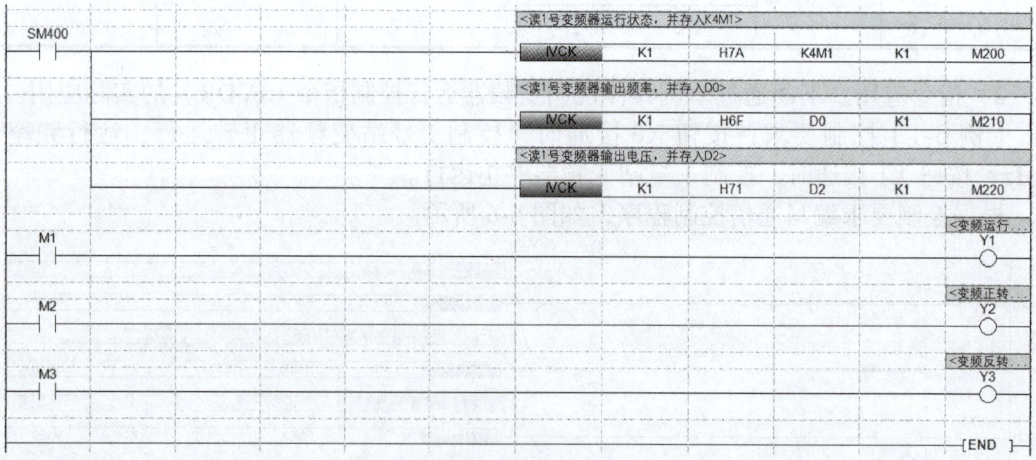

图 6-8　通信监视变频器运行状态

调试现象：当例 6-1 中的 X0 接通时，监视到 D0 中有数据 3000，表示变频器输出频率为 30Hz，监视到 D2 中有数据 1270，表示变频器输出电压为 127V。同时，PLC 指示灯 Y1、Y2 点亮。X1 接通时，监视到 D0、D2 中有数据 0，同时 PLC 指示灯 Y1、Y2 熄灭。

（3）变频器参数的读取（IVRD）　PLC 采用通信方式对变频器参数（上限频率、下限频率、加速时间、减速时间、载波频率及运行模式等）的设定值进行读取，这种操作称为参数读取。

1）指令说明。指令功能：将变频器运行所需的设定值从 PLC 写入（复制到）变频器中，其格式如图 6-9 所示。

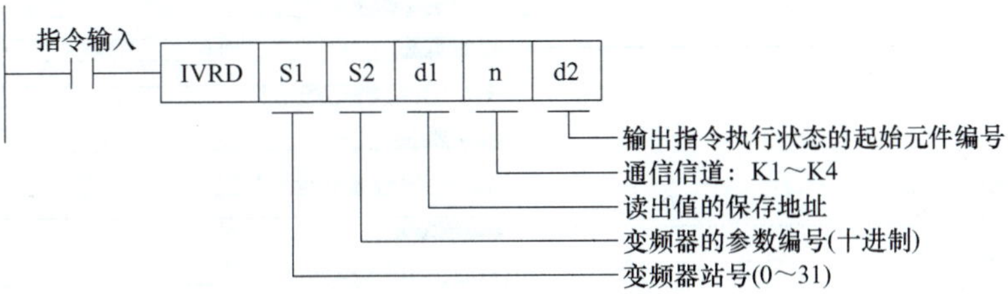

图 6-9　参数读取指令格式

指令解读：当触点接通时，PLC 从通道 n 连接的 S1 号变频器中读取 S2 参数的设定值，并把该值存入 PLC 的数据存储单元 d1 中。

2）指令应用。下面通过举例具体说明变频器参数读取指令（IVRD）的实际应用。

【例 6-3】编写通信程序，读取变频器上限频率和下限频率的设定值。

根据要求编写通信控制程序，如图 6-10 所示。

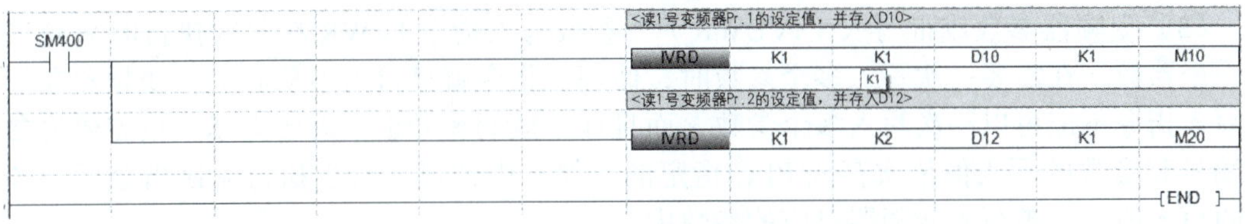

图 6-10　通信读取变频器参数值

（4）变频器参数的写入（IVWR）　PLC 采用通信方式对变频器参数的设定值进行写入，这种操作称为参数写入。例如，写入加 / 减速时间的设定值、修改点动频率的设定值、设定参数写保护等。

1）指令说明。指令功能：将变频器一个参数的设定值从 PLC 写入（复制到）变频器中，其格式如图 6-11 所示。

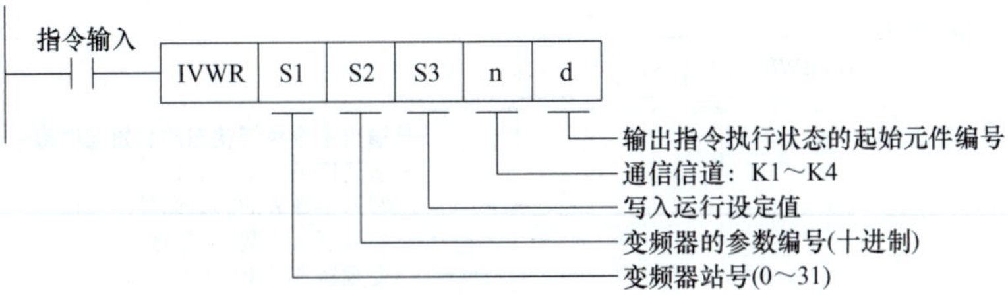

图 6-11　参数写入指令格式

指令解读：当触点接通时，PLC 向通道 n 连接的 S1 号变频器中写入 S2 参数的设定值 S3。

2）指令应用。下面通过举例具体说明变频器参数写入指令（IVWR）的实际应用。

【例 6-4】控制要求：当按下起动按钮 X0 时，1 号变频器正转运行在 35Hz、加速时间为 1s、减速时间为 2s；按钮 X1 控制 1 号变频器停止运行，试编写 1 号变频器的通信控制程序。

根据要求编写通信控制程序，如图 6-12 所示。

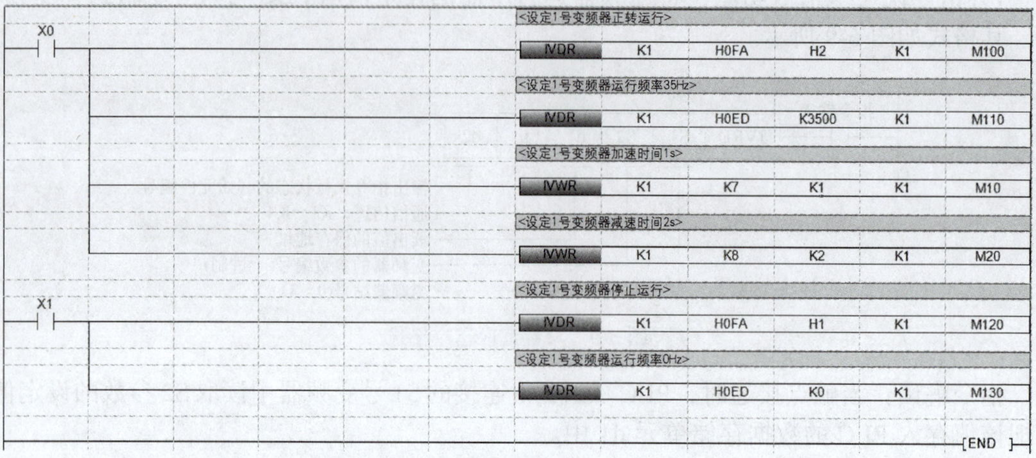

图 6-12　通信设定变频器加减速参数

如果加速 / 减速时间不是整数时，用通信指令则无法写入，需要手动在操作面板上进行设置。

（5）变频器参数成批写入（IVBWR）　参数写入指令 IVWR 在每次执行时只允许写入一个参数，在需要一次写入多个参数时，使用该指令就显得力不从心了。变频器参数成批写入指令不但可以一次写入多个参数，而且连参数的编号也不需要连续。只需要将参数的编号和参数的写入值依次存入 PLC 指定的存储区中即可。PLC 执行完该指令后，各参数的写入值就会被写入变频器对应的参数中。

1）指令说明。在使用变频器参数成批写入指令时，每个参数都必须占用两个存储单元，并且这两个存储单元是有专门分工的：前一个存储单元用来存储参数的编号；后一个存储单元用来存储参数的写入值。由于这些存储单元是连续排列的，因此形成了一张关于参数成批写入的参数表。

指令功能：将变频器多个参数的设定值从 PLC 写入（复制到）变频器中，其格式如图 6-13 所示。

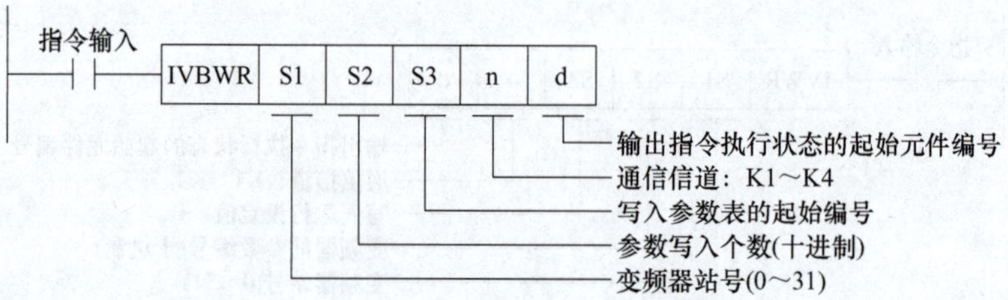

图 6-13　参数成批写入指令格式

指令解读：当触点接通时，PLC 向通道 n 连接的 S1 号变频器中写入以 S3 为首地址的参数表内的 S2 个设定值。

2）指令应用。下面通过举例具体说明变频器参数成批写入指令（IVBWR）的实际应用。

【例 6-5】在使用变频器的 PU 接口进行通信时，需要使用三菱变频器协议（计算机链接通信）进行参数设定、监视等。使用三菱变频器协议（计算机链接通信）时，应设定相关的通信参数，试将 PLC 与变频器进行通信的通信参数用参数成批写入指令写入变频器中。

根据要求编写通信控制程序，如图 6-14 所示。

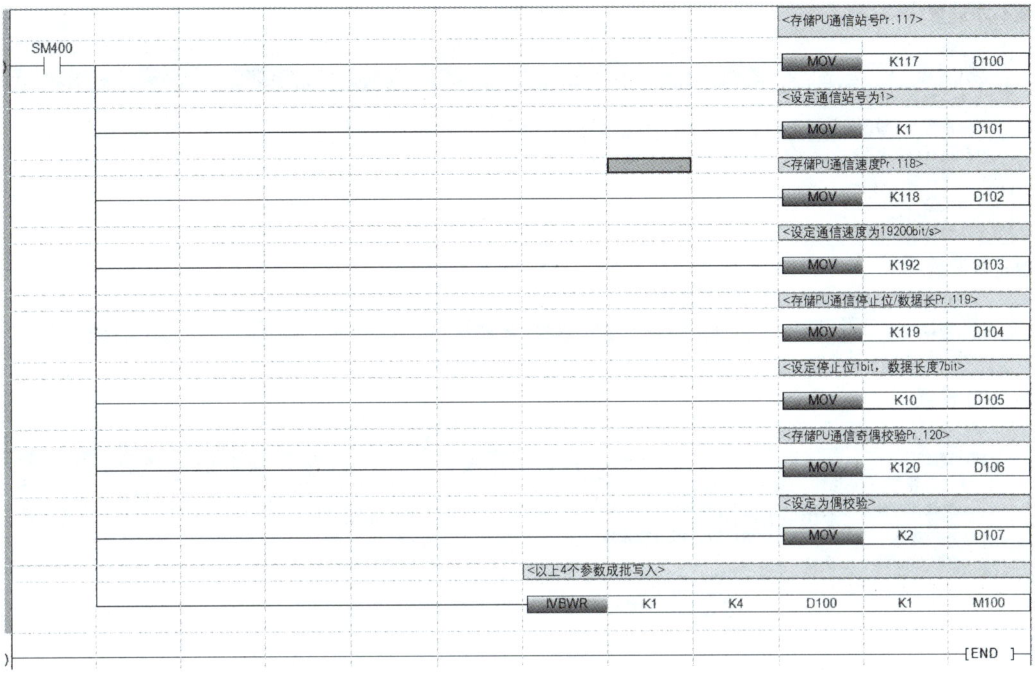

图 6-14　用参数成批写入指令写入 PU 接口通信参数

（6）变频器的多个指令（IVMC）　指令功能：该指令是向变频器写入运行指令和运行频率两种设定时，同时执行变频器状态监控和输出频率等两种数据的读出。其格式如图 6-15 所示。

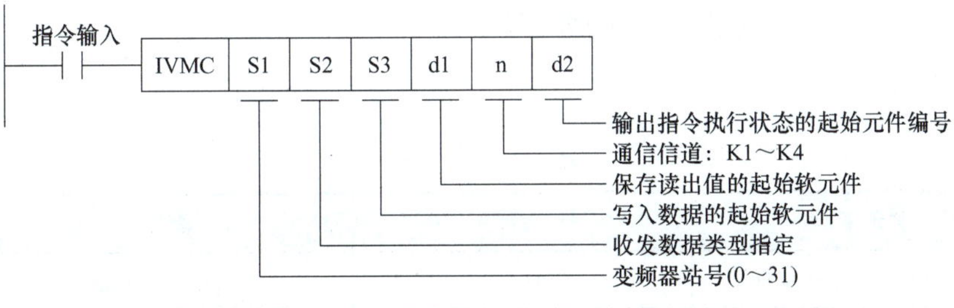

图 6-15　多个指令格式

指令解读：当触点接通时，对于通信通道 n 中所连接的变频器的站号 S1，执行变频器的多个指令。在 S2 中指定收发数据类型，在 S3 中指定写入变频器中的数据的起始软元件，在 d1 中指定从变频器读出的数值的起始软元件。

5. FX5U 系列 PLC RS485 通信设置方法

FX5U 通信设定是通过 GX Works3 软件进行参数设定的。FX5U 系列 PLC 内置有 RS485 端口，为通道 1，其参数设置方法如下：

在导航窗口中，选择“参数”→“FX5U CPU”→“模块参数”→“485 串行”，协议格式选择为“变频器通信”，会显示如图 6-16 所示画面。

详细设置中的参数要和变频器通信设置参数中的相关参数相对应，否则通信不成功。数据长度和停止位和 Pr.119 相对应，奇偶校验和 Pr.120 相对应，比特率和 Pr.118 相对应。固有设置和 SM/SD 设置可以采用默认，可以不进行修改。

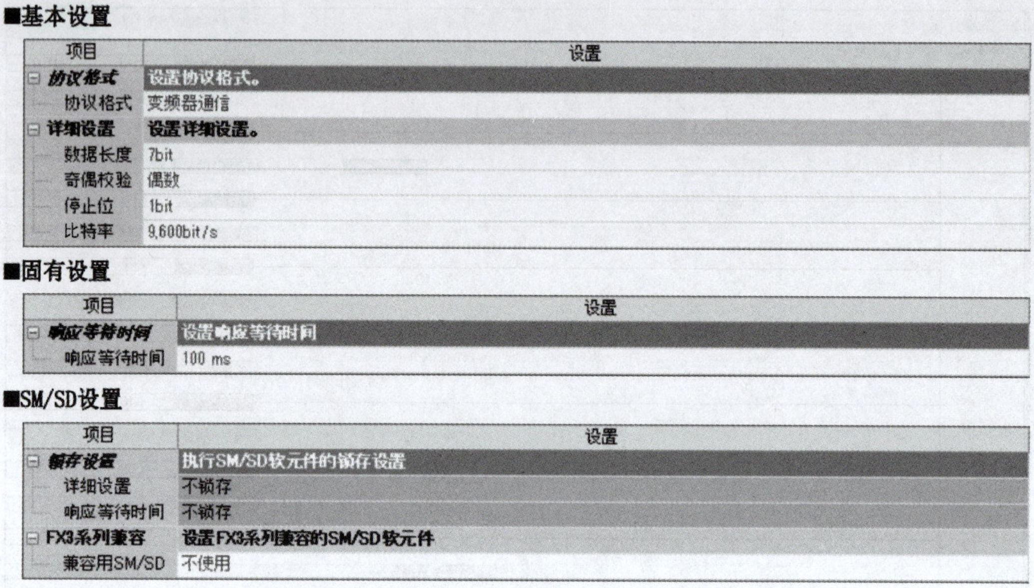

■基本设置
项目
设置
协议格式
设置协议格式。
协议格式
变频器通信
详细设置
设置详细设置。
数据长度
7bit
奇偶校验
偶数
停止位
1bit
比特率
9,600bit/s
■固有设置
项目
设置
响应等待时间
设置响应等待时间
响应等待时间
100 ms
■SM/SD设置
项目
设置
锁存设置
执行SM/SD软元件的锁存设置
详细设置
不锁存
响应等待时间
不锁存
FX3系列兼容
设置FX3系列兼容的SM/SD软元件
兼容用SM/SD
不使用

图 6-16　基本设置、固有设置和 SM/SD 设置

任务实施

操作步骤：

进行 PLC 和变频器通信项目实施时，首先要对所需要的硬件进行配置，然后进行网络架构、I/O 分配、PLC 接线、变频器接线，再进行变频器参数设置，PLC 程序编制与下载，最后调试运行，调试无误后，形成文档资料。

1. 硬件配置（见表 6-6）

表 6-6　硬件配置

序号	软元件名称	产品名称	型号	数量
1	MELSEC iQ-FX5U	CPU 主机	FX5U-32MR/ES	1
2	FR-E840	变频器	FR-E840-0026-4-60	1
3	按钮	按钮	自定	3
4	RJ45 连接线	一端为 RJ45 接头，一端为散线	自制	1
5	电动机	三相异步电动机	YS5024，380V，△联结，或自定	1

2. 完成变频器与 PLC 的接线图

这里采用两线制方法自制 RJ45 连接线。方法如下：两头有水晶头的网线从中剪开，有水晶头的一端不动，通信时接入变频器的 PU 端口。将另一头拨开，露出 8 根线，将参照水晶头那端的线色，将两头的四根线剪掉，即橙色、橙白色、棕色、棕白色四根线剪掉。绿白色和蓝白色接在一起接入 PLC 的 SDA 端，绿色和蓝色接在一起接入 PLC 的 SDB 端。先将 FX5U PLC 内置的 RS485 端子中的 SDB 和 RDB 短接，SDA 和 RDA 短接。将 PLC 的输入端 X0 ～ X3 接入 3 个按钮，如图 6-17 所示。

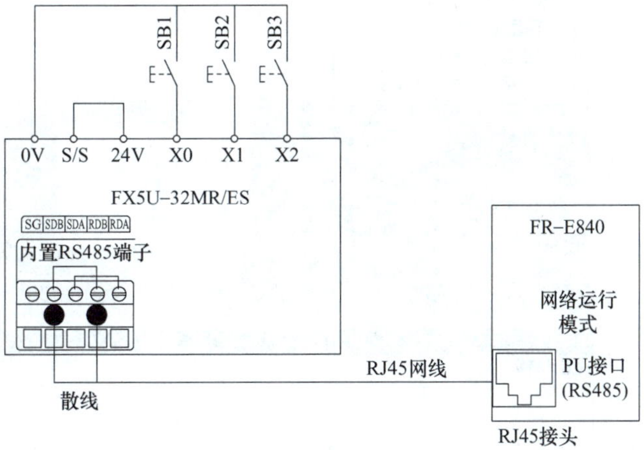

图 6-17　FX5U PLC 与变频器通信接线

3. 变频器通信参数设置

在进行变频器参数设置时，可以用变频器参数成批写入指令（IVBWR）进行设置，方便快捷，也可以面板手动设置。需要设置的参数见表 6-7。各参数设定完成后务必进行变频器复位。变更与通信相关的参数后，如果不复位将无法进行通信。

表 6-7　变频器 RS485 通信需要设置的参数

参数编号	名称	设定值	功能含义
Pr.549	协议选择	0	三菱变频器（计算机链接）协议
Pr.117	PU 通信站号	1	设定变频器的站号为 1
Pr.118	PU 通信速度	192	设定通信速度为 19200bit/s
Pr.119	PU 通信停止位长 / 数据长	10	数据长度为 7bit，停止位长度为 1bit
Pr.120	PU 通信奇偶校验	2	偶校验
Pr.121	PU 通信再试次数	9999	即使发生通信错误，变频器也不停止运行
Pr.122	PU 通信校检时间间隔	9999	不进行通信校验（断线检测）

4. FX5U PLC 端程序设计

（1）PLC 参数设置　在编程软件 GX Works3 中，进行如图 6-18 所示的参数设置。

具体设置为：导航窗口→“参数”→“FX5U CPU”→“模块参数”，双击“485 串口”，设置协议格式，将“协议格式”设定为“变频器通信”，将详细设置的“比特率”设定为“19200bit/s”，其余采用默认。设置完成后，单击右下角的应用，否则无法启用。

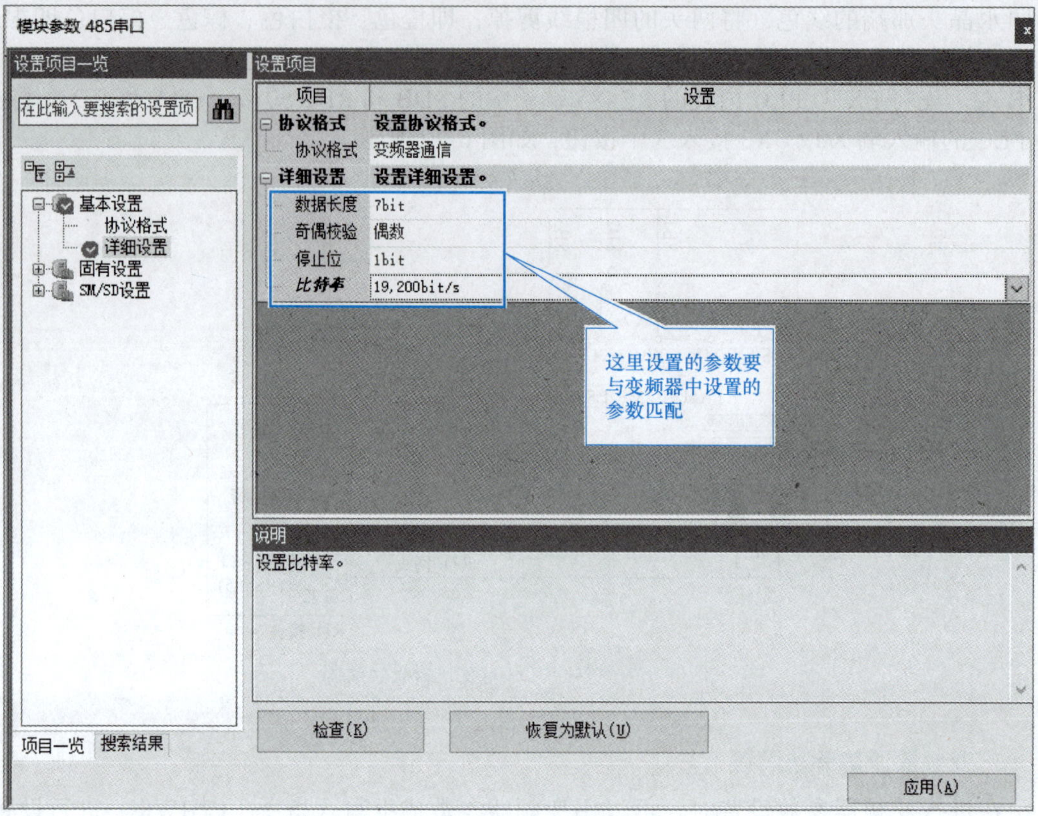

图 6-18　485 串口参数设置

（2）PLC 梯形图编制　在程序本体中编制如图 6-19 所示梯形图，为了简化程序，变频器通信参数的设置不使用变频器参数成批写入指令（IVBWR）进行设置，建议面板进行设置。本程序不含变频器参数设置程序，只向变频器发送了起动信号和频率信号。向 FX5U PLC 写入程序后，需要断电重启一次 PLC。

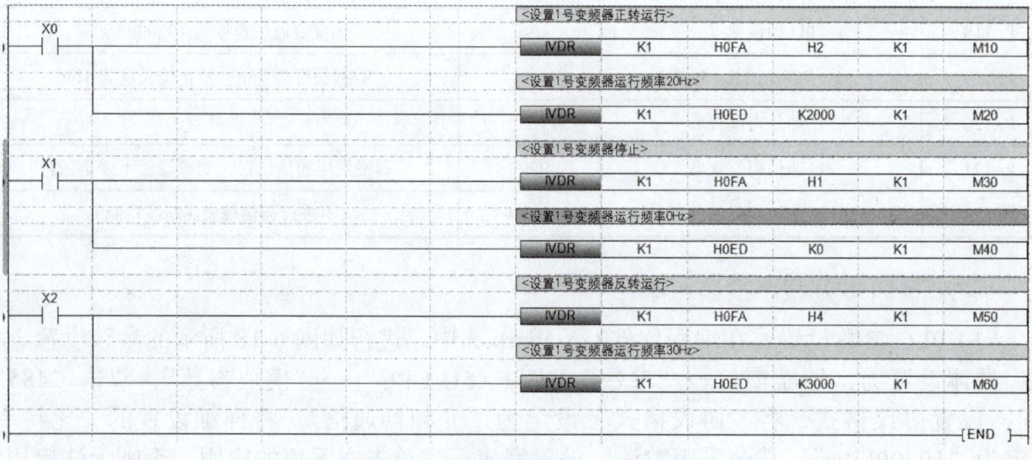

图 6-19　FX5U PLC 与变频器 RS485 通信参数程序

5. 系统调试

按照图 6-17 接线，经确认无误后，闭合变频器和 PLC 的电源开关 QF1、QF2。将编好的程序写入到 PLC 中，按照表 6-8 步骤进行调试。

表 6-8　调试步骤

序号	操作过程	观察项目	现场状况
1	闭合变频器和 PLC 的电源开关 QF1、QF2	① PLC 面板上的指示灯 ② 变频器操作面板上的指示灯，显示器显示的字符 ③ 电动机的转速和选择方向	① PLC 的 PWR、P.RUN 指示灯亮 ② 变频器通电，MON、EXT、HZ 亮，显示器上显示字符“0.00” ③ 电动机没有旋转
2	按照表 6-6 设置变频器通信参数	① PLC 面板上的指示灯 ② 变频器操作面板上的指示灯，显示器显示的字符 ③ 电动机的转速和选择方向	① PLC 的 PWR、P.RUN 指示灯亮，RS485 通信指示灯 RD 和 SD 闪烁 ② 变频器通电，MON、NET、HZ 亮，显示器上显示字符“0.00” ③ 电动机没有旋转
3	按正转按钮 SB1	① PLC 面板上的指示灯 ② 变频器操作面板上的指示灯，显示器显示的字符 ③ 电动机的转速和选择方向	① PLC 的 Y 点没亮 ② 变频器显示器上显示字符“20.00”，MON、NET、HZ 亮 ③ 电动机正向旋转
4	按停止按钮 SB2	① PLC 面板上的指示灯 ② 变频器操作面板上的指示灯，显示器显示的字符 ③ 电动机的转速和选择方向	① PLC 的 PWR、P.RUN 指示灯亮 ② 变频器显示器上显示字符“0.00”，MON、NET、HZ 亮 ③ 电动机没有旋转
5	按反转按钮 SB3	① PLC 面板上的指示灯 ② 变频器操作面板上的指示灯，显示器显示的字符 ③ 电动机的转速和选择方向	① PLC 的 Y 点没亮 ② 变频器显示器上显示字符“30.00”，MON、NET、HZ 亮 ③ 电动机反向旋转

成果展示

结合学校相关设备，用 RS485 通信方式，用 PLC 控制变频器起 / 停。请写出你的个性化设计图和 PLC 程序。

你的设计图：	你的 PLC 程序：

任务评价与反思

任务评价：

请结合自身对本次任务的掌握程度、课堂参与度等方面进行自我评价，小组组长根据组员的活动参与情况给出小组评价。

评价内容	评价指标		权重		等级				
					A	B	C	D	E
					1.0	0.8	0.6	0.2	0
学生学习表现	参与程度	1. 参与的深度	3	60					
		2. 参与的广度	3						
		3. 参与的时机与效率	4						
	科学知识	1. 基础知识落实	10						
		2. 多边的信息传递	5						
	科学探究	1. 和谐的人际关系	5						
		2. 提出问题、发表意见	5						
		3. 思维的求异性、独创性、批判性	5						
		4. 动手实践、自主探索、合作交流的能力	10						
	情感态度	1. 学习活动的兴趣与求知欲	3						
		2. 一定的自我调控能力	2						
		3. 体验成功，建立自信心	3						
		4. 良好的学习习惯	2						
自我评价结果									
小组评价结果									

任务反思：

在本次任务中，RS485 通信线的制作能否独立完成？变频器通信参数设置能否通过 PLC 程序写入变频器中？在调试过程中遇到了什么问题？

职业素养与创新思维

1. 职业素养培养要求

本次实训的硬件接线首次涉及通信线的制作与连接。由于 FX5U PLC 一侧，内置 RS485 端口，FX5-485-BD、FX5-485ADP 通信板与三菱 E840 变频器 PU 口之间的信号线采用调换位置专用线，因此，RS485 通信网线需要自制。为了防止接线错误，可将网线端头多余的线芯剪断。接线时应注意区分线芯的颜色，不同颜色含义不同，要养成严谨细致的工作习惯。为了防止通信接口损坏，通信线不能带电插拔，养成规范安全的操作习惯。

2. 专业素养培养问题

问题 1：在通信控制程序成功下载后，发现通信指示灯 SD 和 RD 虽然闪烁，但变频器上的 NET 指示灯始终不亮。

解：出现这种现象的原因可能是通信系统的参数设置错误，应分别检查 PLC 和变频器的通信参数设置是否正确、是否有遗漏。

问题 2：当 PLC 以通信方式控制多台变频器运行时，发现只有第一台变频器的 NET 指示灯亮，其余各台变频器的 NET 指示灯均不亮。

解：出现这种现象的原因可能是变频器通信参数设置错误，还可能是各台变频器之间的通信硬件接线有错误。

问题 3：当 PLC 以通信方式控制两台变频器运行时，发现即使在通信正常的情况下，变频器的运行状态也不受 PLC 的控制。

解：出现这种现象的原因可能是变频器的站号设置错误，应检查变频器的实际站号与通信程序中的编号是否一致。

任务 6.2　FX5U PLC 与 E840 变频器的 Modbus-RTU 通信控制变频器运行

FX5U PLC 与三菱变频器，通过 RS485 接进 Modbus-RTU 通信，控制变频器起动信号和运行频率，监控变频器运行状态等。本任务介绍 FX5U PLC 与 E840 变频器通过 RS485 连接，以 Modbus-RTU 通信方式控制变频器运行。

任务要求

PLC 以 Modbus-RTU 通信方式控制变频器单向连续运行。按下起动按钮 SB1，变频器单向（正转）运行、运行频率在 0 ～ 50Hz 连续可调，运行速度采用 0 ～ 10V 电压信号手动调节；按下停止按钮 SB2，变频器停止运行。

知识准备

Modbus-RTU 通信的通信系统构成和通信系统接线与 RS485 通信的相同，这里不再讲述。

1. 变频器通信设定

可以通过变频器的 PU 接口使用 Modbus-RTU 通信协议进行通信运行以及参数设定，需要设置的参数见表 6-9。

表 6-9　E800 系列变频器 PU 接口 Modbus-RTU 通信时必须设定的参数

<table>
<tr><th>设定内容</th><th>参数编号</th><th>名称</th><th>初始值</th><th>设定范围</th><th colspan="2">内容</th></tr>
<tr><td rowspan="23">通信设定</td><td rowspan="2">Pr.117</td><td rowspan="2">PU 通信站号</td><td rowspan="2">0</td><td>0</td><td colspan="2">主设备无应答</td></tr>
<tr><td>1 ～ 247</td><td colspan="2">变频器站号指定
1 台控制器连接多台变频器时要设定变频器的站号</td></tr>
<tr><td>Pr.118</td><td>PU 通信速率</td><td>96</td><td>48、96、192、384</td><td colspan="2">通信速率
设定值 ×100 为通信速率
例：设定为 96 时，通信速率为 9600bit/s</td></tr>
<tr><td rowspan="5">Pr.119</td><td rowspan="5">PU 通信停止位长</td><td rowspan="5">1</td><td rowspan="2">0</td><td>停止位长</td><td>数据位长</td></tr>
<tr><td>1bit</td><td rowspan="2">8bit</td></tr>
<tr><td>1</td><td>2bit</td></tr>
<tr><td>10</td><td>1bit</td><td rowspan="2">7bit</td></tr>
<tr><td>11</td><td>2bit</td></tr>
<tr><td rowspan="3">Pr.120</td><td rowspan="3">PU 通信奇偶校验</td><td rowspan="3">2</td><td>0</td><td colspan="2">无奇偶校验</td></tr>
<tr><td>1</td><td colspan="2">奇校验</td></tr>
<tr><td>2</td><td colspan="2">偶校验</td></tr>
<tr><td rowspan="2">Pr.121</td><td rowspan="2">PU 通信再试次数</td><td rowspan="2">1</td><td>0 ～ 10</td><td colspan="2">发生数据接收错误时的再试次数容许值。连续发生错误次数超过容许值时，变频器将跳闸（根据 Pr.502 的设定）
仅在三菱变频器（计算机链接）协议下有效</td></tr>
<tr><td>9999</td><td colspan="2">即使发生通信错误变频器也不会跳闸</td></tr>
<tr><td rowspan="3">Pr.122</td><td rowspan="3">PU 通信校验时间间隔</td><td rowspan="3">0</td><td>0</td><td colspan="2">可进行 RS485 通信。但有指令权的运行模式起动的瞬间将发生通信错误（E.PUE）</td></tr>
<tr><td>0.1 ～ 999.8s</td><td colspan="2">通信校验（断线检测）时间的间隔
无通信状态超过容许时间时，变频器将跳闸。（根据 Pr.502 的设定）</td></tr>
<tr><td>9999</td><td colspan="2">不进行通信校验（断线检测）</td></tr>
<tr><td rowspan="2">Pr.338</td><td rowspan="2">通信运行指令权</td><td rowspan="2">0</td><td>0</td><td colspan="2">起动指令权通信</td></tr>
<tr><td>1</td><td colspan="2">起动指令权外部</td></tr>
<tr><td rowspan="2">Pr.549</td><td rowspan="2">协议选择</td><td rowspan="2">0</td><td>0</td><td colspan="2">三菱变频器（计算机链接）协议</td></tr>
<tr><td>1</td><td colspan="2">Modbus-RTU 协议</td></tr>
<tr><td rowspan="4">运行模式设定</td><td>Pr.79</td><td>运行模式选择</td><td>0</td><td>0</td><td colspan="2">上电时外部运行模式，外部 /PU 切换模式</td></tr>
<tr><td rowspan="3">Pr.340</td><td rowspan="3">通信起动模式选择</td><td rowspan="3">0</td><td>0</td><td colspan="2">取决于 Pr.79 的设定</td></tr>
<tr><td>1</td><td colspan="2">网络运行模式</td></tr>
<tr><td>10</td><td colspan="2">网络运行模式
可通过操作面板切换 PU 运行模式与网络运行模式</td></tr>
</table>

2. 三菱 FX5U 系列 PLC 与变频器 Modbus-RTU 通信专用指令介绍

FX5U 采用 ADPRM 命令与变频器从站进行 Modbus 通信（读取 / 写入数据），下面是与 Modbus 主站所对应的从站进行通信的指令，指令格式如图 6-20 所示。

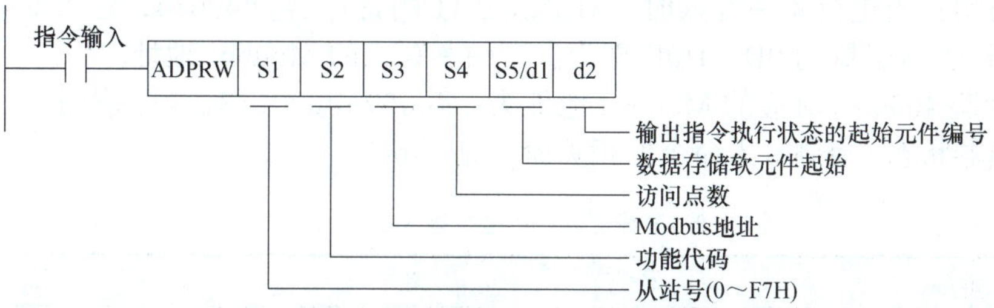

图 6-20　主站与从站进行 Modbus 通信的指令格式

下面对指令格式中的功能码、Modbus 地址进行说明。

FX5U PLC 所对应的 Modbus 功能码使用说明见表 6-10。

表 6-10　FX5U PLC 所对应的 Modbus 功能码使用说明

功能码	功能名	详细概要
H01	线圈读取	线圈读取（可以多点）
H02	输入读取	输入读取（可以多点）
H03	保持寄存器读取	可从 Modbus 寄存器中读取变频器的各种数据
H04	输入寄存器读取	输入寄存器读取（可以多点）
H05	1 线圈写入	1 点线圈写入（仅 1 点）
H06	1 寄存器写入	可通过向 Modbus 寄存器写入数据，从而向变频器发出指令或设定参数
H0F	多线圈写入	多点的线圈写入
H10	多寄存器写入	可向连续多个 Modbus 寄存器写入数据，向变频器发出指令或设定参数
H16	保持寄存器掩码写入	保持寄存器的 AND/OR 掩码写入（仅 1 点）
H17	批量寄存器读出 / 写入	保持寄存器的多点读出和多点写入

表 6-8 中 Modbus 寄存器的定义说明见表 6-11。

表 6-11　Modbus 寄存器的定义说明

寄存器	定义	读取 / 写入	备注
40002	变频器复位	写入	写入值可以任意设定
40003	参数清除	写入	写入值请设定为 H965A
40004	参数全部清除	写入	写入值请设定为 H99AA
40006	参数清除（无法清除通信参数的设定值）	写入	写入值请设定为 H5A96
40007	参数全部清除（无法清除通信参数的设定值）	写入	写入值请设定为 HAA99
40009	变频器状态 / 控制输入命令	读取 / 写入	
40010	运行模式 / 变频器设定	读取 / 写入	
40014	运行频率（RAM 值）	读取 / 写入	根据 Pr.37 的设定，可切换频率和转速单位是 r/min
40015	运行频率（EEPROM 值）	写入	

Modbus 寄存器地址的计算方法：设定向保持寄存器写入数据的地址。

寄存器地址 = 保持寄存器地址（十进制数）−40001

例如，设定寄存器地址 0001 后，向保持寄存器地址 40002 写入数据。

举例说明：当进行频率写入时，对应表 6-11 的寄存器为 40014，还需要减去 40001，为 13，换算为 16 进制为 0D。H0D 即为进行频率写入的 Modbus 地址。

向寄存器 40009（对应的 Modbus 地址为：40009−40001=8，换算为十六进制为 H8）中写入变频器状态 / 控制输入命令的相关命令见表 6-12。

表 6-12　变频器状态 / 控制输入命令的相关命令

Bit	定义	
	控制输入命令	变频器状态
0	停止指令	RUN（变频器运行中）
1	正转指令	正转中
2	反转指令	反转中
3	RH（高速指令）	SU（频率到达）
4	RM（中速指令）	OL（过载报警）
5	RL（低速指令）	0
6	JOG 运行指令 2	FU（频率检测）
7	RT（第 2 功能选择）	ABC（异常）
8	AU（电流输入选择）	0
9	—	安全监视输出 2
10	MRS（输出停止）	0
11	—	0
12	RES（复位）	0
13	—	0
14	—	0
15	—	发生重故障

介绍完 FX5U PLC 所对应的 Modbus 功能码和地址后，这里介绍 FX5U PLC 使用 ADPRM 命令向变频器从站进行写入数据的编程举例。

（1）向变频器中写入运行频率　使用 ADPRM 命令向变频器中写入运行频率的程序如图 6-21 所示，程序解释如下。

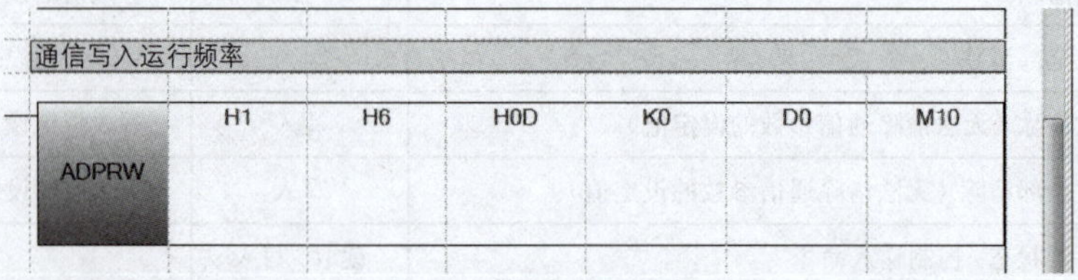

图 6-21　使用 ADPRM 命令向变频器中写入运行频率的程序

H1：从站地址，对应变频器站号（这里设置为 1 号站），进行广播时从站站号设为 0。

H6：功能码，保持寄存器写入。

H0D：Modbus 地址，这里为频率写入，对应表 6-11 中的 40014−40001=13，为十进制数，换算为十六进制为 H0D。

K0：访问点数，为固定的 0（见表 6-13）。

表 6-13　访问点数

（S2）：功能码	（S3）：Modbus 地址	（S4）：访问点数	（S5）/（d1）：数据存储软元件起始
06H：保持寄存器写入	Modbus 地址： 0000H ～ FFFFH	0（固定）	写入数据存储软元件起始，占用 1 点

D0：数据存储软元件起始地址，这里写入的是频率值（0.01Hz），要想设为转速，修改变频器参数 Pr.37 的设定，可切换频率和转速，转速单位为 r/min。

M10：输出通信执行状态的起始位软元件编号。占用 3 点，依照 ADPRW 命令的通信执行中 / 正常结束 / 异常结束的各状态进行输出。请注意不要与用于其他控制的软元件重复。

（2）向变频器中写入起动信号　使用 ADPRM 命令向变频器中写入起动信号的程序如图 6-22 所示，程序解释如下。

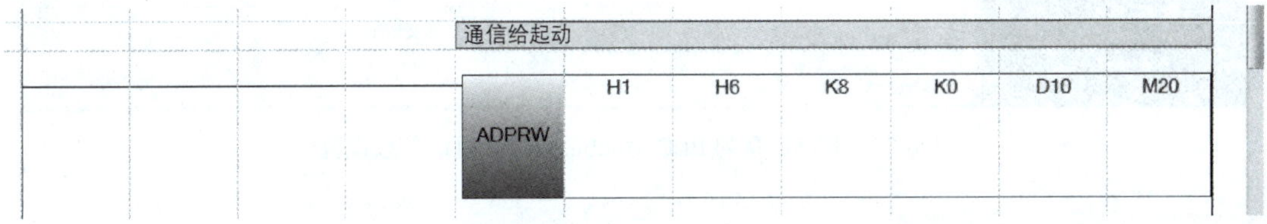

图 6-22　使用 ADPRM 命令向变频器中写入起动信号的程序

H1：从站地址，对应变频器站号（这里设置为 1 号站）。

H6：功能码，保持寄存器写入。

K8 或 H8：Modbus 地址，这里为变频器状态 / 控制输入命令，即向变频器写入正转指令，对应上表 6-11 中的 40009−40001=8，为十进制数 K8，换算为十六进制为 H8。

K0：访问点数，为固定的 0。

D10：读取数据存储软元件起始地址。如给正转信号，对应的位（bit）置 1，其二进制数为：0000 0000 0000 0010，对应 D10 给的值即为 K2，写入频率后，D10 赋值 K2，执行该程序，即可起动变频器。

M20：输出通信执行状态的起始位软元件编号。占用 3 点，依照 ADPRW 命令的通信执行中 / 正常结束 / 异常结束的各状态进行输出。请注意不要与用于其他控制的软元件重复。

3. FX5U 系列 PLC Modbus−RTU 通信设置方法

使用 Modbus−RTU 通信时，需要在 GX Works3 软件中对 485 串口进行参数设置，具体设置方法如下：导航窗口→参数→ FX5U CPU →模块参数→ 485 串口，设置如图 6-23 所示。在详细设置中的参数要和变频器通信设置参数中的相关参数相对应，否则通信不成功。奇偶校验和 Pr.120 相对应，停止位和 Pr.119 相对应，比特率和 Pr.118 相对应。设置完成单击右下角的“应用”按钮。

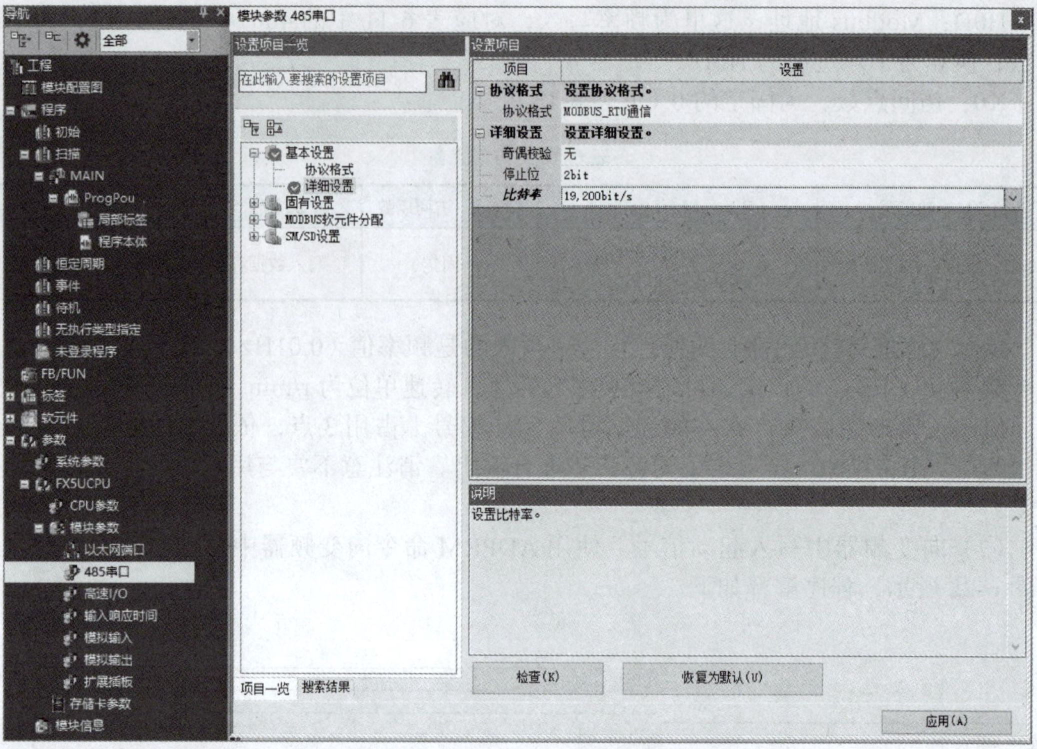

图 6-23　FX5U 系列 PLC Modbus-RTU 通信参数设置

任务实施

操作步骤：

进行 PLC 和变频器通信项目实施时，首先要对所需要的硬件进行配置，然后进行网络架构、I/O 分配、PLC 接线、变频器接线，再进行变频器参数设置、PLC 程序编制与下载，最后调试运行，调试无误后，形成文档资料。

1. 硬件配置（见表 6-14）

表 6-14　硬件配置

序号	软元件名称	产品名称	型号	数量
1	MELSEC iQ-FX5U	CPU 主机	FX5U-32MR/ES	1
2	FR-E840	变频器	FR-E840-0026-4-60	1
3	按钮	按钮	自定	2
4	RJ45 连接线	一端为 RJ45 接头，一端为散线	自制	1
5	电压源	0 ～ 10V 可调	自定	1
6	电动机	三相异步电动机	YS5024，380V，△联结，或自定	1

2. 完成变频器与 PLC 的接线图

这里采用两线制法自制 RJ45 连接线。方法如下：两头有水晶头的网线从中剪开，有水晶头的一端不动，通信时接入变频器的 PU 端口。将另一头拨开，露出 8 根线，将参照水晶头那端的线色，将两头的四根线剪掉，即橙色、橙白色、棕色、棕白色 4 根线剪掉。绿白色和蓝白色接在一起接入 PLC 的 SDA 端，绿色和蓝色接在一起接入 PLC 的 SDB 端。先将 FX5U PLC 内置的 RS485 端子中的 SDB 和 RDB 短接，SDA 和 RDA 短接。将 PLC 的输入端 X0 ～ X1 接入 2 个按钮，0 ～ 10V 电压信号接入 PLC 内置的模拟量输入接口 V1+ 和 V− 端，如图 6-24 所示。

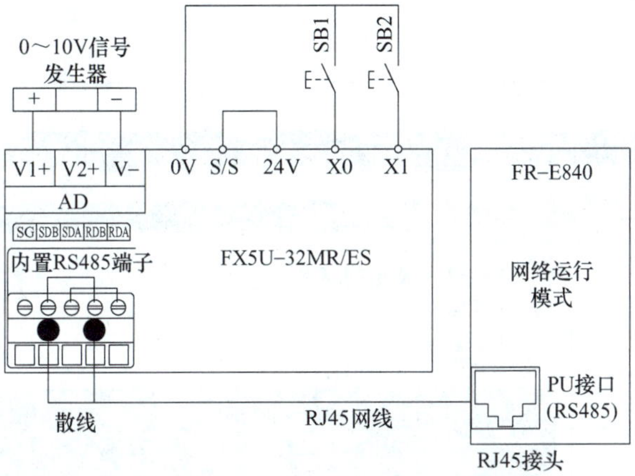

图 6-24　FX5U PLC 与变频器通信接线

3. 变频器通信参数设置

在进行变频器参数设置时，需要设置的参数见表 6-15。各参数设定完成后务必进行变频器断电重启。变更与通信相关的参数后，如果不复位将无法进行通信。其中 Pr.117 ～ Pr.120 必须对应 PLC 设置，否则通信不成功。

表 6-15　变频器 MODBUS-RTU 通信需要设置的参数

参数编号	名称	设定值	内容
Pr.117	PU 通信站号	1	变频器站号，与 PLC 参数设置对应
Pr.118	PU 通信速率	192	比特率为 19200bit/s，与 PLC 参数设置对应
Pr.119	PU 通信停止位长	1	停止位长 2bit，数据位长 8bit。与 PLC 参数设置对应
Pr.120	PU 通信奇偶校验	0	无奇偶校验，与 PLC 参数设置对应
Pr.121	PU 通信再试次数	9999	即使发生通信错误变频器也不会跳闸
Pr.122	PU 通信校验时间间隔	9999	不进行通信校验（断线检测）
Pr.338	通信运行指令权	0	起动指令权通信
Pr.340	通信起动模式选择	10	网络运行模式 可通过操作面板 <PU/EXT> 按键切换 PU 运行模式与网络运行模式
Pr.549	协议选择	1	Modbus-RTU 协议
Pr.79	运行模式选择	0	上电时外部运行模式

4. FX5U PLC 程序设计

（1）PLC 参数设置　在编程软件 GX Works3 中，进行如图 6-25 所示的参数设置。

具体设置为：导航窗口→“参数”→“FX5U CPU”→“模块参数”，双击“485 串口”，弹出“模块参数 485 串口”窗口，设置协议格式，将“协议格式”设定为“Modbus-RTU 通信”，将“详细设置”的“奇偶校验”设定为“无”，“停止位”设定为“2bit”，“比特率”设定为“19200bit/s”，其余采用默认。设置完成后，单击右下角的“应用”按钮，否则无法启用。

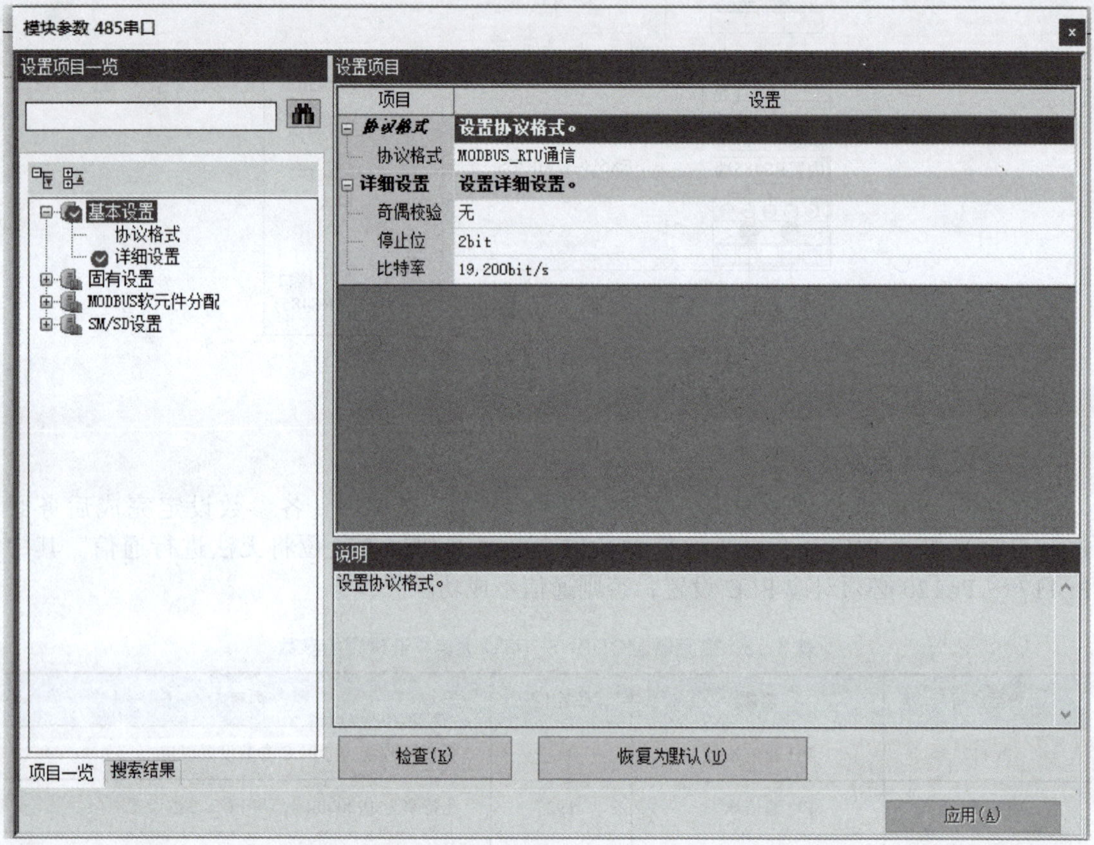

图 6-25　485 串口 Modbus-RTU 通信参数设置

（2）PLC 梯形图编制　在程序本体中编制如图 6-26 所示梯形图，本程序通过 ADPRM 指令向变频器发送了起动信号和频率信号。通过给 D20 赋值 K2，向变频器发送正转起动信号。0 ～ 10V 电压信号通过 FX5U PLC 内置的 A/D 转换模块通道 CH1 赋值给软元件寄存器 SD6020，根据数字量 0 ～ 4000，对应电压 0 ～ 10V，频率 0 ～ 50Hz，可以得到数字量 2000，对应电压 5V，频率 25Hz。但是通过 ADPRM 指令写入到 D10 的频率值单位为 0.01Hz，也就是说需要乘以 5/4，得到需要的频率，D10 中的 2500 对应的变频器频率为 25Hz。向 FX5U PLC 写入程序后，需要断电重启一次 PLC。

5. 系统调试

按照图 6-26 接线，经确认无误后，闭合变频器和 PLC 的电源开关 QF1、QF2。将编好的程序写入到 PLC 中，按照表 6-16 中步骤进行调试。

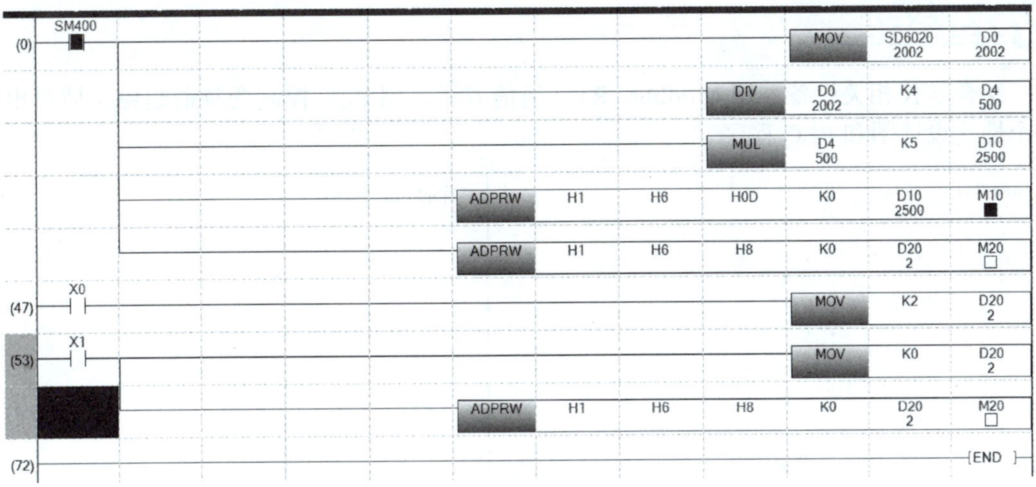

图 6-26　FX5U PLC 与变频器 Modbus-RTU 通信参数程序

表 6-16　调试步骤

序号	操作过程	观察项目	现场状况
1	闭合变频器和 PLC 的电源开关 QF1、QF2	① PLC 面板上的指示灯 ② 变频器操作面板上的指示灯，显示器显示的字符 ③ 电动机的转速和选择方向	① PLC 的 PWR、P.RUN 指示灯亮 ② 变频器通电，MON、EXT、HZ 亮，显示器上显示字符“0.00” ③ 电动机没有旋转
2	按照表 6-15 设置变频器通信参数	① PLC 面板上的指示灯 ② 变频器操作面板上的指示灯，显示器显示的字符 ③ 电动机的转速和选择方向	① PLC 的 PWR、P.RUN 指示灯亮，RS485 通信指示灯 RD 和 SD 闪烁 ② 变频器通电，MON、NET、HZ 亮，显示器上显示字符“0.00” ③ 电动机没有旋转
3	按起动按钮 SB1	① PLC 面板上的指示灯 ② 变频器操作面板上的指示灯，显示器显示的字符 ③ 电动机的转速和选择方向	① PLC 的 Y 点没亮 ② 旋转电压源调节旋钮，变频器显示器上显示表 6-12 字符，MON、NET、HZ 亮 ③ 电动机正向旋转
4	按停止按钮 SB2	① PLC 面板上的指示灯 ② 变频器操作面板上的指示灯，显示器显示的字符 ③ 电动机的转速和选择方向	① PLC 的 PWR、P.RUN 指示灯亮 ② 变频器显示器上显示字符“0.00”，MON、NET、HZ 亮 ③ 电动机没有旋转

输入电压与变频输出频率关系见表 6-17。

表 6-17　输入电压与变频输出频率关系

电压源输入电压 /V	1	3	5	6	8	10
变频器显示频率 /Hz	5	15	25	30	40	50
SD6020 中的数字量	400	1200	2000	2400	3200	4000

成果展示

结合学校相关设备，用 Modbus-RTU 通信方式，用 PLC 控制变频器起停。请写出你的个性化设计图和 PLC 程序。

你的设计图：	你的 PLC 程序：

任务评价与反思

任务评价：

请结合自身对本次任务的掌握程度、课堂参与度等方面进行自我评价，小组组长根据组员的活动参与情况给出小组评价。

评价内容	评价指标		权重		等级				
					A	B	C	D	E
					1.0	0.8	0.6	0.2	0
学生学习表现	参与程度	1. 参与的深度	3	60					
		2. 参与的广度	3						
		3. 参与的时机与效率	4						
	科学知识	1. 基础知识落实	10						
		2. 多边的信息传递	5						
	科学探究	1. 和谐的人际关系	5						
		2. 提出问题、发表意见	5						
		3. 思维的求异性、独创性、批判性	5						
		4. 动手实践、自主探索、合作交流的能力	10						
	情感态度	1. 学习活动的兴趣与求知欲	3						
		2. 一定的自我调控能力	2						
		3. 体验成功，建立自信心	3						
		4. 良好的学习习惯	2						
自我评价结果									
小组评价结果									

任务反思：

在本次任务中，RS485 通信线的制作能否独立完成？变频器 Modbus-RTU 通信参数设置能否通过 PLC 程序写入到变频器中？在调试过程中遇到了什么问题？

____

____

____

____

____

____

____

职业素养与创新思维

使用 PU 接口和 RS485 端子排可与计算机进行通信。PU 接口用通信电缆连接个人计算机，用户可以用客户端程序对变频器进行操作、监视及读出参数、写入参数。三菱变频器协议（计算机链接运行）和 Modbus-RTU 协议的情况下，都可以通过 PU 接口和 RS485 端子进行通信。

三菱 A700 系列变频器除了有一个 PU 接口外，还单独配备了一个 RS485 通信口（端子排式），专用于进行 RS485 通信，如图 6-27 所示。该端子排的每个功能端子都有 2 个，一个接上一台 RS485 通信设备，另一个端子接下一台 RS485 通信设备，如图 6-28 所示。若无下一台设备，应将终端电阻开关拨至“100Ω”侧。

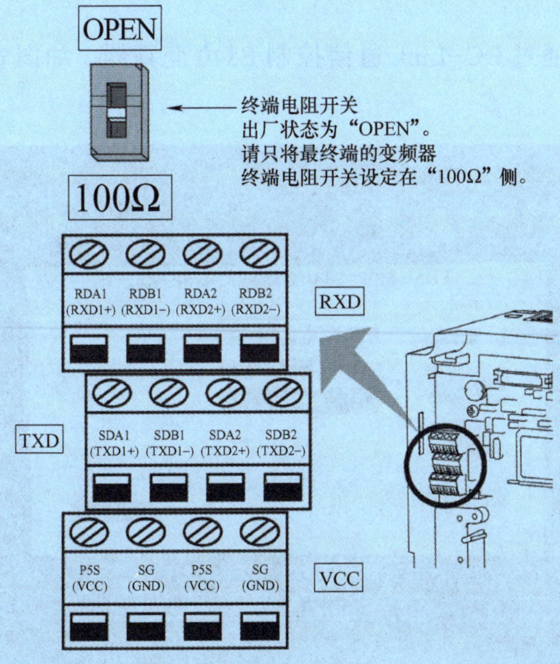

图 6-27 三菱 A700 系列变频器 RS485 通信端子排

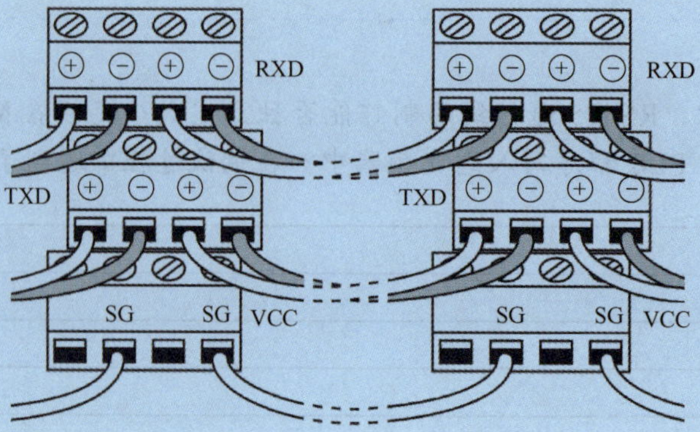

图 6-28　多台变频器 RS485 通信接线方式

任务 6.3　FX5U PLC 与 E840 变频器的 CC-Link 通信控制变频器运行

CC-Link 是一种简单的开放式高速现场总线，能够同时处理控制和信息数据。它通过简单的总线，将工业设备（如限位开关、光电传感器、电磁阀门、条形码读取器、变频器、触摸屏、用户操作接口等）连接成为设备层的网络；同时这个网络还可以方便地连接到其他网络（如 Ethernet、MELSECNET/H 等）。本任务介绍三菱 FX5U PLC 与 E840 变频器通过 CC-Link 通信控制变频器运行（起动信号和频率信号）。

任务要求

采用 FX5U PLC 通过 CC-Link 通信控制 E840 变频器，如图 6-29 所示，具体要求如下：

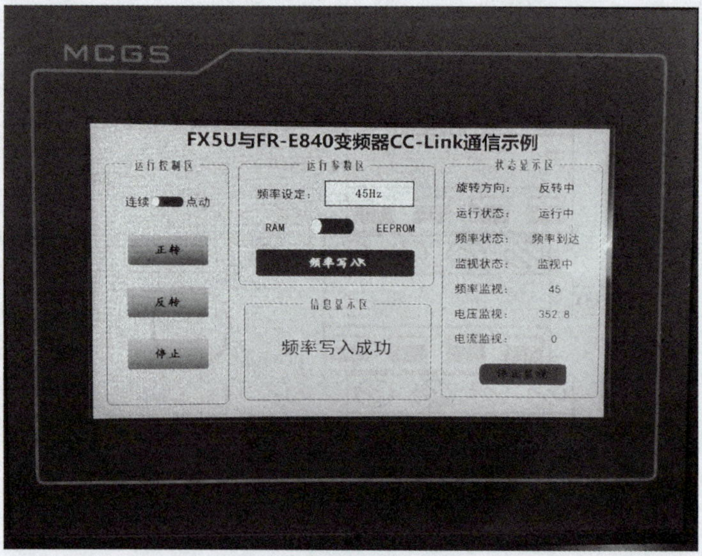

图 6-29　触摸屏显示界面

1）通过触摸屏上的正转、反转和停止按钮控制变频器起 / 停。

2）通过触摸屏选择变频器连续运行、点动运行。

3）通过触摸屏设定变频器运行频率，并能实时显示变频器运行状态，运行频率、电压和电流。

4）能显示故障信息：如变频器未就绪、变频器过载、PLC 未连接、频率写入成功等信息。

5）用变频器参数设置软件进行变频器参数设置。

知识准备

1. CC-Link 组成

CC-Link 是 Control & Communication Link（控制与通信链路）的缩写，是通过使用 CC-link 专用电缆将分散的 I/O 模块、特殊功能模块等连接起来，并通过 PLC 的 CPU 来控制这些相应模块的高效、高速的分布式的现场总线系统。CC-Link 现场总线由 CC-Link、CC-Link/LT、CC-Link Safety、CC-Link IE Control、CC-Link IE Field、SLMP 组成，是基于 RS485 的现场网络，能提供高速、稳定的输入 / 输出响应，并具有优越的灵活扩展潜能。

（1）CC-Link　CC-Link 通信系统是用专用电缆连接 I/O 模块、智能功能模块和特殊功能模块等分散配置的模块系统，并通过可编程序控制器 CPU 对这些模块进行控制，如图 6-30 所示。它通过将各个模块分别安装到传送带及机械装置等的设备上，可以使整个系统的配线方案简化，降低维护成本，可以非常容易地高速发送和接收各个模块的输入 / 输出等的 ON/OFF 信息和数字数据。它通过连接多个可编程序控制器 CPU，可以方便地配置一个分布式系统，利用总线将各站连接，各站对总线具有共享权和访问权。简单的总线解决了工业现场复杂的配线问题，大幅度地降低了工程成本和时间，提高了可靠性和稳定性。

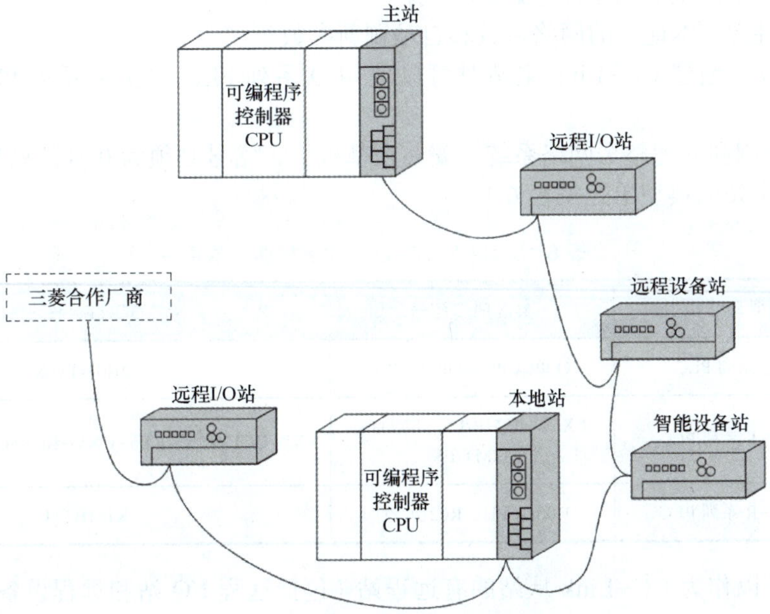

图 6-30　CC-Link 通信可以连接的模块

（2）CC-Link/LT　是基于 RS485 高性能、高可靠性、省配线的开放式网络。其通信电缆为 4 芯扁平电缆（2 芯为信号线，2 芯为电源），通信速度最快为 2.5Mbit/s，最多为 64 站，最大点数为 1024 点，最小扫描时间为 1ms，其通信协议芯片不同于 CC-Link。它解决了安装现场复杂的电缆配线问题和减少了易错的电缆连接，继承了 CC-Link 诸如开放性、高速和抗噪声等优异特点，通过简单设置和方便的安装步骤来降低工时，适用于小型 I/O 应用场合的低成本型网络。

（3）CC-Link Safety　专门基于安全网络要求打造而成，是 CC-Link 实现安全系统架构的安全现场网络。CC-Link Safety 能够实现与 CC-Link 一样的高速通信并提供实现可靠操作的 RAS 功能。因此，CC-Link Safety 与 CC-Link 具有高度的兼容性。

（4）CC-Link IE Control　是新一代采用千兆以太网技术的工厂控制层网络。它采用全双工光纤传输路径实现高速、大容量分布式控制，网络通信高效可靠。作为新一代主干网络，有强大的网络诊断功能，能够灵活掌控各个现场网络。

（5）CC-Link IE Field　是基于以太网的千兆现场层网络。它是一种具备超高速、无缝通信功能、超大容量的网络，具备实时（循环）通信和按需发送报文（瞬时）通信功能。集控制器分布控制、I/O 控制、运动控制和多项安全功能于一身，轻松实现无缝数据传输，完全符合以太网标准工厂现场网络。针对智能制造系统设计，它能够在连有多个网络的情况下，以千兆传输速度实现对 I/O 的实时控制 + 分布式控制。

（6）SLMP　可使用标准帧格式跨网络进行无缝通信，实现轻松连接，若与 CSP+ 结合，可以延伸至生产管理和预测维护领域。

2. 构建 CC-Link 的一般方法

（1）基本步骤

1）配置 CC-Link 网的设备，选择主站 / 本地站的 CPU 和模块；选择远程 I/O 站模块；选择远程设备站模块。

2）设置主站 / 本地站的站号和传送速率；设置远程 I/O 站、远程设备站的站号和传送速率。同一网络的传送速率应设置为一样。

3）设置主站 / 本地站的网络参数和自动刷新参数。

（2）构成　创建 CC-Link 主站时可以使用 Q 系列 PLC、IQ-F 系列 PLC 或 A 系列 PLC。

主站：控制和处理整个网络系统，安装在基板上，站号必须为 0 号，只有 1 个站。用作 CC-Link 主站的典型单元见表 6-18。

表 6-18　用作 CC-Link 主站的典型单元

名称	典型 PLC 类型	典型 PLC 型号	CC-Link 模块
主站	Q 系列 PLC	Q00UCPU、Q02UCPU	QJ61BT11N
	IQ-F 系列 PLC	FX5U-32MR/ES、FX5U-32MT/ES	FX5-CCL-MS、FX5-CNV-BUS+FX3U-16CCL-M
	IQ-R 系列 PLC	R00UCPU、R02UCPU	RJ61BT11

从站：可以作为 CC-Link 从站的有远程站（包括远程 I/O 站和远程设备站）、智能设备站及本地站。用作 CC-Link 从站的典型单元见表 6-19。

表 6-19　用作 CC-Link 从站的典型单元

名称		功能描述	典型单元
从站	远程 I/O 站	处理远程开关量信号，只能与主站做远程输入 RX 和远程输出 RY 通信	数字 I/O、气动阀门等
	远程设备站	处理 bit 数据和 word 数据，能与主站做远程输入 RX、远程输出 RY、远程写 RWw 和远程读 RWr 通信	模拟 I/O、温度控制模块、变频器等
	智能设备站	能够通过瞬时传送和信息传送来执行数据通信的站，就是智能站	带有 RS232 接口的智能仪表、触摸屏、变频器、伺服器等
	本地站	本地站具有自己的 CPU，可协助主站处理数据，但没有控制网络参数的功能。本地站不能控制主站，也不能直接控制除主站之外的其他站点，只能通过主站控制其他站点。三菱本地站与主站的选定由软件（GPP）网络参数的设置来决定	PLC

3. CC-Link 的配置

用 CC-Link 进行通信时，需要对 CC-Link 网络进行配置。需要考虑传输介质、站号分配和占用站。

1）传输介质。数据传送可以用屏蔽双绞线（TP）。

线定义：

DA，DB：数据线。

DG：地线。

SLD：屏蔽线。

为提高数据传输的抗干扰能力，普通 TP 可以在 DB、DA 间接一个 110Ω 的电阻，高性能 TP 在两数据线间接 330Ω 的电阻。

2）站号分配。主站为 0 号站，从站站号为 1 ～ 64。

3）占用站。有时一个模块并不一定占有一个站号，有可能占有 2 个或 2 个以上的站号，但最多占有 4 个站号。

4. 主站 PLC 通信模块选用

本项目选用 IQ-F 系列 PLC，CPU 选用 FX5U-32MR/ES，选用 FX5-CCL-MS 作为 CC-Link 主站 / 智能软元件模块，如图 6-31 所示。

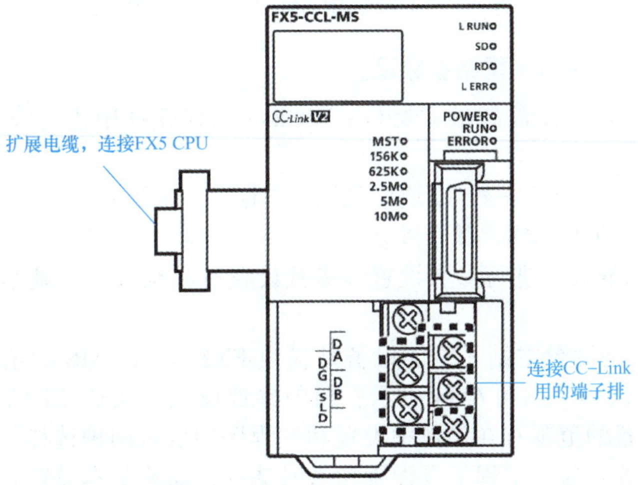

图 6-31　FX5-CCL-MS 型 CC-Link 主站 / 智能软元件模块

图 6-31 中，DA 端子和 DB 端子用于收发数据，DG 端子接地，SLD 端子用于接屏蔽层。具体接线如图 6-32 所示。

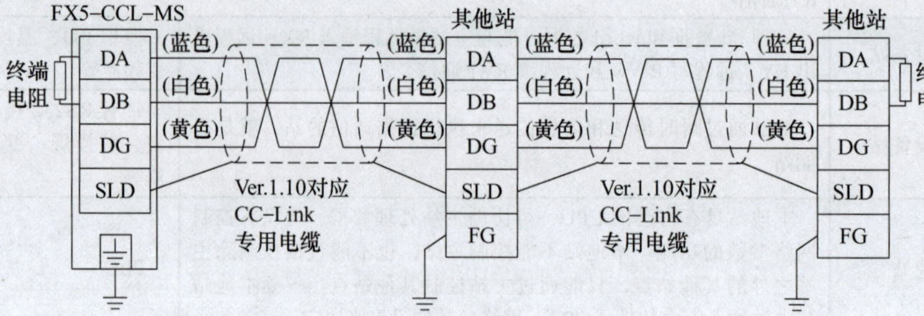

图 6-32　CC-Link 接线

FX5-CCL-MS 模块的侧面有电源连接器和扩展电缆，如图 6-33 所示。

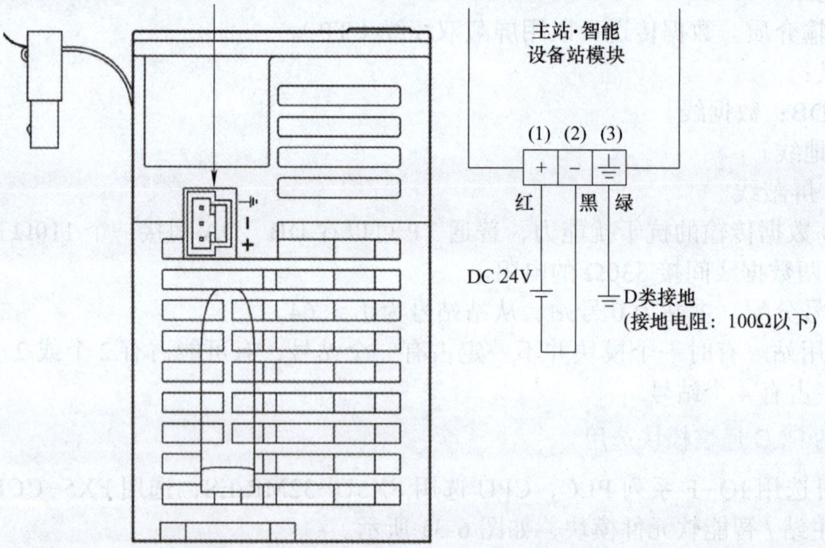

图 6-33　FX5-CCL-MS 模块电源接线

5. 主站 PLC 的 CC-Link 网络参数设置

主站 PLC 的网络参数需要在三菱 GX Works3 编程软件中进行设置。参数设置步骤如下：

1）单击导航→“参数”→“模块信息”，右击“添加新模块”。模块类型选择网络模块，型号选择 FX5-CCL-MS，其余默认。

2）双击新添加的模块进行参数设置，参数设置有必须设置、基本设置及应用设置这三种。

① 必须设置：是设置主站・智能设备站模块 FX5-CCL-MS 的站类型、模式、传送速度、参数设置方法等，如图 6-34 所示。图中参数设置方法选项的基本设置 / 应用设置的设置方法中，设置的范围有在参数中设置和在程序中设置两种选择。

a. 在参数中设置：通过工程工具设置参数时选择，需要基本设置 / 应用设置。

b. 在程序中设置：使用缓冲存储器设置参数时选择，无需基本设置 / 应用设置。

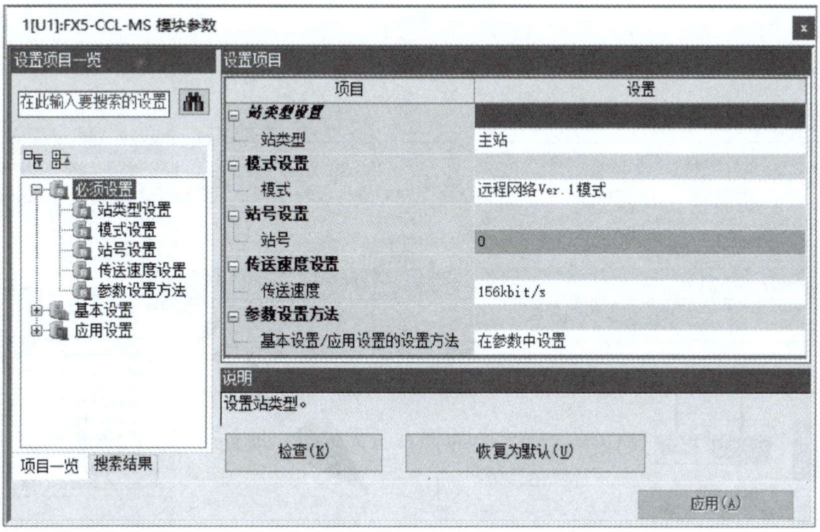

图 6-34　必须设置项目

② 基本设置：是进行主站・智能设备站模块 FX5-CCL-MS 的网络配置设置、链接刷新设置等，如图 6-35 所示。

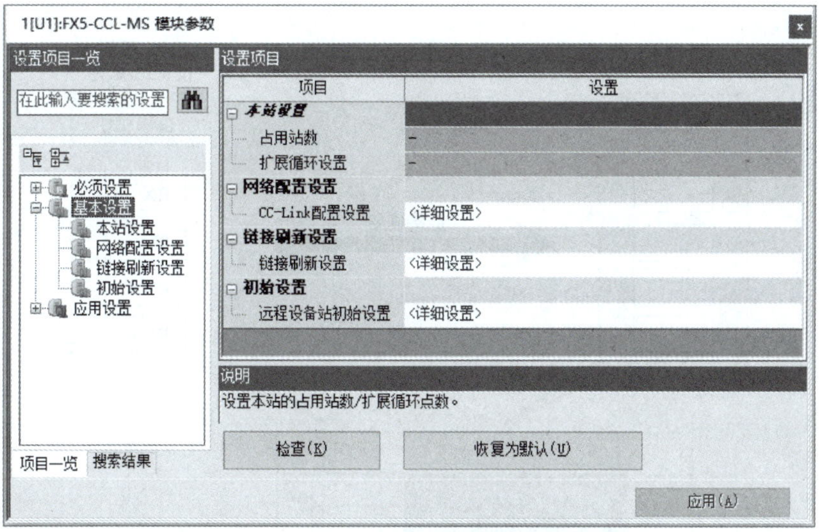

图 6-35　基本设置项目

网络配置设置：设置主站上连接的从站信息。按照以下步骤进行网络配置设置。

在“模块一览”中选择模块后，拖放到“站一览”或“网络配置图”中，如图 6-36 所示。进行各项目的设置，设置完成后，选择菜单中的反映设置并关闭，结束网络配置设置。

链接刷新设置：设置主站・智能设备站模块的链接软元件和 CPU 模块的软元件间的链接刷新范围。

主站和其他站之间使用位元件 RX、RY，字元件 RWr、RWw 进行输入 / 输出数据的通信，链接刷新，指在主站・智能设备站模块的链接软元件（RX，RY，RWr，RWw，SB，SW）和 CPU 模块的软元件间自动传送数据。在 END 处理中进行链接刷新，如图 6-37 所示。

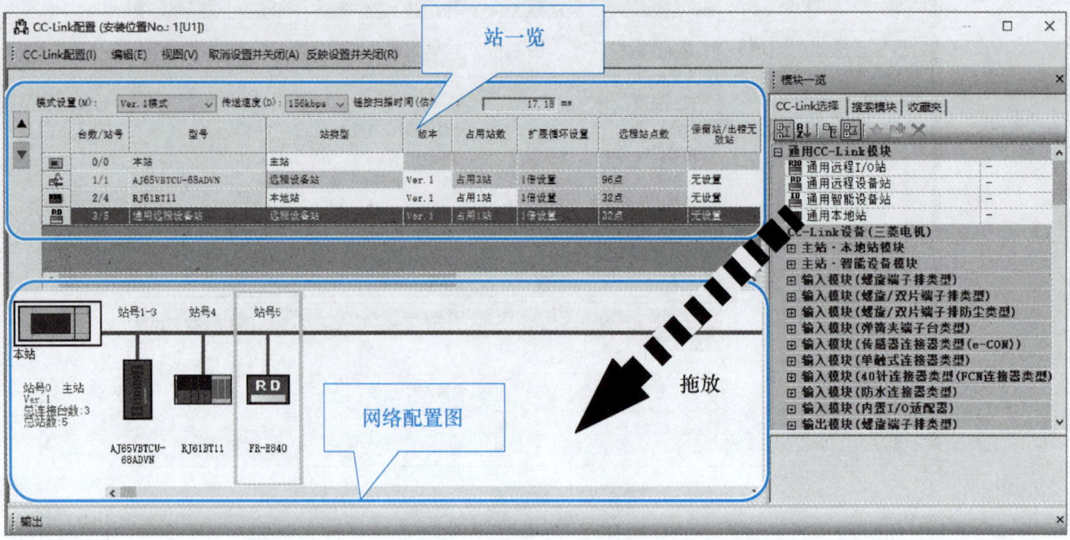

图 6-36 网络配置设置

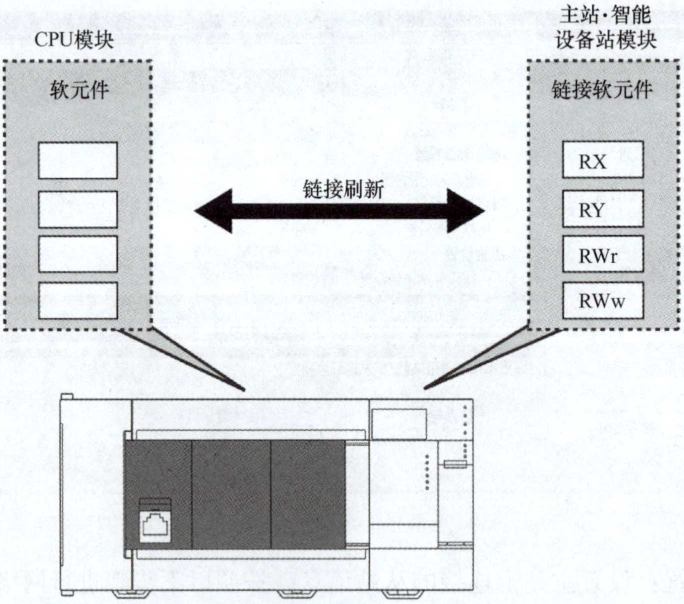

图 6-37 链接刷新数据传送示意图

在软件中，按照以下步骤进行链接刷新设置。在图 6-38 中，链接侧增加位元件 RX、RY，字元件 RWr、RWw。

链接侧指主站・智能设备站模块 FX5-CCL-MS，CPU 侧指 FX5U PLC 本体，图 6-39 为设置 SB 及 SW 的链接刷新范围。

图 6-40 为设置 RX、RY、RWr、RWw 的链接刷新范围。

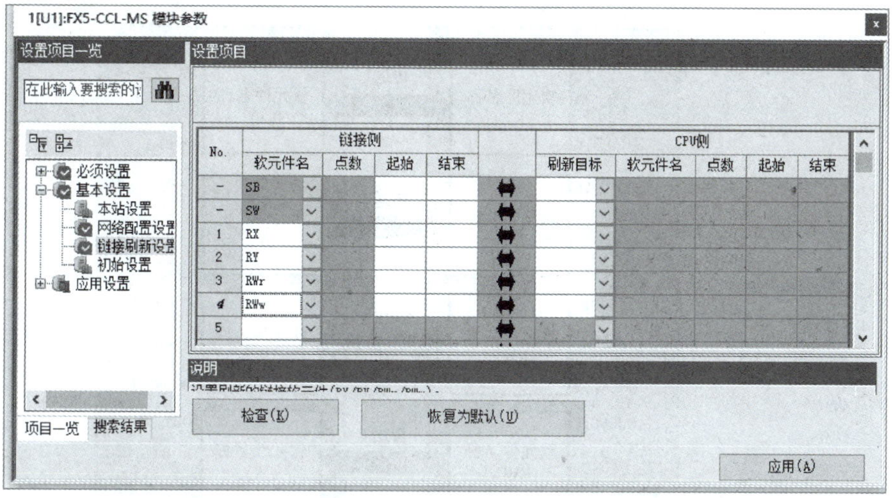

图 6-38　链接刷新设置

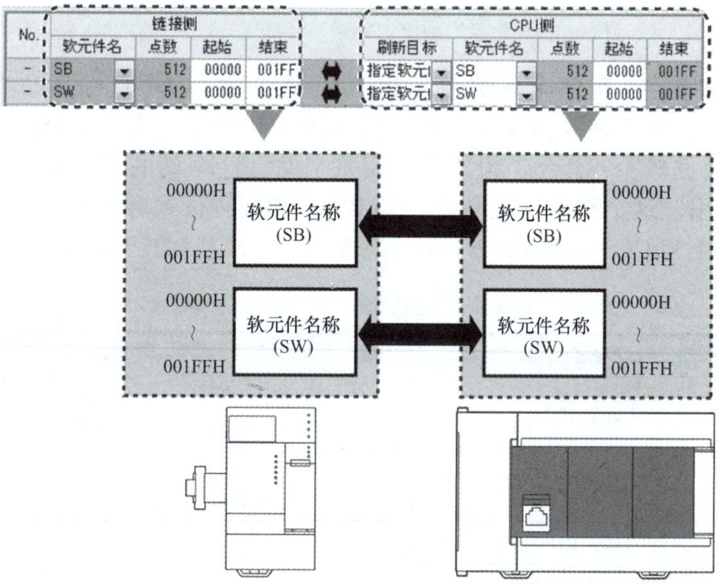

图 6-39　设置 SB 及 SW 的链接刷新范围

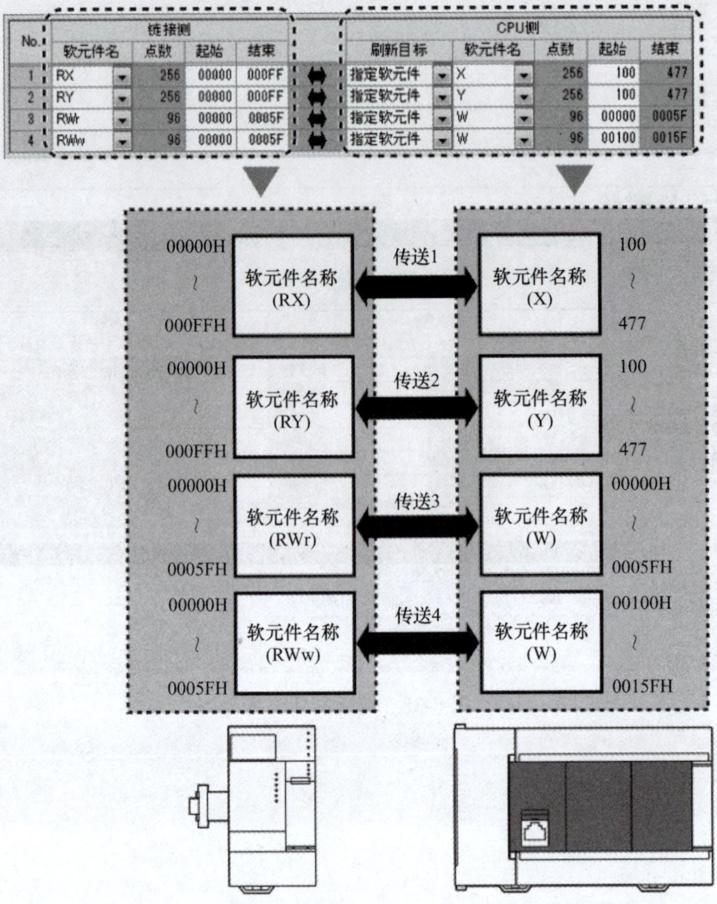

图 6-40　设置 RX、RY、RWr、RWw 的链接刷新范围

参数设置完成，在程序本体中进行 PLC 程序编制。本项目的从站为变频器站，在 CC-Link 网络中，从站最少占用 1 个站，最多占用 4 个站。主站 FX5-CCL-MS 与变频器从站的通信数据较少，1 台变频器只占用 1 个站，这个站的远程输入 RX 和远程输出 RY 有特定的作用。这个站的远程写寄存器 RWw 和远程读寄存器 RWr 也有特定的作用。表 6-20 和表 6-21 为 CC-Link Ver.2（占用 2 站）2 倍设定时的输入 / 输出信号表。

表 6-20　输入信号 [变频器（FR-A8NC）→主站模块]

<table>
<tr><th>软元件编号</th><th>信号名称</th><th colspan="2">内容</th></tr>
<tr><td>RXn0</td><td>正转中</td><td>0：停止指令
1：正转起动</td><td rowspan="2">信号为 1 时起动指令输入至变频器
RY0、RY1 同时为 1 时变为停止指令</td></tr>
<tr><td>RXn1</td><td>反转中</td><td>0：停止指令
1：反转起动</td></tr>
<tr><td>RXn2</td><td>运行中（端子 RUN 功能）</td><td colspan="2" rowspan="5">分配给端子 RH、RM、RL、JOG、RT、AU、CS 的功能执行动作</td></tr>
<tr><td>RXn3</td><td>频率到达（端子 SU 功能）</td></tr>
<tr><td>RXn4</td><td>过载报警（端子 OL 功能）</td></tr>
<tr><td>RXn5</td><td>瞬时停电（端子 IPF 功能）</td></tr>
<tr><td>RXn6</td><td>频率检测（端子 FU 功能）</td></tr>
</table>

（续）

软元件编号	信号名称	内容
RXn7	异常（端子 ABC1 功能）	分配给端子 RH、RM、RL、JOG、RT、AU、CS 的功能执行动作
RXn8	—（端子 ABC2 功能）	
RYn9	—（DO2 功能）	分配给 Pr.313 ～ Pr.315 的功能执行动作
RXnA	—（D01 功能）	
RXnB	—（DO2 功能）	
RXnC	监视中	
RXnD	频率设定完成（RAM）	
RXnE	频率设定完成（RAM、EEPROM）	
RXnF	命令代码执行完成	

表 6-21　输出信号 [主站模块→变频器（FR-A8NC）]

软元件编号	信号名称	内容	
RYn0	正转指令	0：停止指令 1：正转起动	信号为 1 时起动指令输入至变频器 RY0、RY1 同时为 1 时变为停止指令
RYn1	反转指令	0：停止指令 1：反转起动	
RYn2	高速运行指令（端子 RH 功能）	分配给端子 RH、RM、RL、JOG、RT、AU、CS 的功能执行动作	
RYn3	中速运行指令（端子 RM 功能）		
RYn4	低速运行指令（端子 RL 功能）		
RYn5	JOG 运行指令（端子 JOG 功能）		
RYn6	第 2 功能选择（端子 RT 功能）		
RYn7	电流输入选择（端子 AU 功能）		
RYn8	瞬停再起动选择（端子 CS 功能）		
RYn9	输出停止	MRS 信号 ON 时，变频器输出停止（通过 Pr.17 的设定，可以变更逻辑）	
RYnA	起动自动保持选择（端子 STOP 功能）	分配给端子 STOP、RES 的功能执行动作	
RYnB	复位（端子 RES 功能）		
RYnC	监视指令		
RYnD	频率设定指令（RAM）		
RYnE	频率设定指令（RAM、EEPROM）		
RYnF	命令代码执行要求		

6. 从站变频器通信模块选用

本项目变频器 FR-E840-0026-4-60 进行 CC-Link 通信时，需要购买内置选件 FR-A8NC-E-KIT。图 6-41 为接有 CC-Link 通信电缆的 FR-A8NC-E-KIT 选件，将选件按照说明书接入变频器本体。

图 6-41　接有 CC-Link 通信电缆的 FR-A8NC-E-KIT 选件

7. 从站变频器的 CC-Link 参数设置

E840 变频器使用内置选件（FR-A8NC）时相关的参数设置见表 6-22。

表 6-22　使用内置选件（FR-A8NC）时相关的参数设置

<table>
<tr><th>参数编号</th><th>名称</th><th>初始值</th><th>设定范围</th><th colspan="2">功能含义</th></tr>
<tr><td>Pr.79</td><td>运行模式选择</td><td>0</td><td>0～4，6，7</td><td colspan="2">无损切换模式：可以在持续运行的状态下进行 PU 运行、外部运行和 NET 运行的切换</td></tr>
<tr><td>Pr.338</td><td>通信运行指令权</td><td>0</td><td>0、1</td><td colspan="2">0：起动指令权通信；1：起动指令权外部</td></tr>
<tr><td rowspan="3">Pr.339</td><td rowspan="3">通信速度指令权</td><td rowspan="3">0</td><td>0</td><td colspan="2">频率指令权通信</td></tr>
<tr><td>1</td><td colspan="2">频率指令权外部</td></tr>
<tr><td>2</td><td colspan="2">频率指令权外部（没有外部输入时，来自通信的频率设定有效，频率指令端子 2 无效）</td></tr>
<tr><td>Pr.340</td><td>通信起动模式选择</td><td>0</td><td>0、1、2、10、12</td><td colspan="2">在 NET 运行模式下起动，可通过操作面板变更 PU 运行模式与网络运行模式</td></tr>
<tr><td>Pr.542</td><td>通信站号（CC-Link）</td><td>1</td><td>1～64</td><td colspan="2">1 台变频器占用 1 站（远程设备站的 1 站）</td></tr>
<tr><td>Pr.543</td><td>比特率选择（CC-Link）</td><td>0</td><td>0～4</td><td colspan="2">0：156kbit/s；1：625kbit/s；2：2.5Mbit/s；3：5Mbit/s；4：10Mbit/s</td></tr>
<tr><td rowspan="7">Pr.544</td><td rowspan="7">CC-Link 扩展设定</td><td rowspan="7">0</td><td>0</td><td rowspan="2">CC-Link Ver.1</td><td>占用 1 站（FR-A5NC 兼容）</td></tr>
<tr><td>1</td><td>占用 1 站</td></tr>
<tr><td>12</td><td rowspan="5">CC-Link Ver.2</td><td>占用 1 站，2 倍设定</td></tr>
<tr><td>14</td><td>占用 1 站，4 倍设定</td></tr>
<tr><td>18</td><td>占用 1 站，8 倍设定</td></tr>
<tr><td>24</td><td>占用 1 站，4 倍设定</td></tr>
<tr><td>28</td><td>占用 1 站，8 倍设定</td></tr>
</table>

任务实施

操作步骤：

进行 PLC 和变频器通信项目实施时，首先要对所需要的硬件进行配置，然后进行网络架构、I/O 分配、PLC 接线、变频器接线，再进行变频器参数设置、PLC 程序编制与下载，最后调试运行，调试无误后，形成文档资料。

1. 硬件配置（见表 6-23）

表 6-23　硬件配置

序号	软元件名称	产品名称	型号	规格
1	MELSEC iQ-FX5U	CPU 主机	FX5U-32MR/ES	DC 24V（漏型 / 源型）
2	MELSEC iQ-FX5U	CC-Link 主站 / 智能软元件模块	FX5-CCL-MS	该模块可作为 CC-Link（对应 Ver.2）的主站或智能软元件站连接使用
3	FR-E840	变频器	FR-E840-0026-4-60	三相 400V 级，标准构造
4	FR-E840	内置选件	FR-A8NC-E-KIT	CC-Link
5	mcgsTPC 嵌入式一体化触摸屏	触摸屏	TPC7032Kt	上位机
6	交换机	5 口交换机	5 口交换机	
7	网线	3 根网线	3 根网线	
8	电动机	三相异步电动机	YS5024，380V	△联结或自定

2. 控制系统设计

根据任务的控制要求和组态界面知，项目的起动信号和停止信号由触摸屏控制。需要进行主站和从站的连接，如图 6-42 所示；需要编制 PLC 和触摸屏的输入地址分配，见表 6-24；编制 CC-Link 远程软元件地址分配，见表 6-25。

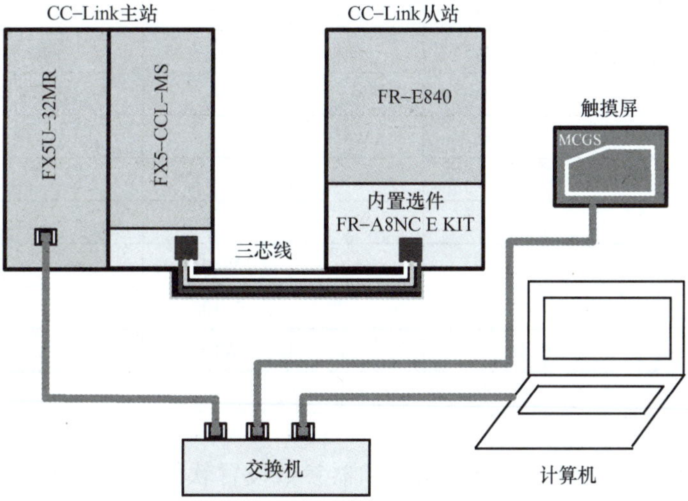

图 6-42　主站和从站的连接示意图

表 6-24　PLC 和触摸屏的输入地址分配

设备名称	触摸屏地址
正转按钮	M11
反转按钮	M12
停止按钮	M10

（续）

设备名称	触摸屏地址
频率设定	D10
频率监视	D11
电压监视	D12
电流监视	D13

表 6-25　编制 CC-Link 远程软元件地址分配

设备名称	占用站	远程 RX	远程 RY	远程 RWr	远程 RWw	作用
变频器	1 号占用站	X100	—	—	—	正转状态
		X101	—	—	—	反转状态
		X102	—	—	—	运行状态
		X103	—	—	—	频率到达
		X104	—	—	—	过载报警
		X114	—	—	—	监视中
		X115	—	—	—	频率设定完成（RAM）
		X116	—	—	—	频率设定完成（RAM、EEPROM）
		X133	—	—	—	远程站 Ready
		—	Y100	—	—	正转运行
		—	Y101	—	—	反转运行
		—	Y114	—	—	监视
		—	Y115	—	—	写入频率至 RAM 中
		—	Y116	—	—	写入频率至 RAM、EEPROM 中
		—	—	W4	—	读频率
		—	—	W5	—	读电压
		—	—	W6	—	读电流
		—	—	—	W104	写频率
		—	—	—	W105	写电压
		—	—	—	W106	写电流

3. 变频器参数设置

在进行变频器参数设置时，可以用变频器参数设置软件 FR Configurator2，如图 6-43 所示，方便快捷。需要设置的参数见表 6-26，其余通信参数使用出厂设置值。设置完成后需断电重启变频器。

4. PLC 端参数设置和梯形图程序

（1）PLC 端参数设置

1）添加模块信息。在导航窗口的参数中，选择模块信息，右击添加新模块。在弹出的窗口中，“模块类型”选择“网络模块”，“型号”选择“FX5-CCL-MS”，“站类型”选择“主站”，其余默认，设置完成，单击“确定”按钮。如图 6-44 所示。

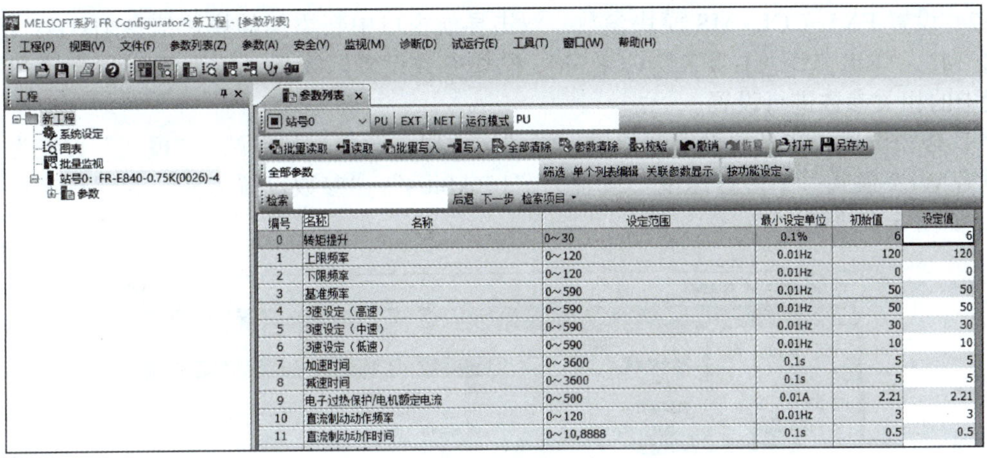

图 6-43　变频器参数设置软件

表 6-26　变频器需要设置的参数

参数编号	名称	设定值	功能含义
1	上限频率	50Hz	
7	加速时间	2s	从停止到 50Hz 的时间
8	减速时间	2s	从 50Hz 到停止的时间
9	电子过热保护	0.8A	电动机额定电流
79	运行模式选择	6	无损切换模式：可以在持续运行的状态下进行 PU 运行、外部运行和 NET 运行的切换
339	通信速度指令权	2	频率指令权外部（没有外部输入时，来自通信的频率设定有效，频率指令端子 2 无效）
340	通信起动模式选择	10	在 NET 运行模式下起动，可通过操作面板变更 PU 运行模式与网络运行模式
544	CC-Link 扩展设定	12	CC-Link Ver.2　2 倍设定兼容

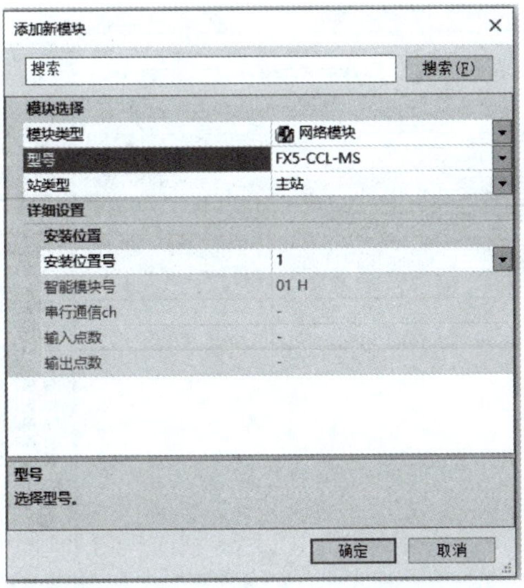

图 6-44　添加 FX5-CCL-MS 网络模块

2）设置 FX5-CCL-MS 模块参数。双击导航窗口中新添加的模块信息 1[U1]：FX5-CCL-MS，弹出“1[U1]：FX5-CCL-MS 模块参数设置”窗口。需要对必须设置和基本设置中的相关参数进行设置。

① 必须设置：在必须设置选项中，将“站类型”设置为“主站”，“模式”设置为“远程网络 Ver.2 模式”，“传送速度”设置为“156kbit/s”，“参数设置方法”为“在参数中设置”，如图 6-45 所示。

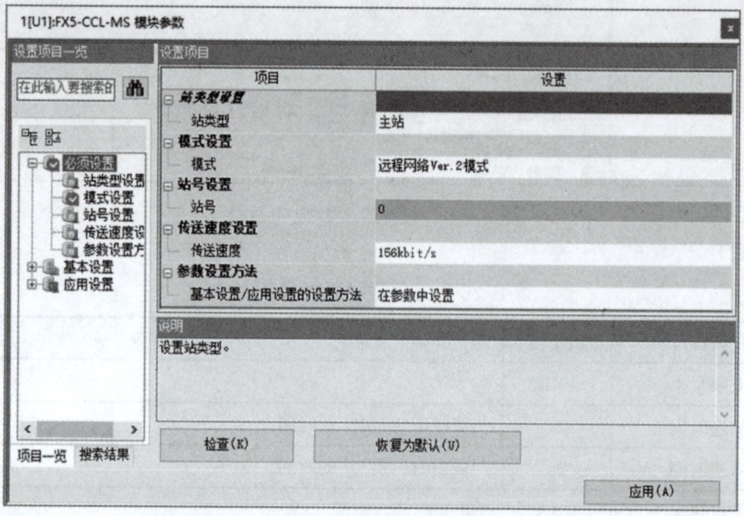

图 6-45　FX5-CCL-MS 模块参数必须设置选项

② 基本设置：单击“基本设置”，双击“CC-Link 配置设置”中的“详细设置”或单击“CC-Link 配置设置”右侧的 3 个点，弹出“CC-Link 配置”窗口，在右侧的“模块一览”中，选择“通用 CC-Link 模块”下的“通用远程设备站”，将其拉到左下侧红线上，右击该模块，选择“属性”，将对象名修改为“FR-E800”，将左上侧中的“版本”改为“Ver.2”，“扩展循环设置”改为“2 倍设置”，其余默认，如图 6-46 所示。

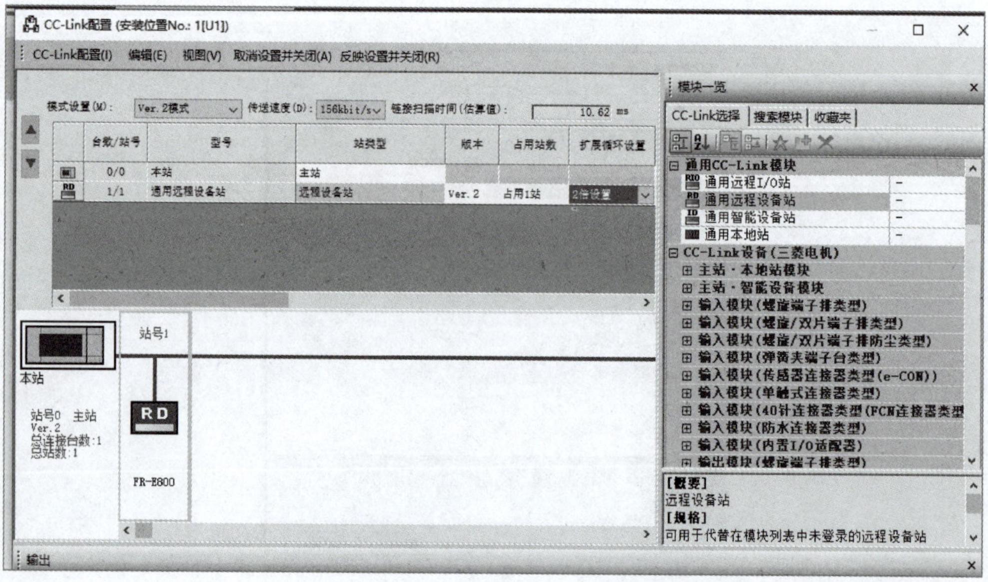

图 6-46　基本设置中的 CC-Link 配置

双击“链接刷新设置”中的“详细设置”或单击“链接刷新设置”右侧的 3 个点，进行“链接侧”和“CPU 侧”软元件设置。在“软元件名”下拉箭头中增加“RX、RY、RWr、RWr”，分别设置“起始”和“结束”地址，在“CPU 侧”的“刷新目标”下拉菜单选择“指定软元件”，在“软元件名”下拉菜单中依次增加“SB、SW、X、Y、W、W”设置“起始”地址，“结束”地址会自动带出。如图 6-47 所示。全部设置完成，单击右下角的“应用”按钮。

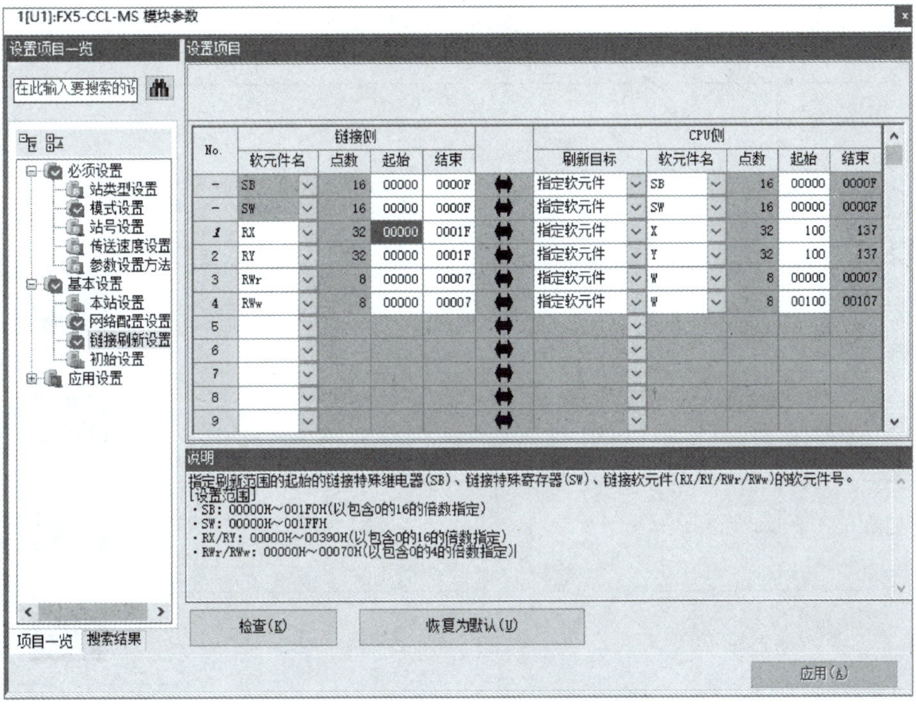

图 6-47　链接侧和 CPU 侧软元件设置

3）设置以太网端口参数。单击导航窗口中的“模块参数”→“以太网端口”，将“IP 地址”设置为“192.168.6.105”，与触摸屏中的远程 IP 地址相同，“子网掩码”设置为“255.255.255.0”。设置“对象设备网络配置设置”的“详细设置”，将右侧“模块一览”中的“以太网设备（通用）”下的 SLMP 连接设备拖到左下角的网络配置图中，设置“可编程序控制器”的“端口号”为“4999”，与触摸屏中的远程端口号相同。设置完成后，选择菜单中的“反映设置并关闭”，结束网络配置设置。

（2）PLC 梯形图程序　在 GX Works3 软件中按照图 6-48 梯形图编写程序，程序写入到 PLC 后，需要断电重启 PLC。

5. 触摸屏端程序

在“设备”窗口中，打开“设备工具箱”，添加“通用 TCPIP 父设备 0——[通用 TCPIP 父设备]”和“设备 0——[FX5_ETHERNET]”，双击“通用 TCPIP 父设备 0——[通用 TCPIP 父设备]”，进入“通用 TCPIP 设备属性编辑”窗口，将本地 IP 地址设置为“192.168.6.106”，指的是触摸屏地址，远程 IP 地址指 PLC 地址，设置为“192.168.6.105”，远程端口号为可编程序控制器侧的端口号“4999”，计算机的 IP 地址和它们在同一个网段即可，这里设置为“192.168.6.101”。双击“设备 0——[FX5_ETHERNET]”增加图 6-49 所示设备通道。

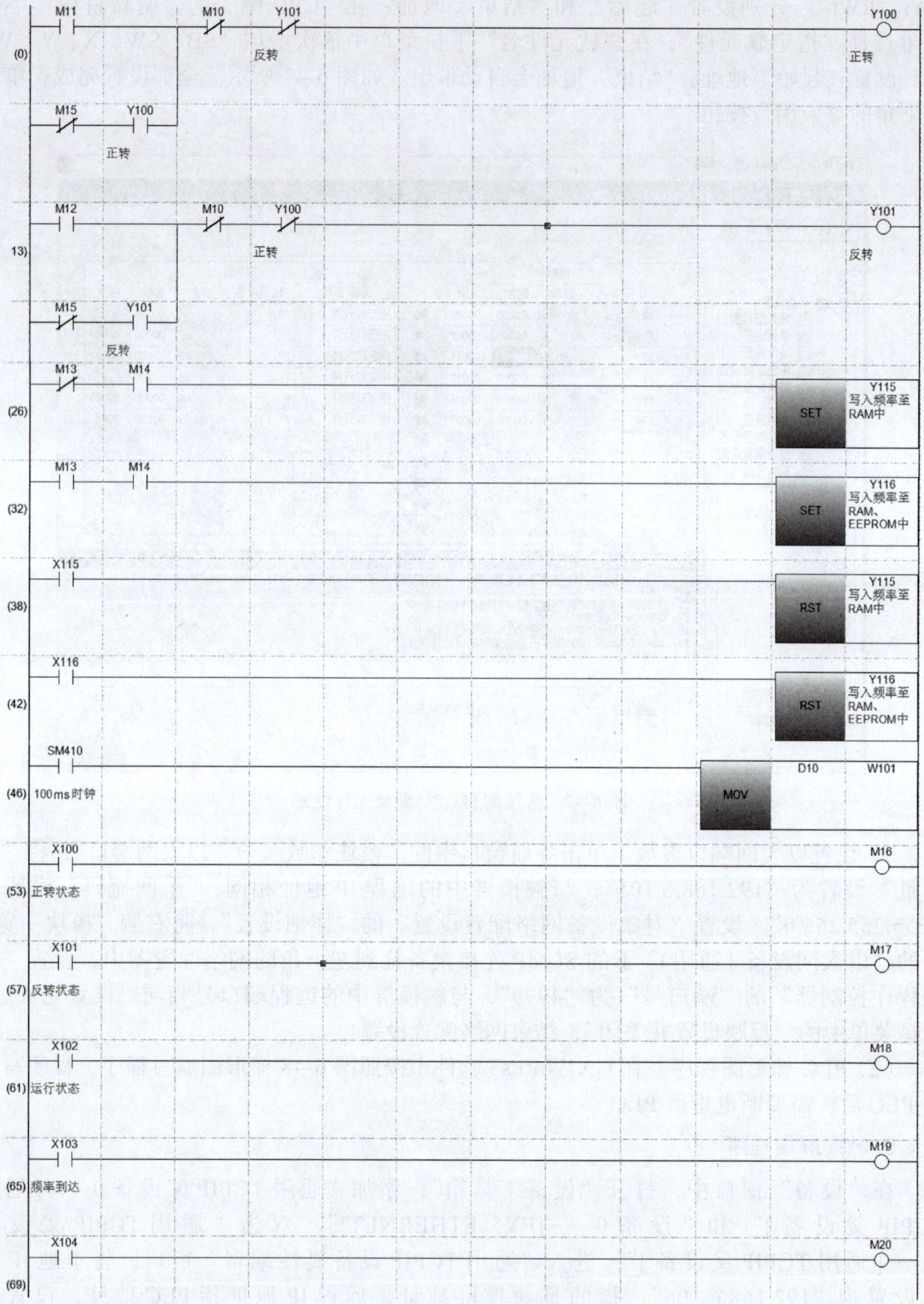

图 6-48　PLC 梯形图程序

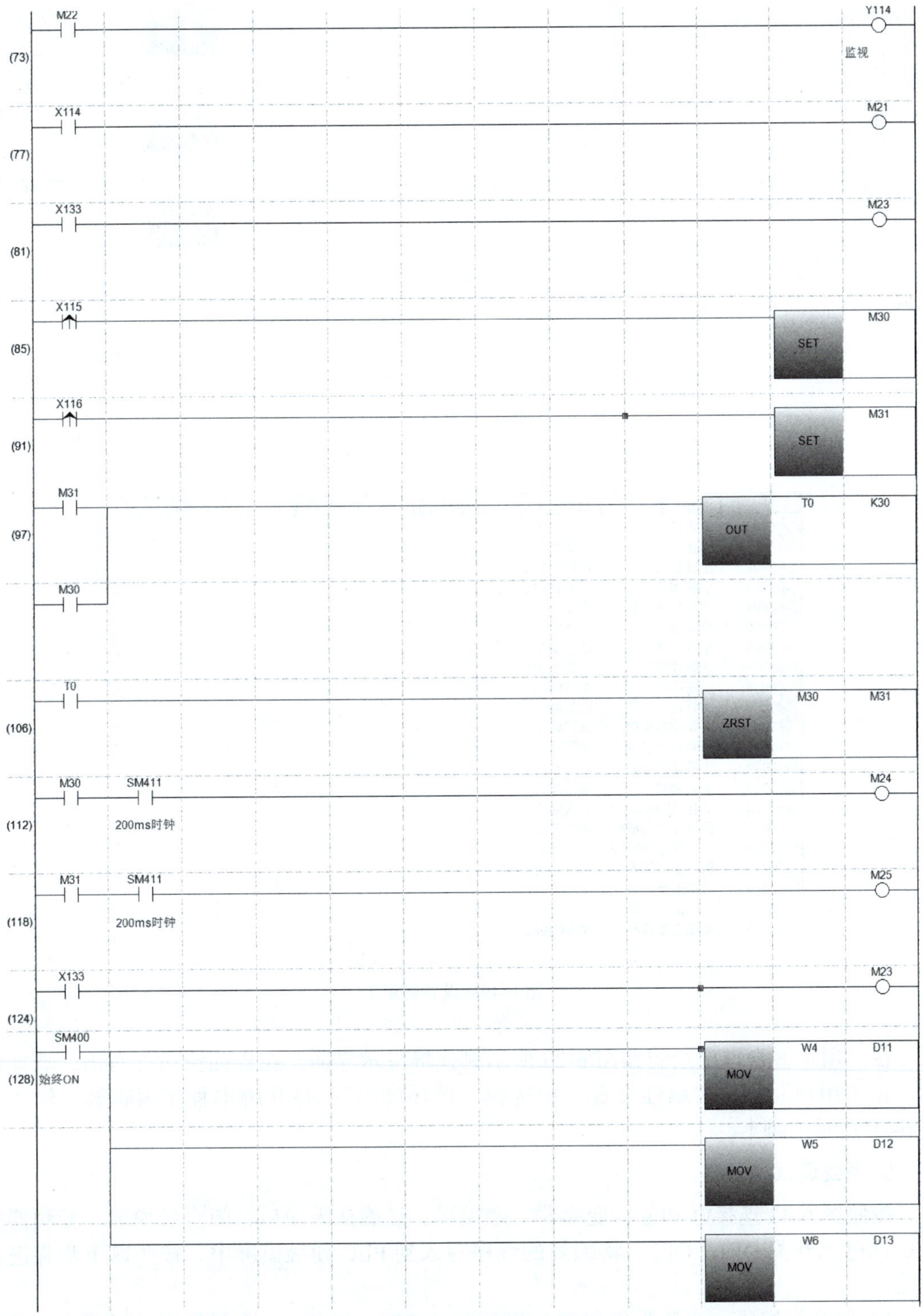

图 6-48　PLC 梯形图程序（续一）

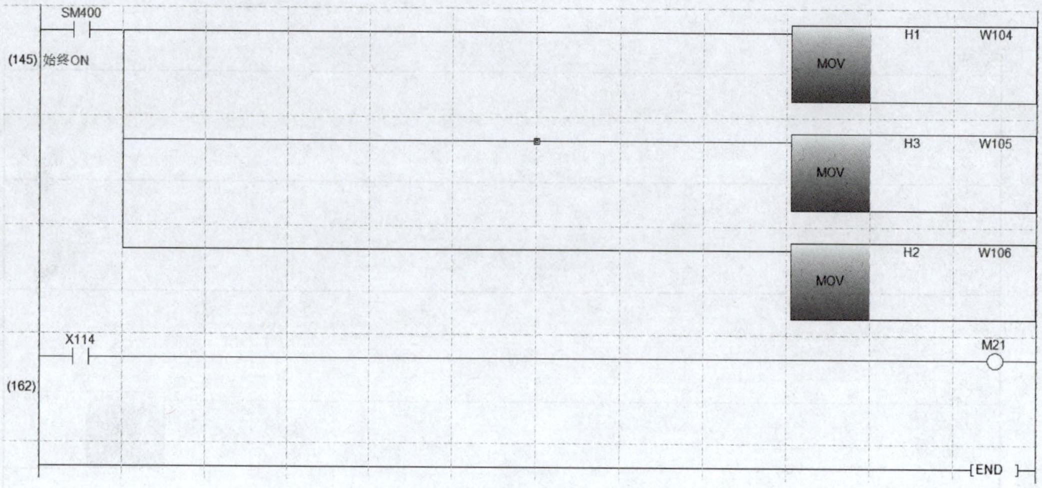

图 6-48　PLC 梯形图程序（续二）

索引	连接变量	通道名称	通道处理	地址偏移	采集频次
0000	通信状态	通信状态			1
0001	停止运行	读写M0010			1
0002	正转起动	读写M0011			1
0003	反转起动	读写M0012			1
0004	频率写入对象	读写M0013			1
0005	频率写入	读写M0014			1
0006	运行方式	读写M0015			1
0007	正转读取	读写M0016			1
0008	反转读取	读写M0017			1
0009	运行状态读取	读写M0018			1
0010	频率状态读取	读写M0019			1
0011	过载警报读取	读写M0020			1
0012	监视状态读取	读写M0021			1
0013	监视起动	读写M0022			1
0014	远程站Ready	读写M0023			1
0015	频率设定完成R	读写M0024			1
0016	频率设定完成RE	读写M0025			1
0017	频率参数写入	读写DWUB0010			1
0018	频率监视读取	读写DWUB0011			1
0019	电压监视读取	读写DWUB0012			1
0020	电流监视读取	读写DWUB0013			1

图 6-49　设备通道

在“用户”窗口中绘制如图 6-29 所示触摸屏显示界面，在界面空白处右击，选择属性，在“用户”窗口“属性设置”中选择“循环脚本”，打开脚本程序编辑器，输入如图 6-50 所示的脚本。

6. 系统调试

按照图 6-42 连接好 PLC、变频器、触摸屏，经确认无误后，闭合触摸屏、变频器和 PLC 的电源开关 QF1、QF2。将编好的程序写入到 PLC 和触摸屏中，按照以下步骤进行调试：

1）闭合触摸屏、变频器和 PLC 的电源开关 QF1、QF2。在触摸屏起动过程中，单击屏上的滚动条，将地址设置为“192.168.6.106”。

2）将编好的 PLC 程序写入到 PLC 中，触摸屏程序写入触摸屏中。

```
IF 正转读取=0 AND 反转读取=0THEN
    旋转方向 = "停止中"
    运行状态 = "停止中"
    频率状态 = "停止中"

ELSE
        IF 正转读取=1THEN
        旋转方向 = "正转中"
        ENDIF
        IF 反转读取=1THEN
        旋转方向 = "反转中"
        ENDIF
ENDIF

IF 运行状态读取=1 THEN
    运行状态 = "运行中"
ENDIF

IF 频率状态读取=1 THEN
    频率状态 = "频率到达"
ENDIF

IF 频率状态读取=0 THEN
    频率状态 = "频率未达"
ENDIF

IF 频率设定完成R=1 OR 频率设定完成RE=1 THEN
    信息框 = "频率写入成功"
ENDIF

IF 远程站Ready=0 AND 通信状态=0 THEN
    信息框 = "变频器未就绪"
ENDIF
IF 过载警报读取=1 THEN
    信息框 = "变频器过载"
ENDIF
IF 通信状态<>0 THEN
    信息框 = "PLC未连接"
ENDIF
IF 频率设定完成R=0 AND 频率设定完成RE=1  AND 通信状态=0 AND 远程站Ready=1 AND 过载警报读取=0 THEN
    信息框 = " "
ENDIF
IF 监视状态读取=0 THEN
监视状态字 = "开始监视"
ENDIF
IF 监视状态读取=1 THEN
监视状态字 = "停止监视"
ENDIF
IF 监视状态读取=1 AND 远程站Ready=1 THEN
    监视状态显示 = "监视中"
ELSE

    IF 远程站Ready=0 THEN
    监视状态显示 = "未就绪"
    监视状态字 = "监视未就绪"
    ELSE
    监视状态显示 = "停止中"

ENDIF

ENDIF
```

图 6-50　循环脚本程序

3）按照表 6-26 设置变频器通信参数，可以使用 FR Configurator2 软件进行设置，也可以面板进行设置。

4）重启变频器和 PLC 电源。

5）在触摸屏的频率设定区域设定频率为 30Hz，按频率写入按钮，再按下触摸屏上的正转按钮，可以在状态显示区观察到变频器的运行状态和运行数据。按下停止按钮，变频器停止运行，状态显示区的数据都清零。

6）如 PLC 的 CC-Link 连接有问题或变频器参数设置错误，会在信息显示区显示"PLC 未连接"或"变频器未就绪"字样，需要进一步检查硬件连接问题或变频器参数。

成果展示

结合学校相关设备，用 CC-Link 通信方式，用 PLC 控制变频器起停。请写出你的个性化设计图和 PLC 程序。

你的设计图：	你的 PLC 程序：

任务评价与反思

任务评价：

请结合自身对本次任务的掌握程度、课堂参与度等方面进行自我评价，小组组长根据组员的活动参与情况给出小组评价。

<table>
<tr><th rowspan="3">评价内容</th><th rowspan="3" colspan="2">评价指标</th><th rowspan="3" colspan="2">权重</th><th colspan="5">等级</th></tr>
<tr><th>A</th><th>B</th><th>C</th><th>D</th><th>E</th></tr>
<tr><th>1.0</th><th>0.8</th><th>0.6</th><th>0.2</th><th>0</th></tr>
<tr><td rowspan="13">学生学习表现</td><td rowspan="3">参与程度</td><td>1. 参与的深度</td><td>3</td><td rowspan="13">60</td><td></td><td></td><td></td><td></td><td></td></tr>
<tr><td>2. 参与的广度</td><td>3</td><td></td><td></td><td></td><td></td><td></td></tr>
<tr><td>3. 参与的时机与效率</td><td>4</td><td></td><td></td><td></td><td></td><td></td></tr>
<tr><td rowspan="2">科学知识</td><td>1. 基础知识落实</td><td>10</td><td></td><td></td><td></td><td></td><td></td></tr>
<tr><td>2. 多边的信息传递</td><td>5</td><td></td><td></td><td></td><td></td><td></td></tr>
<tr><td rowspan="4">科学探究</td><td>1. 和谐的人际关系</td><td>5</td><td></td><td></td><td></td><td></td><td></td></tr>
<tr><td>2. 提出问题、发表意见</td><td>5</td><td></td><td></td><td></td><td></td><td></td></tr>
<tr><td>3. 思维的求异性、独创性、批判性</td><td>5</td><td></td><td></td><td></td><td></td><td></td></tr>
<tr><td>4. 动手实践、自主探索、合作交流的能力</td><td>10</td><td></td><td></td><td></td><td></td><td></td></tr>
<tr><td rowspan="4">情感态度</td><td>1. 学习活动的兴趣与求知欲</td><td>3</td><td></td><td></td><td></td><td></td><td></td></tr>
<tr><td>2. 一定的自我调控能力</td><td>2</td><td></td><td></td><td></td><td></td><td></td></tr>
<tr><td>3. 体验成功，建立自信心</td><td>3</td><td></td><td></td><td></td><td></td><td></td></tr>
<tr><td>4. 良好的学习习惯</td><td>2</td><td></td><td></td><td></td><td></td><td></td></tr>
<tr><td colspan="5">自我评价结果</td><td></td><td></td><td></td><td></td><td></td></tr>
<tr><td colspan="5">小组评价结果</td><td></td><td></td><td></td><td></td><td></td></tr>
</table>

任务反思：

在本次任务中，你能够配置CC-Link通信选件吗？能否正确设置变频器通信参数？能否正确设备模块参数？你还能配置其他的CC-Link通信选件吗？

____

____

____

____

职业素养与创新思维

在三菱电机自动化（中国）有限公司官网中可以进行在线选型，有根据机型选型和根据网络选型两种。通过在线选型，可得到PLC与变频器通信选型文件，确认产品名称，型号和规格，方便设计通信系统控制方案和硬件配置。

通过在线选型，也可以得到MELSEC iQ-F-FX5U和E840变频器CC-Link的两种选型方案，见表6-27。

表6-27 PLC与变频器CC-Link通信选型方案

站名	方案1		方案2	
	产品名称	型号	产品名称	型号
主站：PLC MELSEC iQ-F FX5U系列	CPU主机	FX5U-32MR/ES	CPU主机	FX5U-32MR/ES
	CC-Link主站模块	FX3U-16CCL-M	CC-Link主站模块	FX5-CCL-MS
	总线转换模块	FX5-CNV-BUS		
从站：Inverter E800系列	变频器	FR-E840-0.75K-4	变频器	FR-E840-0.75K-4
	内置选件	FR-A8NC E kit	内置选件	FR-A8NC E kit

项目 7

伺服电动机控制系统安装与调试

项目学习任务

- 任务 7.1　伺服驱动器操作面板控制伺服电动机运行
- 任务 7.2　PLC 控制伺服电动机正反转运行
- 任务 7.3　PLC 控制伺服电动机精确定位

项目学习目标

➢ **知识目标**

熟悉伺服电动机的外部结构、防护形式及散热方式。

熟悉伺服驱动器的操作单元、显示内容及面板设置。

掌握伺服电动机转速控制原理及应用。

掌握伺服电动机位置控制原理及应用。

➢ **技能目标**

会进行伺服驱动器和伺服电动机的电气接线。

会进行伺服位置控制系统电气接线、参数设置、程序设计及调试运行。

➢ **素养目标**

培养节能与环保意识，形成绿色发展、高质量发展理念，了解碳达峰、碳中和。

培养学生独立思考，利用现有知识解决现有问题的职业能力。

任务 7.1　伺服驱动器操作面板控制伺服电动机运行

伺服驱动器是现代运动控制的重要组成部分，被广泛应用于工业机器人及数控加工中心等自动化设备中。尤其是应用于控制交流永磁同步电动机的伺服驱动器已经成为国内外研究热点。本任务介绍伺服系统、伺服电动机和伺服驱动器原理和结构以及伺服驱动器控制面板控制伺服电动机运行。

任务要求

深入了解伺服驱动器结构和工作原理，了解伺服电动机、编码器的结构与特点，会用伺服驱动器控制面板设置相应参数，理解伺服驱动器的位置、速度、转矩工作模式，掌握伺服驱动器面板操作运行方式。

知识准备

1. 伺服系统概述

认识交流伺服系统

（1）伺服系统的定义与发展历程　伺服系统就是用来控制被控对象的某种状态，使其能够自动地、连续地、精确地复现输入信号的变化规律，亦称随动系统。其主要任务是按照控制命令要求，对信号进行变换、调控和功率放大等处理，使驱动装置输出的转矩、速度及位置都能得到灵活方便的控制。

伺服系统的发展可以追溯到 20 世纪 50 年代，当时的伺服系统主要用于军事和航空领域，如导弹控制和飞机导航等。随着工业自动化的发展，伺服系统逐渐应用于各种工业领域，如机器人、自动化生产线及数控机床等。在这些领域中，伺服系统发挥着重要的作用，能够实现高精度、高速度及高效率的运动控制。

（2）伺服系统的组成与工作原理　伺服系统主要由控制器、驱动器、电动机、编码器和传感器等组成。控制器是伺服系统的核心部分，它负责接收输入信号，并根据预设的控制算法计算出电动机的控制信号。控制器通常采用数字信号处理器（DSP）或微控制器（MCU）等芯片实现。驱动器是将控制器输出的控制信号转换为电动机所需的电压和电流的装置。驱动器通常采用电力电子器件，如晶体管、IGBT 等，实现对电动机的驱动控制。电动机是伺服系统的执行机构，它根据驱动器输出的电压和电流产生转矩和转速，从而驱动机械运动。电动机通常采用直流电动机、交流电动机或步进电动机等。编码器是用来检测电动机转速和位置的装置。编码器通常采用光电编码器或磁编码器等，将电动机的转速和位置信息反馈给控制器，从而实现闭环控制。传感器是用来检测机械运动的状态和参数的装置，如位置、速度、加速度及力等。传感器通常采用光电传感器、霍尔传感器、压力传感器等，将检测到的信息反馈给控制器，从而实现更精确的控制。

伺服系统的工作原理是：输入信号可以是来自上位机的指令信号，也可以是来自传感器的反馈信号。控制器根据输入信号计算出电动机的控制信号，然后通过驱动器驱动电动机。电动机带动机械运动，编码器检测电动机的转速和位置信息，并反馈给控制器。控制器根据编码器反馈的信息进行闭环控制，从而实现精确控制。

（3）伺服系统的分类　根据不同的分类标准，伺服系统可以分为多种类型。

1）按驱动电动机类型分类。根据驱动电动机的类型，伺服系统可以分为直流伺服系统、交流伺服系统和步进电动机伺服系统等。直流伺服系统采用直流电动机作为执行机构，具有良好的调速性能和转矩控制性能，适用于对速度和转矩要求较高的场合。交流伺服系统采用交流电动机作为执行机构，具有结构简单、维护方便、效率高等优点，适用于对速度和转矩要求较高的场合。步进电动机伺服系统采用步进电动机作为执行机构，具有定位精度高、控制简单等优点，适用于对定位精度要求较高的场合。

2）按控制方式分类。根据控制方式的不同，伺服系统可以分为开环伺服系统、闭环伺服系统和半闭环伺服系统等。

开环伺服系统不需要检测电动机的转速和位置信息，控制器直接根据输入信号计算出电动机的控制信号，控制电动机运动。开环伺服系统结构简单、成本低，但控制精度较低，如图 7-1 所示。

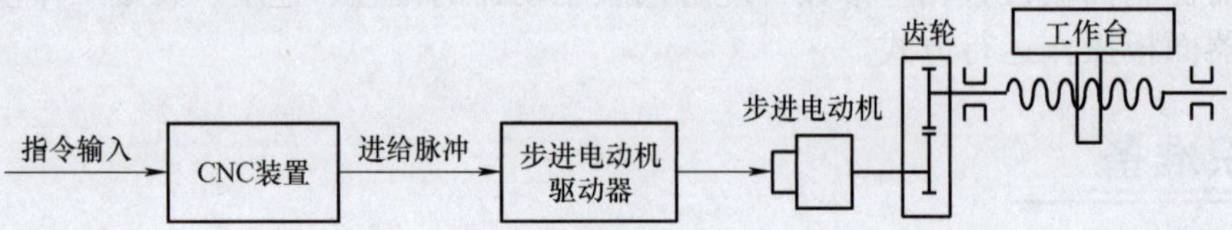

图 7-1　开环伺服系统

闭环伺服系统需要检测电动机的转速和位置信息，并反馈给控制器，控制器根据反馈信息进行闭环控制，从而实现精确控制。闭环伺服系统控制精度高，但系统复杂、成本较高，如图 7-2 所示。

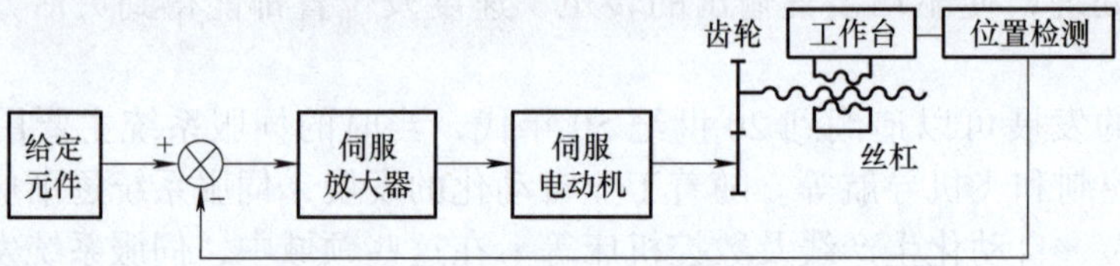

图 7-2　闭环伺服系统

半闭环伺服系统介于开环伺服系统和闭环伺服系统之间，它只检测电动机的转速信息，不检测电动机的位置信息。半闭环伺服系统结构简单、成本较低，但控制精度比闭环伺服系统略低，如图 7-3 所示。

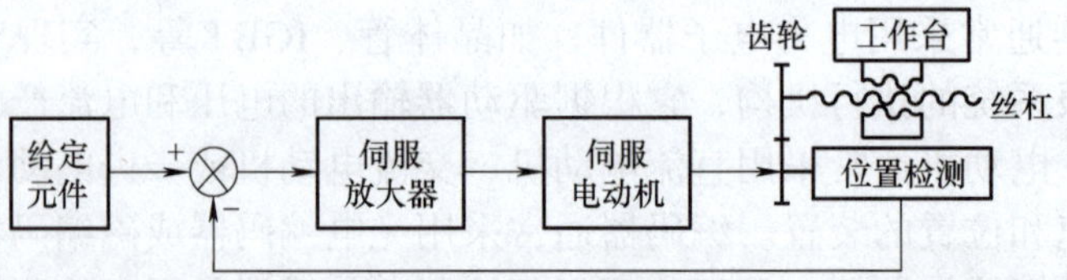

图 7-3　半闭环伺服系统

3）按应用领域分类。根据应用领域的不同，伺服系统可以分为工业伺服系统、机器人伺服系统及航空航天伺服系统等。

工业伺服系统主要应用于各种工业自动化生产线、数控机床、印刷机械及包装机械等领域，具有高精度、高速度及高效率的特点。

机器人伺服系统主要应用于工业机器人、服务机器人及医疗机器人等领域，具有高精度、高可靠性、高适应性的特点。

航空航天伺服系统主要应用于航空航天领域，如飞机、导弹、卫星等，具有高精度、高可靠性、高适应性的特点。

（4）伺服系统的性能指标　伺服系统的性能指标主要包括以下 6 个方面：

1）精度：伺服系统的精度是指系统输出信号与输入信号之间的偏差，通常用误差来表示。

2）稳定性：伺服系统的稳定性是指系统在受到外界干扰或输入信号变化时，能够保持稳定的输出。

3）快速性：伺服系统的快速性是指系统对输入信号的响应速度，通常用响应时间来表示。

4）可靠性：伺服系统的可靠性是指系统在长期运行过程中，能够保持稳定的性能和可靠性。

5）适应性：伺服系统的适应性是指系统能够适应不同的工作环境和工作条件，如温度、湿度及振动等。

6）成本：伺服系统的成本是指系统的制造成本和维护成本等。

这些性能指标是评估伺服系统性能的重要标准，不同的应用领域对伺服系统的性能指标要求也不同。

2. 认识交流伺服电动机

交流伺服电动机是一种将交流电信号转换为机械运动的电动机，也被称为执行电动机。它可以实现高精度的位置、速度和转矩控制，常用于工业自动化领域，如机床、机器人、印刷机等。

认识交流伺服电动机

交流伺服电动机主要由定子、转子、编码器和其他辅助结构（风扇、封盖）组成，如图 7-4 所示。定子上有绕组，通过交流电产生旋转磁场；转子为永磁体，在磁场作用下旋转；编码器用于检测转子的位置和速度。

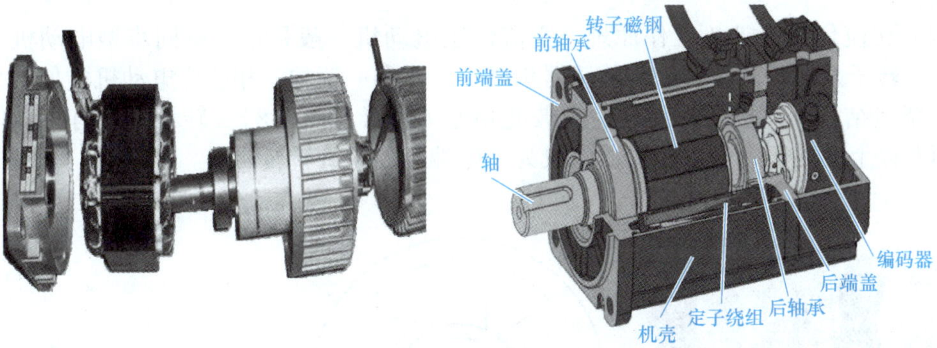

图 7-4　交流伺服电动机的结构

（1）定子　定子是交流伺服电动机的固定部分，通常由硅钢片堆叠而成，形成电动机的铁心。定子上绕有绕组，这些绕组通常是三相绕组，用于接收交流电信号，实物如图 7-5 所示。

绕组：定子上的绕组是电动机的电磁部分，它们通过电流产生磁场。绕组通常由铜线绕制而成，根据电动机的设计，可以有不同的绕组形式，如集中绕组和分布式绕组。

铁心：铁心由硅钢片堆叠而成，用于提供磁通路径和减小磁损耗。铁心的形状和尺寸根据电动机的设计要求进行选择。

（2）转子　转子是交流伺服电动机的旋转部分，它通过与定子的磁场相互作用产生转矩。转子通常由永磁体或电磁体构成，实物如图 7-6 所示。

永磁体：永磁体转子是交流伺服电动机常见的一种结构形式。永磁体通常由稀土永磁材料制成，如钕铁硼。永磁体安装在转子上，产生恒定的磁场。

电磁体：在某些交流伺服电动机中，转子也可以由电磁体构成。电磁体由绕组和铁心组成，通过电流激励产生磁场。

图 7-5　定子实物图

图 7-6　转子实物图

（3）编码器　编码器是交流伺服电动机的重要组成部分，用于检测转子的位置和速度。编码器通常安装在电动机的后端，通过与转子的连接来获取位置和速度信息，实物如图 7-7 所示。

如果编码器与齿轮条或螺旋丝杠结合在一起，也可用于测量直线位移。电动机编码器的主要作用为：用于高精度定位，普遍都是用 PLC 发出脉冲，通过伺服驱动器来达到定位效果。而伺服电动机后面的编码器可以反馈伺服电动机的行程，与 PLC 发出的脉冲做比较，从而形成一个闭环系统。

伺服电动机编码器主要应用在下列方面：机床材料加工、电动机反馈系统以及测量和控制设备。

（4）交流伺服电动机工作原理　交流伺服电动机一般是指永磁同步型电动机，主要由定子、转子及测量转子位置的传感器构成，定子和一般的三相感应电动机类似，采用三相对称绕组结构，它们的轴线在空间彼此相差 120°（见图 7-8）；转子上贴有磁性体，一般有两对以上的磁极；位置传感器一般为光电编码器或旋转变压器。

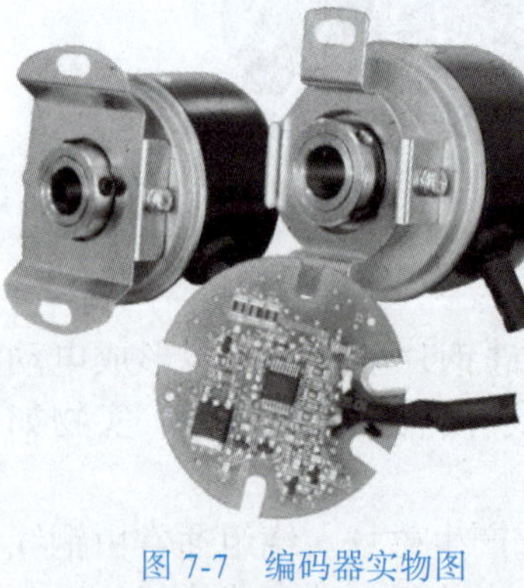

图 7-7　编码器实物图

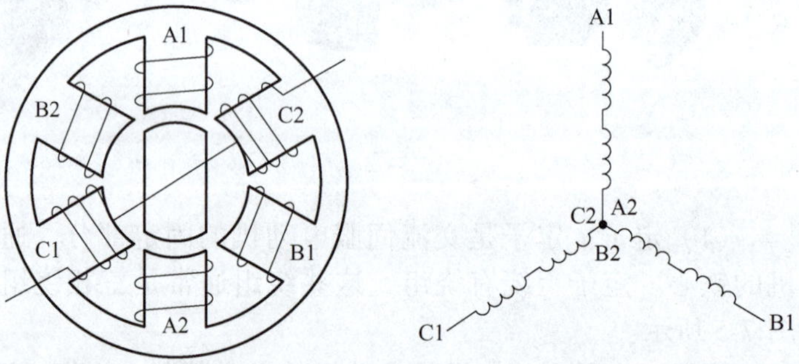

图 7-8　交流伺服电动机的定子结构

图 7-9a 所示为永磁同步伺服电动机结构示意，其定子铁心上嵌有定子绕组，转子上安装一个两极永磁体（1 对磁极），当定子绕组通三相交流电时，定子绕组会产生旋转磁场，此时的定子就像一个旋转的磁铁，如图 7-9b 所示，根据磁极同性相斥、异性相吸可知，装有永磁体的转子会跟随旋转磁场方向同步转动。

在定子绕组电源频率不变的情况下，永磁同步伺服电动机在运行时转速是恒定的，其转速 n 与电动机的磁极对数 p、交流电源的频率 f 有关，即

$$n=60f/p$$

根据上式可知，改变转子的磁极对数或定子绕组电源的频率，均可改变电动机转子的转速。永磁同步伺服电动机是通过改变定子绕组的电源频率来调节转速的。

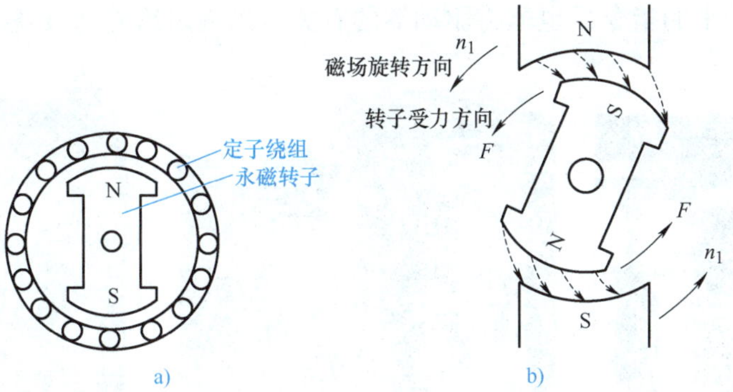

图 7-9　永磁同步伺服电动机结构示意图

3. 认识交流伺服驱动器

伺服驱动器又称伺服放大器，是交流伺服系统的核心设备。

图 7-10a 为一些常见的伺服驱动器，图 7-10b 为三菱 MR-JE-10A 伺服驱动器构造、各部分名称及功能。

认识交流伺服驱动器

伺服驱动器的功能是将工频（50Hz 或 60Hz）交流电源转换成幅度和频率均可变的交流电源提供给伺服电动机。当伺服驱动器工作在速度控制模式时，通过控制输出电源的频率来对电动机进行调速；当工作在转矩控制模式时，通过控制输出电源的幅度来对电动机进行转矩控制；当工作在位置控制模式时，根据输入脉冲来决定输出电源的通断时间。

（1）伺服驱动器的内部结构及说明　图 7-11 所示为三菱 MR-J2S-A 系列通用伺服驱动器的内部结构。伺服驱动器工作原理说明如下。

三相交流电源（200 ～ 230V）或单相交流电源（230V）经断路器 QF 和接触器 KM 送到伺服驱动器内部的整流电路，交流电源经整流电路、开关 S（S 断开时经 R_1）对电容 C 充电，在电容上得到上正下负的直流电压，该直流电压送到逆变电路，逆变电路将直流电压转换成 U、V、W 三相交流电压，输出送给伺服电动机，驱动电动机运转。

R_1、S 为浪涌保护电路，在开机时 S 断开，R_1 对输入电流进行限制，用于保护整流电路中的二极管不被开机冲击电流烧坏，正常工作时 S 闭合，R_1 不再限流；R_2、VL 为电源指示电路，当电容 C 上存在电压时，VL 就会发光；VT、R_3 为再生制动电路，用于加快制动速度，同时避免制动时电动机产生的电压损坏有关电路；电流传感器用于检测伺服驱动器输出电流，并通过电流检测电路反馈给控制系统，以便控制系统能随时了解输出电流而做出相应控制；有些伺服电动机除了带有编码器外，还带有电磁制动器，在制动器线圈未通电时伺服电动机转轴被抱闸，线圈通电后抱闸松开，电动机可正常运行。

控制系统有单独的电源电路，它除了为控制系统供电外，对于大功率型号的驱动器，它还要为内置的散热风扇供电；主电路中的逆变电路工作时需要提供驱动脉冲信号，它由控制系统提供，主电路中的再生制动电路所需的控制脉冲也由控制系统提供。电压检测电路用于检测主电路中的电压，电流检测电路用于检测逆变电路的电流，它们都反馈给控制系统，控制系统根据设定的程序做出相应的控制（如过电压或过电流时让驱动器停止工作）。

如果给伺服驱动器接上备用电源（MR-BAT），就能构成绝对位置系统，这样在首次原点（零位）设置后，即使驱动器断电或报警后重新运行，也不需要进行原点复位操作。控制系统通过一些接口电路与驱动器的外接端口（如 CN1A、CN1B 和 CN3 等）连接，以便接收外部设备送来的指令，也能将驱动器的有关信息输出给外部设备。

a)

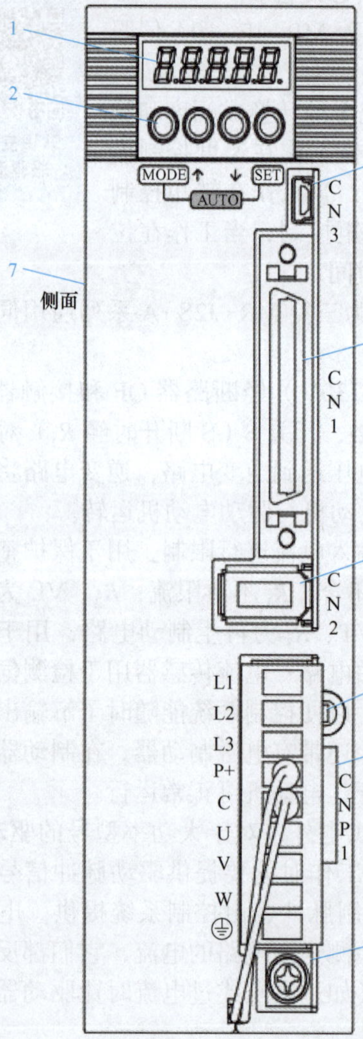

编号	名称·用途
1	显示部位 在5位7段的LED中显示伺服的状态以及报警编号
	操作部位 可对状态显示、诊断、报警以及参数进行操作。同时按下“MODE”与“SET”3s以上，可进入单键调整模式
2	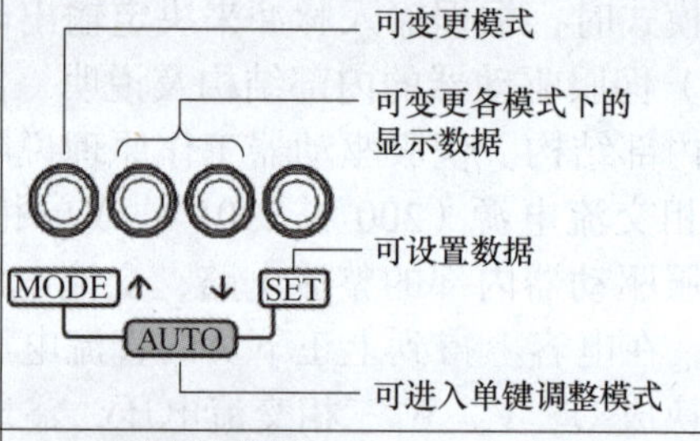
3	USB通信用连接器(CN3) 请与计算机连接
4	输入/输出信号用连接器(CN1) 连接数字输入/输出信号、模拟输入信号、模拟监视输出信号及RS422/RS485通信用控制器
5	编码器连接器(CN2) 连接伺服电动机编码器
6	电源连接器(CNP1) 连接输入电源、内置再生电阻器、再生选件以及伺服电动机
7	铭牌
8	充电指示灯 主电路存在电荷时亮灯。亮灯时请勿进行电线的连接和更换等
9	保护接地(PE)端子 接地端子

b)

图 7-10 常见的伺服驱动器及三菱 MR-JE-10A 伺服驱动器构造、各部分名称及功能

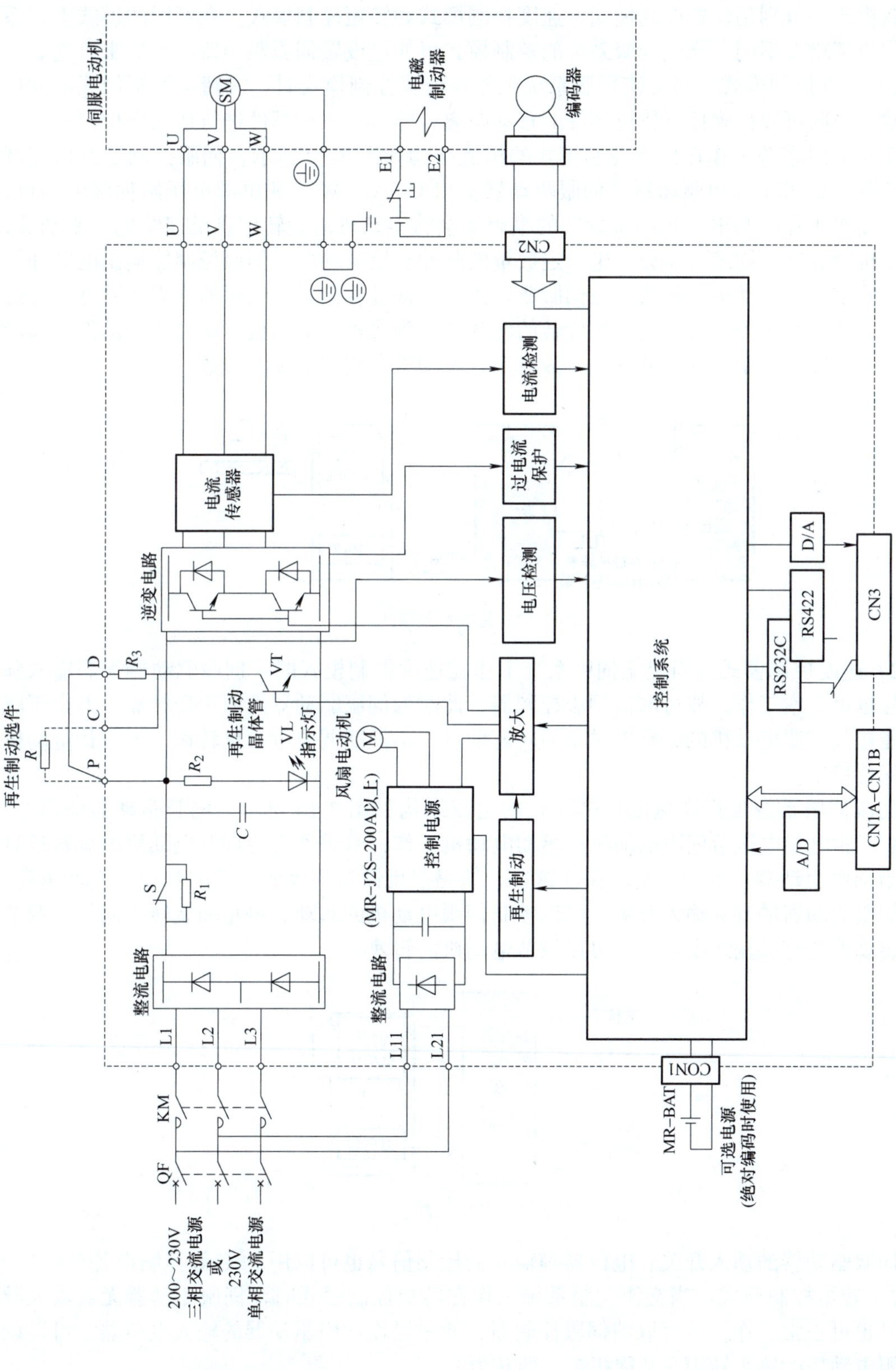

图 7-11　三菱 MR-J2S-A 系列通用伺服驱动器的内部结构图

（2）伺服驱动器的控制模式　交流伺服系统是以交流伺服电动机为控制对象的自动控制系统，它主要由伺服控制器、伺服驱动器和伺服电动机组成。交流伺服系统主要有3种控制模式，分别是位置控制模式、速度控制模式和转矩控制模式。在不同的模式下，系统工作原理略有不同。交流伺服系统的控制模式可通过设置伺服驱动器的参数来改变。

1）位置控制模式。当交流伺服系统工作在位置控制模式时，能精确控制伺服电动机的转数，因此可以精确控制执行部件的移动距离，即可对执行部件进行运动定位控制。

交流伺服系统工作在位置控制模式的组成结构如图7-12所示。伺服控制器发出控制信号和脉冲信号给伺服驱动器，伺服驱动器输出U、V、W三相电源电压给伺服电动机，驱动电动机工作，与电动机同轴旋转的编码器会将电动机的旋转信息反馈给伺服驱动器，如电动机每旋转一周编码器会产生一定数量的脉冲送给驱动器。伺服控制器输出的脉冲信号用来确定伺服电动机的转数，在伺服驱动器中，该脉冲信号与编码器送来的脉冲信号进行比较，若两者相等，表明电动机旋转的转数已达到要求，电动机驱动的执行部件已移动到指定的位置。控制器发出的脉冲个数越多，电动机会旋转更多的转数。

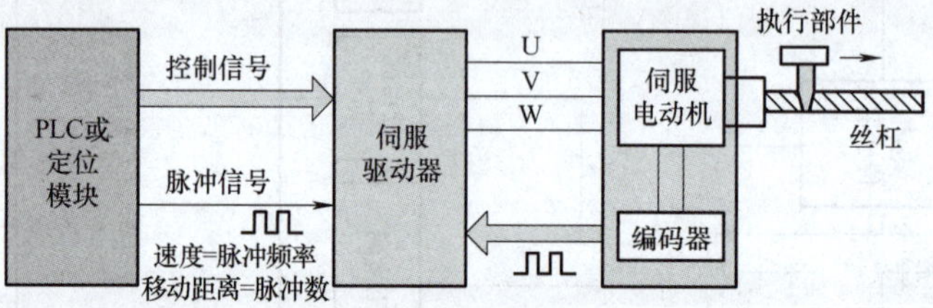

图7-12　位置控制模式

2）速度控制模式。当交流伺服系统工作在速度控制模式时，伺服驱动器无需输入脉冲信号也可正常工作，故可取消伺服控制器，此时的伺服驱动器类似于变频器，但由于驱动器能接收伺服电动机的编码器送来的转速信息，不但能调节电动机转速，还能让电动机转速保持稳定。

交流伺服系统工作在速度控制模式的组成结构如图7-13所示。伺服驱动器输出U、V、W三相电源电压给伺服电动机，驱动电动机工作，编码器会将伺服电动机的旋转信息反馈给伺服驱动器。电动机旋转速度越快，编码器反馈给伺服驱动器的脉冲频率就越高。操作伺服驱动器的有关输入开关，可以控制伺服电动机的起动、停止和旋转方向等。调节伺服驱动器的有关输入电位器，可以调节电动机的转速。

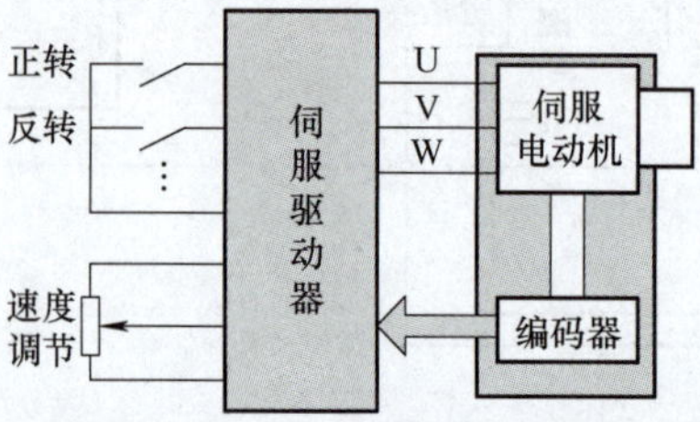

图7-13　速度控制模式

伺服驱动器的输入开关、电位器等输入的控制信号也可以用PLC等控制设备产生。

3）转矩控制模式。当交流伺服系统工作在转矩控制模式时，伺服驱动器无需输入脉冲信号也可正常工作，故可取消伺服控制器，通过操作伺服驱动器的输入电位器，可以调节伺服电动机的输出转矩（又称扭矩，即转力）。

交流伺服系统工作在转矩控制模式的组成结构如图 7-14 所示。

（3）伺服驱动器的安装与配线　伺服驱动器与伺服电动机的连线不能拉紧。固定伺服驱动器时，必须在每个固定处确实锁紧。安装方向也必须符合规定。为了使冷却循环效果良好，安装伺服驱动器时，其上下左右与相邻的物品与挡板（墙）必须保持足够的空间。伺服驱动器在安装时其吸排气孔不可封住，也不可颠倒放置。三菱 MR−JE−10A 伺服驱动器的系统结构和配线如图 7-15 所示。

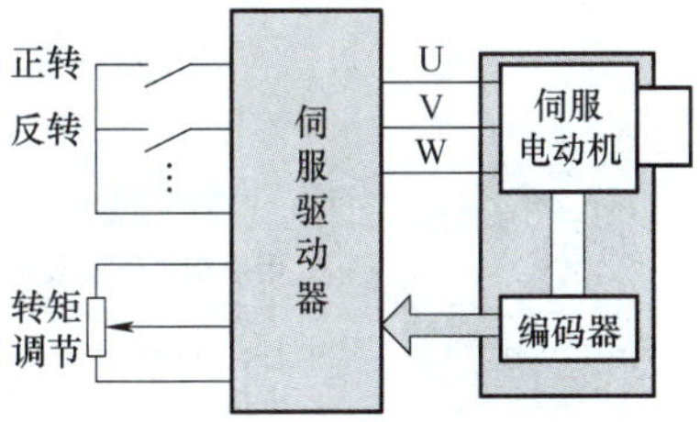

图 7-14　转矩控制模式

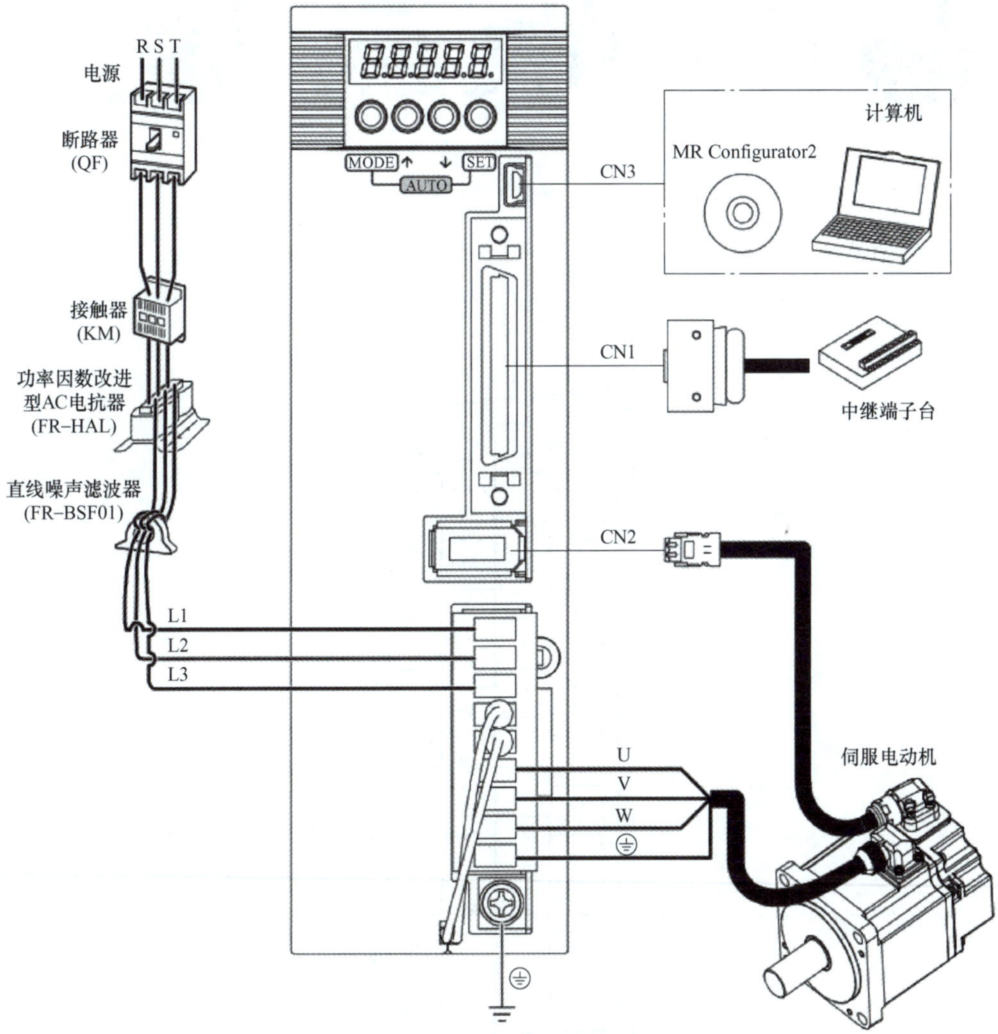

图 7-15　三菱 MR−JE−10A 伺服驱动器的系统结构和配线

导线与连接器的连接方法，使用驱动器附带的操作杆或使用刀尖宽度 3.0 ～ 3.5mm 的一字螺钉旋具。操作步骤如图 7-16 所示。

CN1 连接器共有 50 个引脚，其引脚结构如图 7-17 所示，分为输入软元件、输出软元件和电源 3 种。表 7-1 为 CN1 连接器引脚结构组成。

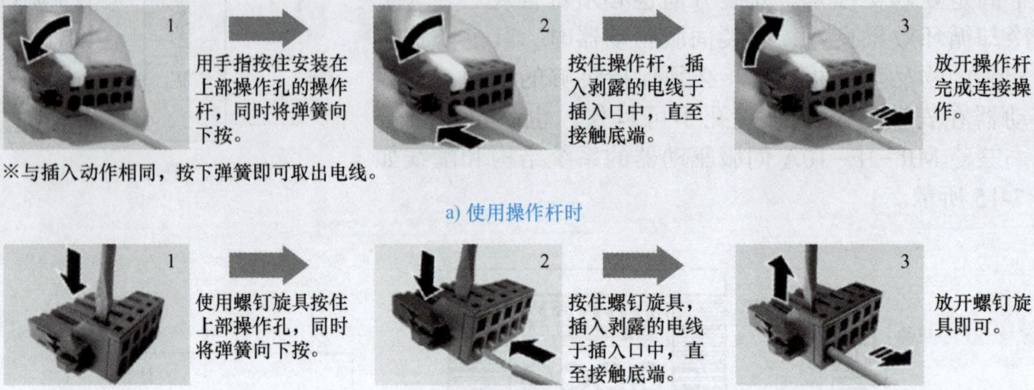

1
用手指按住安装在上部操作孔的操作杆，同时将弹簧向下按。
2
按住操作杆，插入剥露的电线于插入口中，直至接触底端。
3
放开操作杆完成连接操作。
※与插入动作相同，按下弹簧即可取出电线。
1
使用螺钉旋具按住上部操作孔，同时将弹簧向下按。
2
按住螺钉旋具，插入剥露的电线于插入口中，直至接触底端。
3
放开螺钉旋具即可。

a) 使用操作杆时

b) 使用螺钉旋具

图 7-16　导线与连接器的连接

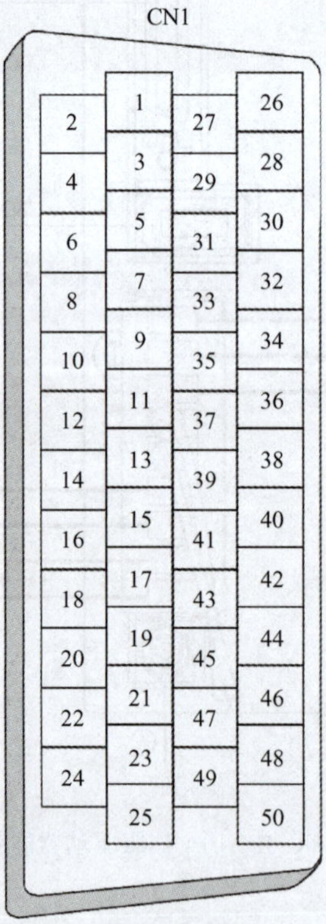

图 7-17　CN1 连接器引脚结构图

表 7-1 CN1 连接器引脚结构组成

软元件名称			简称	连接器引脚编号
输入	数字量通用输入	伺服开启	SON	CN1-15
		复位	RES	CN1-19
		清零	CR	CN1-41
		正转行程末端	LSP	CN1-43
		反转行程末端	LSN	CN1-44
	数字量专用输入	强制停止 2	EM2	CN1-42
	定位脉冲输入	脉冲串（漏型输入）	PP	CN1-10
		脉冲串（源型输入）	PG	CN1-11
		方向信号（漏型输入）	NP	CN1-35
		方向信号（源型输入）	NG	CN1-36
	模拟量控制输入	模拟速度指令	VC	CN1-2
		模拟速度限制	VLA	
		模拟转矩指令	TC	CN1-27
		模拟转矩限制	TLA	
输出	数字量通用输出	零速度检测	ZSP	CN1-23
		到位	INP	CN1-24
		速度达到	SA	
		准备完成	RD	CN1-49
	数字量专用输出	故障	ALM	CN1-48
	编码器输出	编码器 A 相脉冲（差分线路驱动器）	LA	CN1-4
			LAR	CN1-5
		编码器 B 相脉冲（差分线路驱动器）	LB	CN1-6
			LBR	CN1-7
		编码器 Z 相脉冲（差分线路驱动器）	LZ	CN1-8
			LZR	CN1-9
		编码器 Z 相脉冲（集电极开路）	OP	CN1-33
	模拟量输出	模拟监视 1	MO1	CN1-26
		模拟监视 2	MO2	CN1-29
电源	数字接口用电源输入		DICOM	CN1-20
	集电极开路漏型接口用电源输入		OPC	CN1-12
	数字接口用公共端		DOCOM	CN1-46、CN1-47
	控制公共端		LG	CN1-3、CN1-28、CN1-30、CN1-34

（4）认识伺服驱动器操作面板及常用参数设置　三菱 MR-JE-10A 伺服驱动器通过显示部分（5 位的七段 LED）和操作部分（4 个按键）对伺服放大器的状态、报警、参数等进行显示和设置操作，如图 7-18 所示。此外，同时按下“MODE”与“SET”键 3s 以上，即跳转至一键式调整模式。

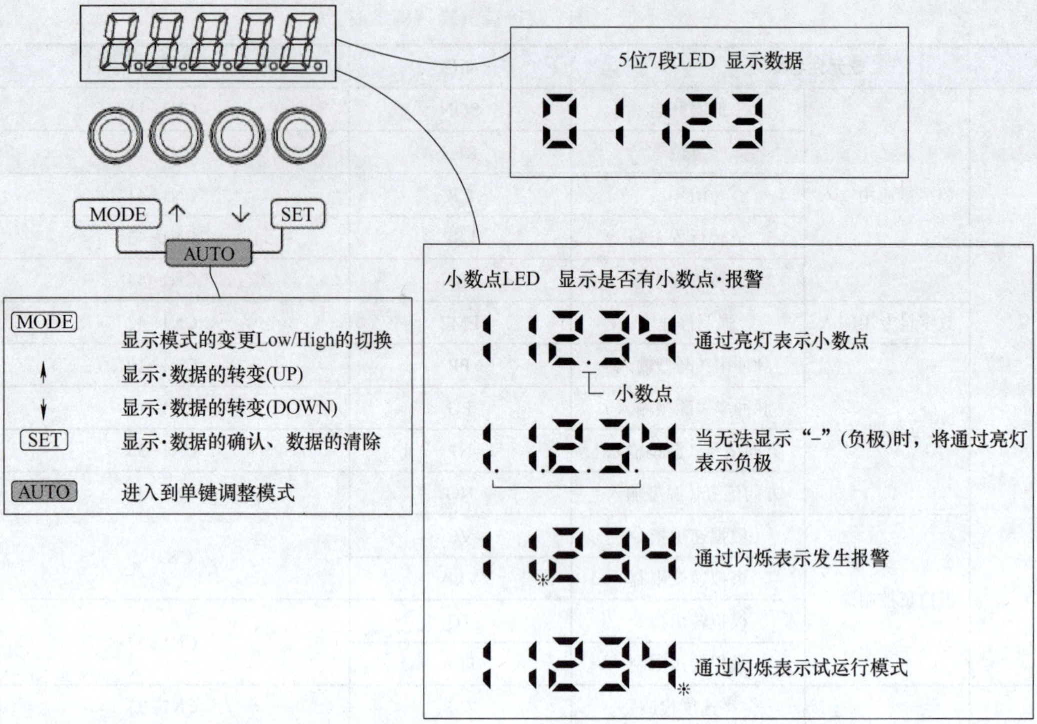

图 7-18　三菱 MR-JE-10A 伺服驱动器操作面板的显示和设置操作

三菱 MR-JE-10A 伺服驱动器的参数分为 5 类。参数代码 P 后的第一个字母为参数分类，后两位数字为编号，见表 7-2。

表 7-2　三菱 MR-JE-10A 伺服驱动器参数分类

参数代码		种类	格式
分类	编号		
A	01 ～ 32	基本设置参数	PA_ _
B	01 ～ 64	增益・滤波器设定参数	PB_ _
D	01 ～ 48	输入 / 输出设置参数	PD_ _
E	01 ～ 64	扩展设置 2 参数	PE_ _
F	01 ～ 48	扩展设置 3 参数	PF_ _

三菱 MR-JE-10A 伺服驱动器的基本设定参数见表 7-3。

表 7-3　三菱 MR-JE-10A 伺服驱动器基本设定参数

编号	简称	名称	初始值
PA01	STY	运行模式	1000h
PA02	REG	再生选件	0000h
PA04	AOP1	功能选择 A-1	2000h
PA05	FBP	每转指令输入脉冲数	10000

（续）

编号	简称	名称	初始值
PA06	CMX	电子齿轮分子（指令脉冲倍率分子）	1
PA07	CDV	电子齿轮分母（指令脉冲倍率分母）	1
PA08	ATU	自动调整模式	0001h
PA09	RSP	自动调整响应性	16
PA10	INP	到位范围	100
PA11	TLP	正转转矩限制	100.0
PA12	TLN	反转转矩限制	100.0
PA13	PLSS	指令脉冲输入形态	0100h
PA14	POL	旋转方向选择	0
PA15	ENR	编码器输出脉冲	4000
PA16	ENR2	编码器输入脉冲 2	1
PA19	BLK	参数写入禁止	00AAh
PA20	TDS	Tough Drive 设定	0000h
PA21	AOP3	功能选择 A-3	0001h
PA23	DRAT	驱动记录器任意报警触发器设定	0000h
PA24	AOP4	功能选择 A-4	0000h
PA25	OTHOV	单键调整过冲允许水平	0
PA26	AOP5	功能选择 A-5	0000h

关于 PA01，目前共有三种模式，即 P（位置控制模式）、S（速度控制模式）、T（转矩控制模式），具体设置见表 7-4。

表 7-4　伺服驱动器参数 Pr.PA01

编号	简称	名称	初始值	说明
PA01	STY	运行模式	1000h	1000h：表示选择位置控制模式（P） 1002h：表示选择速度控制模式（S） 1004h：表示选择转矩控制模式（T） _ _ _x 控制模式选择 0：位置控制模式 1：位置控制模式与速度控制模式 2：速度控制模式 3：速度控制模式与转矩控制模式 4：转矩控制模式 5：转矩控制模式与位置控制模式

1）显示流程。按下“MODE”按钮，就移动到下一个显示模式。各显示模式的显示内容及功能说明见表 7-5。

表 7-5　各显示模式的显示内容及功能说明

显示模式的变化	初始画面	功能
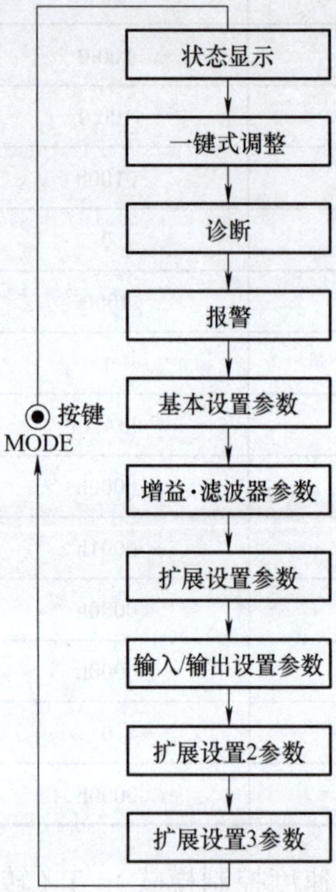	C	伺服状态显示 电源接通时，显示 C
	Auto	一键式调整 要执行一键式调整时选择
	rd-oF	顺序显示，外部信号显示，输出信号（DO）强制输出、试运行、软件版本显示，VC 自动偏置、伺服电动机系列 ID 显示，伺服电动机类型 ID 显示，伺服电动机编码器 ID 显示，驱动记录器有效 / 无效显示
	AL---.	当前报警显示、报警履历显示以及参数错误编号显示
	P A01	基本设置参数的显示和设定
	P b01	增益・滤波器参数的显示和设定
	P C01	扩展设置参数的显示和设定
	P d01	输入 / 输出设置设定参数的显示和设定
	P E01	扩展设置 2 参数的显示和设定
	P F01	扩展设置 3 参数的显示和设定

注：通过 MR Configurator2 软件在伺服放大器上设定轴的名称时，显示轴名称后显示伺服放大器的状态。

2）参数模式的转换。通过“MODE”按钮选择状态显示模式，然后按“UP”或“DOWN”按钮后显示内容会按如图 7-19 所示顺序进行转换。

3）参数的修改。作为示例，将 [Pr. PA06 电子齿轮分子] 变更为“123456”时的操作方法，如图 7-20 所示。

4. 电子齿轮的设置

（1）关于电子齿轮　在位置控制模式时，通过上位机（如 PLC）给伺服驱动器输入脉冲来控制伺服电动机的转数，进而控制执行部件移动的位移。输入脉冲个数越多，电动机旋转的转数越多。

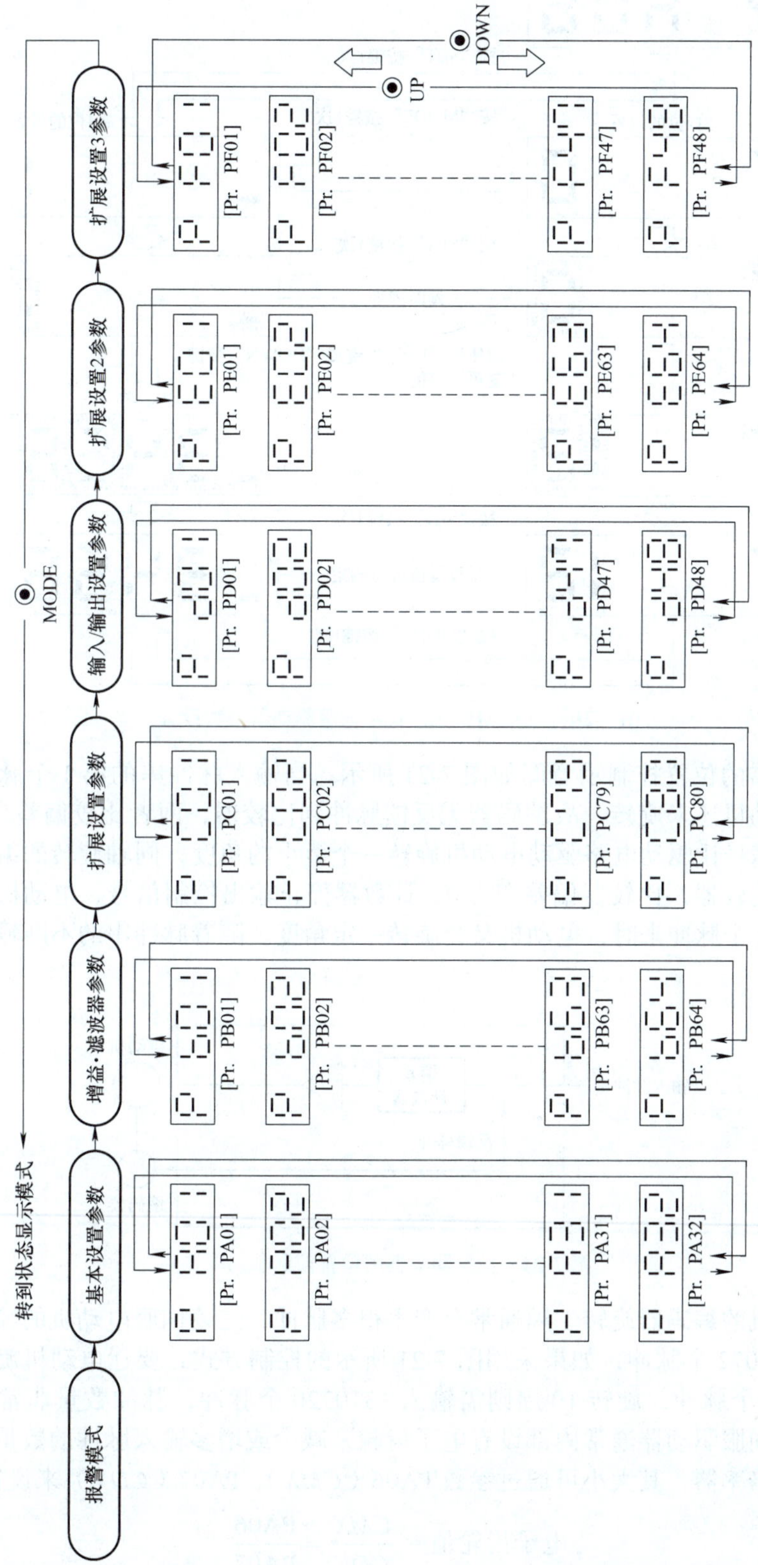

图 7-19　三菱 MR-JE-10A 伺服驱动器参数模式

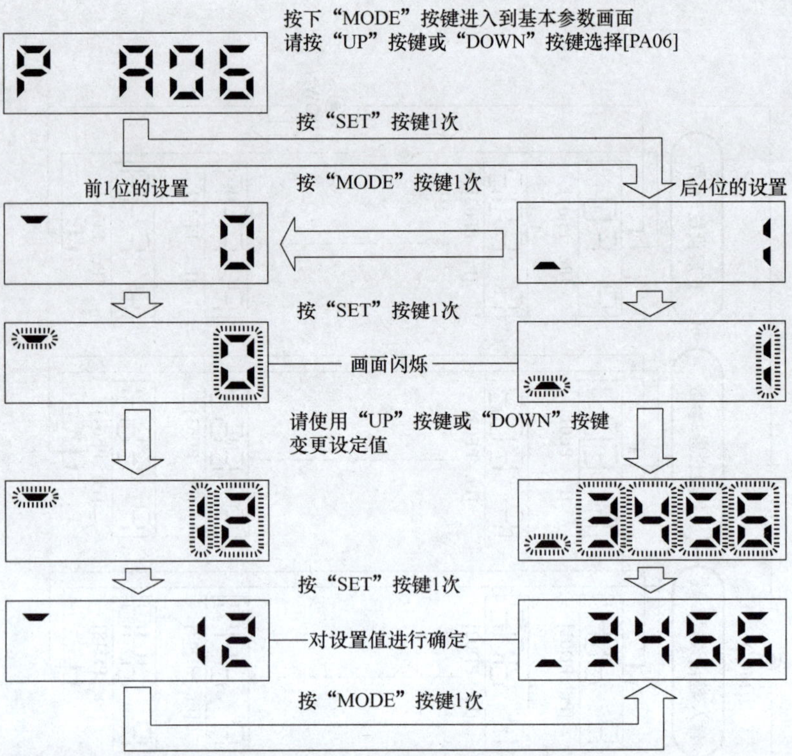
按下“MODE”按键进入到基本参数画面
请按“UP”按键或“DOWN”按键选择[PA06]
按“SET”按键1次
按“MODE”按键1次
前1位的设置
后4位的设置
按“SET”按键1次
画面闪烁
请使用“UP”按键或“DOWN”按键
变更设定值
按“SET”按键1次
对设置值进行确定
按“MODE”按键1次

图 7-20　三菱 MR-JE-10A 伺服驱动器参数设置

伺服驱动器的位置控制示意图如图 7-21 所示。当输入脉冲串的第 1 个脉冲送到比较器时，由于电动机还未旋转，故编码器无反馈脉冲到比较器，两者比较偏差为 1，偏差计数器输出控制信号让驱动电路驱动电动机旋转一个微小的角度，同轴旋转的编码器产生一个反馈脉冲到比较器，比较器偏差变为 0，计数器停止输出控制信号，电动机停转。当输入脉冲串的第 2 个脉冲来时，电动机又会旋转一定角度。随着脉冲串的不断输入，电动机不断旋转。

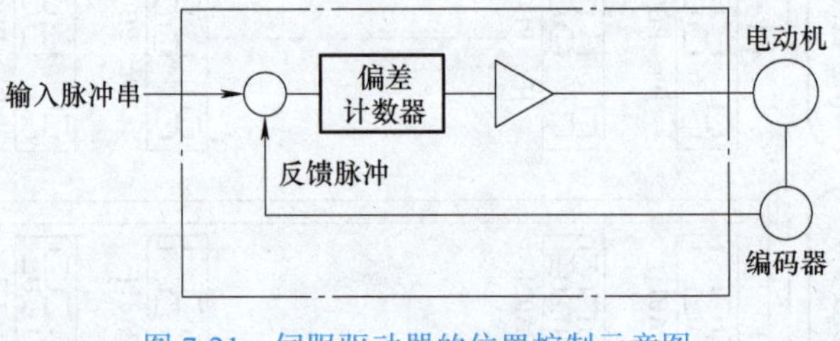
电动机
偏差
计数器
输入脉冲串
反馈脉冲
编码器

图 7-21　伺服驱动器的位置控制示意图

伺服电动机的编码器旋转 1 周通常会产生很多脉冲，三菱伺服电动机的编码器每旋转 1 周会产生 131072 个脉冲，如果采用图 7-21 所示的控制方式，要让电动机旋转 1 周，则需输入 131072 个脉冲，旋转 10 周则需输入 1310720 个脉冲，脉冲数量非常多。为了解决这个问题，伺服驱动器通常内部设有电子齿轮来减少或增多输入脉冲的数量。电子齿轮实际上是一个倍率器，其大小可通过参数 PA06（CMX）、PA07（CDV）来设置，即

$$\text{电子齿轮值} = \frac{CMX}{CDV} = \frac{\text{PA06}}{\text{PA07}}$$

如果编码器旋转 1 周产生脉冲个数为 131072，若将电子齿轮的值设为 16，那么只要输入 8192 个脉冲就可以让电动机旋转 1 周。也就是说，在设置电子齿轮值时需满足：

$$输入脉冲数 \times 电子齿轮值 = 编码器产生的脉冲数$$

（2）电子齿轮设置示例　如图 7-22 所示，伺服电动机通过联轴器带动丝杆旋转，而丝杆旋转时会驱动工作台左右移动，丝杆的螺距为 5mm，当丝杆旋转 1 周时工作台会移动 5mm，如果要求脉冲当量为 1μm/ 脉冲（即伺服驱动器每输入 1 个脉冲时会使工作台移动 1μm），需给伺服驱动器输入多少个脉冲才能使工作台移动 5mm（电动机旋转 1 周）？如果编码器分辨率为 131072 脉冲 / 转，应如何设置电子齿轮值？

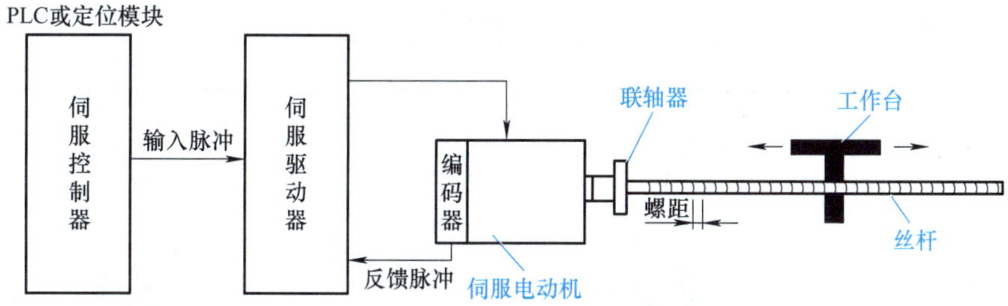

图 7-22　电子齿轮设置例图

分析：由于脉冲当量为 1μm/ 脉冲，一个脉冲对应工作台移动 1μm，工作台移动 5mm（电动机旋转 1 周）需要的脉冲数量为 $\dfrac{5\text{mm}}{1\mu\text{m}/脉冲}$=5000 脉冲；输入 5000 个脉冲会让伺服电动机旋转 1 周，而电动机旋转 1 周时编码器会产生 131072 个脉冲，根据“输入脉冲数 × 电子齿轮值 = 编码器产生的脉冲数”可得

$$电子齿轮值 = \frac{编码器产生的脉冲数}{输入脉冲数} = \frac{131072}{5000} = \frac{16384}{625}$$

故：

电子齿轮分子（PA06）=16384

电子齿轮分母（PA07）=625

5. 操作面板控制伺服驱动器运行

机械的调整及原点位置重合等情况下，使用 JOG 运行和手动脉冲发生器可以移动到任意位置。

（1）JOG 运行设定　根据使用目的，请按表 7-6 设定输入信号及参数。此时，DI0（程序编号选择 1）～ DI3（程序号选择 4）为无效。

表 7-6　设定输入信号及参数

项目	使用的软元件 / 参数	设定内容
手动运行模式选择	MD0（运行模式选择 1）	将 MD0 设为 OFF
伺服电动机选择方向	[Pr.PA14]	设定伺服电动机旋转方向
JOG 速度	[Pr.PT13]	设定伺服电动机的转速
加速时间常数	[Pr.PC01]	设定加速时间常数

（续）

项目	使用的软元件 / 参数	设定内容
减速时间常数	[Pr.PC02]	设定减速时间常数
S 字加 / 减速时间常数	[Pr.PC03]	设定 S 字加 / 减速时间常数

（2）伺服电动机旋转方向（见表 7-7）

表 7-7　伺服电动机旋转方向

[PA14] 的设定	伺服电动机旋转方向	
	ST1（正转起动）ON	ST2（反转起动）ON
0	向 CCW 方向旋转	向 CW 方向旋转
1	向 CW 方向旋转	向 CCW 方向旋转

伺服电动机旋转方向示例如图 7-23 所示。

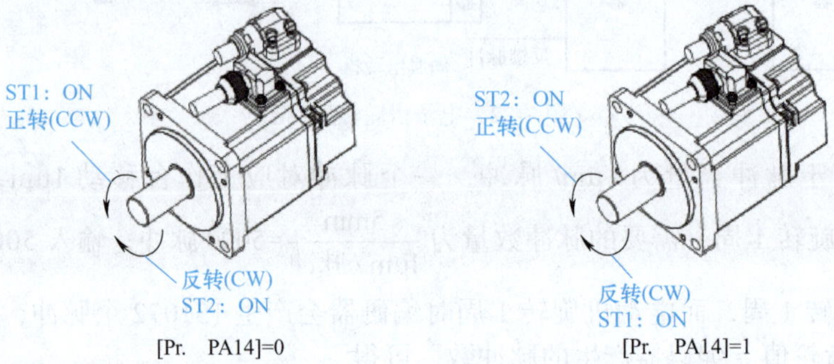

图 7-23　伺服电动机旋转方向示例

（3）运行　将 ST1 设为 ON，在 [Pr. PT13] 中设定 JOG 速度，[Pr. PC01] 及 [Pr. PC02] 中设定加速时间常数及减速时间常数，伺服电动机正向旋转。将 ST2 设为 ON，伺服电动机反向旋转。

6. 伺服驱动器软件应用

三菱伺服驱动器的软件为 MR Configuration2，图 7-24 是软件工程界面。

起动软件，或单击主界面工具栏，或通过主界面菜单栏建立与伺服驱动器的通信。图 7-25 为 MR Configuration2 定位运行界面。

1）电动机转速（r/min）。在“电动机转速”输入栏中输入伺服电动机的转速。

2）加减速时间常数（ms）。在“加减速时间常数”输入栏中输入加减速时间常数。

3）移动量（pulse）。在“移动量”输入栏中输入移动量。

4）自动开启 LSP、LSN。自动开启外部行程信号时，选中该复选框时使其生效；不选中时，在外部开启 LSP 以及 LSN。

5）Z 相信号移动。移动量和移动方向的最初 Z 相信号为 ON。

6）移动量单位选择。设定的移动量是作为指令脉冲单位还是编码器脉冲单位，用单选按钮选择。选择作为指令输入脉冲单位时，以设定的移动量乘以电子齿轮得出的值进行移动；选择编码器输出脉冲单位时，不用乘以电子齿轮。

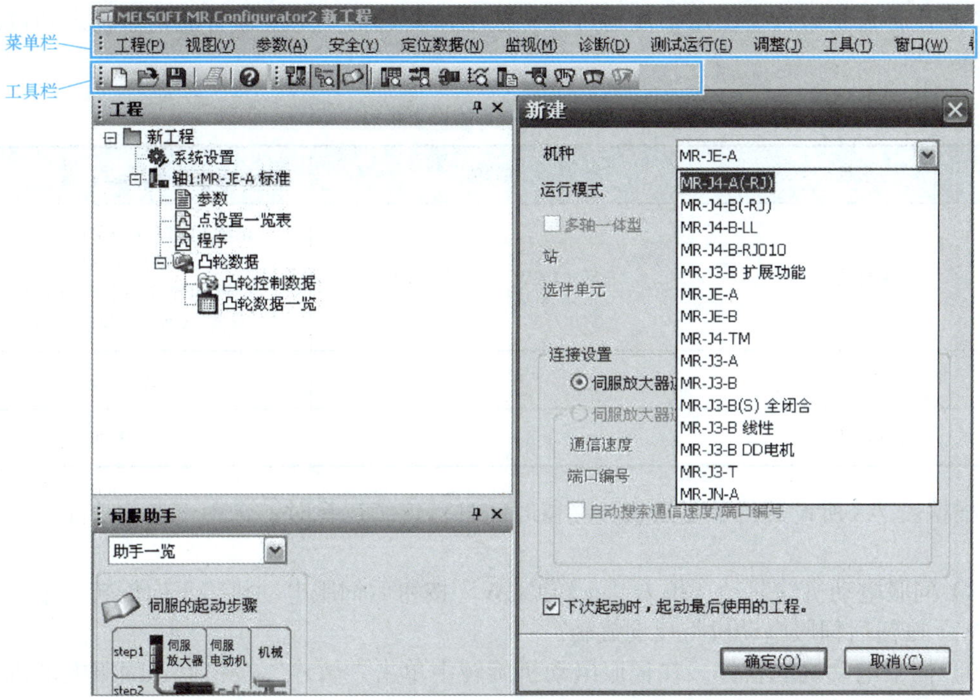
菜单栏
工具栏
MELSOFT MR Configurator2 新工程
工程(P)　视图(V)　参数(A)　安全(Y)　定位数据(N)　监视(M)　诊断(D)　测试运行(E)　调整(J)　工具(T)　窗口(W)
工程
新工程
系统设置
轴1:MR-JE-A 标准
参数
点设置一览表
程序
凸轮数据
凸轮控制数据
凸轮数据一览
伺服助手
助手一览
伺服的起动步骤
新建
机种
MR-JE-A
运行模式
多轴一体型
站
选件单元
连接设置
MR-J4-A(-RJ)
MR-J4-B(-RJ)
MR-J4-B-LL
MR-J4-B-RJ010
MR-J3-B 扩展功能
MR-JE-A
MR-JE-B
MR-J4-TM
MR-J3-A
MR-J3-B
MR-J3-B(S) 全闭合
MR-J3-B 线性
MR-J3-B DD电机
MR-J3-T
MR-JN-A
通信速度
端口编号
自动搜索通信速度/端口编号
下次起动时，起动最后使用的工程。
确定(O)
取消(C)

图 7-24　MR Configuration2 软件工程界面

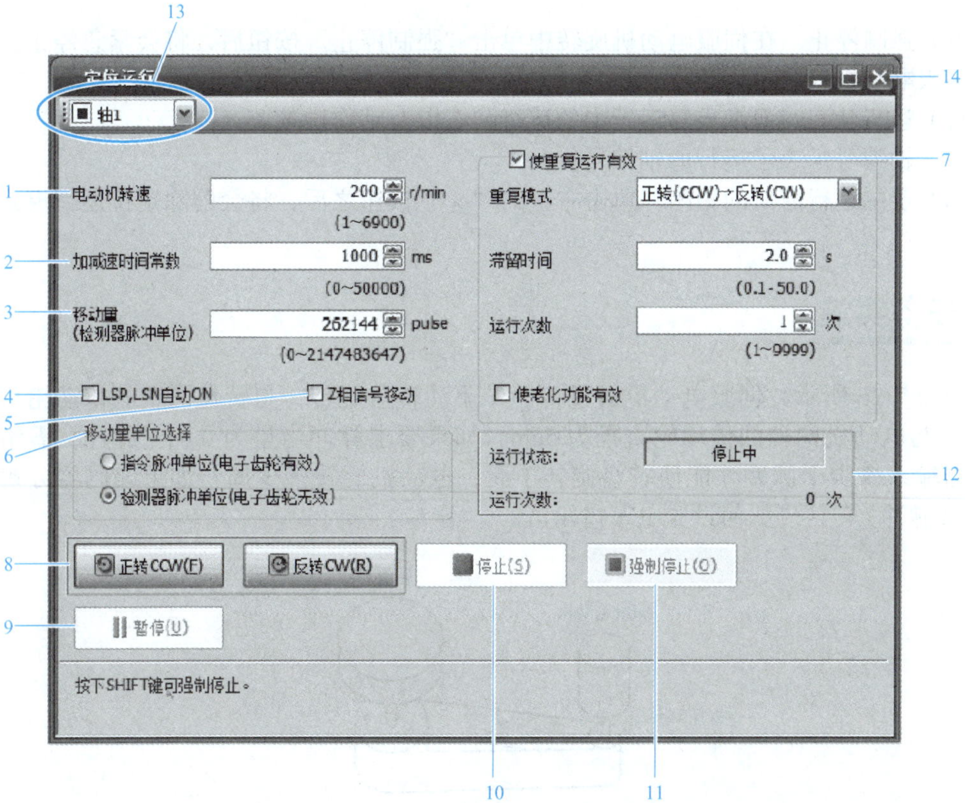
13
14
定位运行
轴1
1
2
3
4
5
6
7
8
9
10
11
12
电动机转速
200 r/min
(1~6900)
加减速时间常数
1000 ms
(0~50000)
移动量
(检测器脉冲单位)
262144 pulse
(0~2147483647)
LSP,LSN自动ON
Z相信号移动
移动量单位选择
指令脉冲单位(电子齿轮有效)
检测器脉冲单位(电子齿轮无效)
使重复运行有效
重复模式
正转(CCW)→反转(CW)
滞留时间
2.0 s
(0.1-50.0)
运行次数
1 次
(1~9999)
使老化功能有效
运行状态:
停止中
运行次数:
0 次
正转CCW(F)
反转CW(R)
停止(S)
强制停止(O)
暂停(U)
按下SHIFT键可强制停止。

图 7-25　MR Configuration2 定位运行界面

7）开启重复运行。使用重复运行时，选中该复选框。重复运行的初始设定和设定范围见表 7-8。

表 7-8 重复运行的初始设定和设定范围

项目	初始值	设置范围
重复类型	正转（CCW）→反转（CW）	正转（CCW）→反转（CW） 正转（CCW）→正转（CCW） 反转（CW）→正转（CCW） 反转（CW）→反转（CW）
滞留时间 /s	2	0.1 ～ 50
动作次数 / 次	1	1 ～ 9999

根据表 7-8 所设置的重复模式、滞留时间进行连续运行时，选中“老化功能有效”复选框。

8）伺服电动机的起动。单击“正转 CCW”按钮后伺服电动机将正向旋转；单击“反转 CW”按钮后伺服电动机将反向旋转。

9）伺服电动机的暂停。在伺服电动机旋转中单击“暂停”按钮后，伺服电动机的旋转将会暂停。该按钮在伺服电动机运行中生效。

10）伺服电动机的停止。在伺服电动机旋转中单击“停止”按钮后，伺服电动机将会停止。

11）强制停止。在伺服电动机旋转中单击“强制停止”按钮后，将会紧急停止。该按钮在伺服电动机运行中生效。

12）运行状态。显示重复运行中的运行状态以及动作次数。

13）轴编号。表示运行的轴编号。

14）定位运行窗口的关闭。单击右上的“×”按钮之后，将会解除定位运行模式，关闭窗口。

任务实施

如图 7-26 所示，伺服电动机通过传动带驱动转盘旋转，与转盘同轴的传动轮直径为 10cm，与电动机同轴的传动轮直径为 5cm，如果要求脉冲当量为 0.01°/ 脉冲，需给伺服驱动器输入多少个脉冲才能使转盘旋转 1 周，电动机旋转多少周？如果编码器分辨率为 131072 脉冲 / 转，应如何设置电子齿轮值？

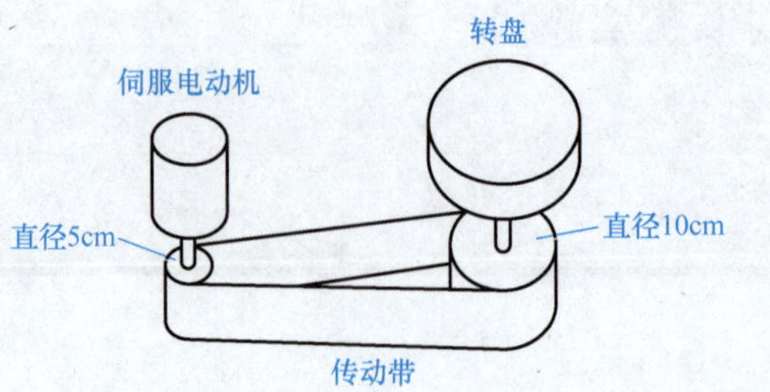

图 7-26 电子齿轮设置例图

任务评价与反思

任务评价：

请结合自身对本次任务的掌握程度、课堂参与度等方面进行自我评价，小组组长根据组员的活动参与情况给出小组评价。

<table>
<tr><th rowspan="3">评价内容</th><th rowspan="3" colspan="2">评价指标</th><th rowspan="3" colspan="2">权重</th><th colspan="5">等级</th></tr>
<tr><th>A</th><th>B</th><th>C</th><th>D</th><th>E</th></tr>
<tr><th>1.0</th><th>0.8</th><th>0.6</th><th>0.2</th><th>0</th></tr>
<tr><td rowspan="14">学生学习表现</td><td rowspan="3">参与程度</td><td>1. 参与的深度</td><td>3</td><td rowspan="14">60</td><td></td><td></td><td></td><td></td><td></td></tr>
<tr><td>2. 参与的广度</td><td>3</td><td></td><td></td><td></td><td></td><td></td></tr>
<tr><td>3. 参与的时机与效率</td><td>4</td><td></td><td></td><td></td><td></td><td></td></tr>
<tr><td rowspan="2">科学知识</td><td>1. 基础知识落实</td><td>10</td><td></td><td></td><td></td><td></td><td></td></tr>
<tr><td>2. 多边的信息传递</td><td>5</td><td></td><td></td><td></td><td></td><td></td></tr>
<tr><td rowspan="4">科学探究</td><td>1. 和谐的人际关系</td><td>5</td><td></td><td></td><td></td><td></td><td></td></tr>
<tr><td>2. 提出问题、发表意见</td><td>5</td><td></td><td></td><td></td><td></td><td></td></tr>
<tr><td>3. 思维的求异性、独创性、批判性</td><td>5</td><td></td><td></td><td></td><td></td><td></td></tr>
<tr><td>4. 动手实践、自主探索、合作交流的能力</td><td>10</td><td></td><td></td><td></td><td></td><td></td></tr>
<tr><td rowspan="4">情感态度</td><td>1. 学习活动的兴趣与求知欲</td><td>3</td><td></td><td></td><td></td><td></td><td></td></tr>
<tr><td>2. 一定的自我调控能力</td><td>2</td><td></td><td></td><td></td><td></td><td></td></tr>
<tr><td>3. 体验成功，建立自信心</td><td>3</td><td></td><td></td><td></td><td></td><td></td></tr>
<tr><td>4. 良好的学习习惯</td><td>2</td><td></td><td></td><td></td><td></td><td></td></tr>
<tr><td colspan="5">自我评价结果</td><td></td><td></td><td></td><td></td><td></td></tr>
<tr><td colspan="5">小组评价结果</td><td></td><td></td><td></td><td></td><td></td></tr>
</table>

任务反思：

在本次任务中，是否会使用伺服驱动器操作面板控制伺服电动机正转、反转运行及运行速度？是否会使用参数设置软件控制伺服电动机正转、反转运行？

职业素养与创新思维

当伺服驱动器处于诊断模式时，怎样让输出引脚产生输出信号？

当伺服驱动器处于诊断模式时，可以强制某输出引脚产生输出信号，常用于检查输出引脚接线是否正常。在使用该功能时，伺服驱动器应处于停止状态（即 SON 信号为 OFF）。

伺服驱动器接通电源后，按“MODE”键将显示器切换到诊断模式，按 2 次“UP”键，切换到信号强制输出画面“do-on”，如图 7-27 所示，按“SET”键 2s 以上，显示器右下角 CN1A-19 脚对应段的上方段变亮，按 1 次“MODE”键，CN1A-18 脚对应段的上方段变亮，按 1 次“UP”键，CN1A-18 脚对应段变亮，强制 CN1A-18 脚输出为 ON（即让 CN1A-18 脚与 SG 引脚强制接通），按 1 次“DOWN”键，CN1A-18 脚对应段变暗，强制 CN1A-18 脚输出为 OFF，按“SET”键 2s 以上可使强制生效，并返回到“do-on”画面。

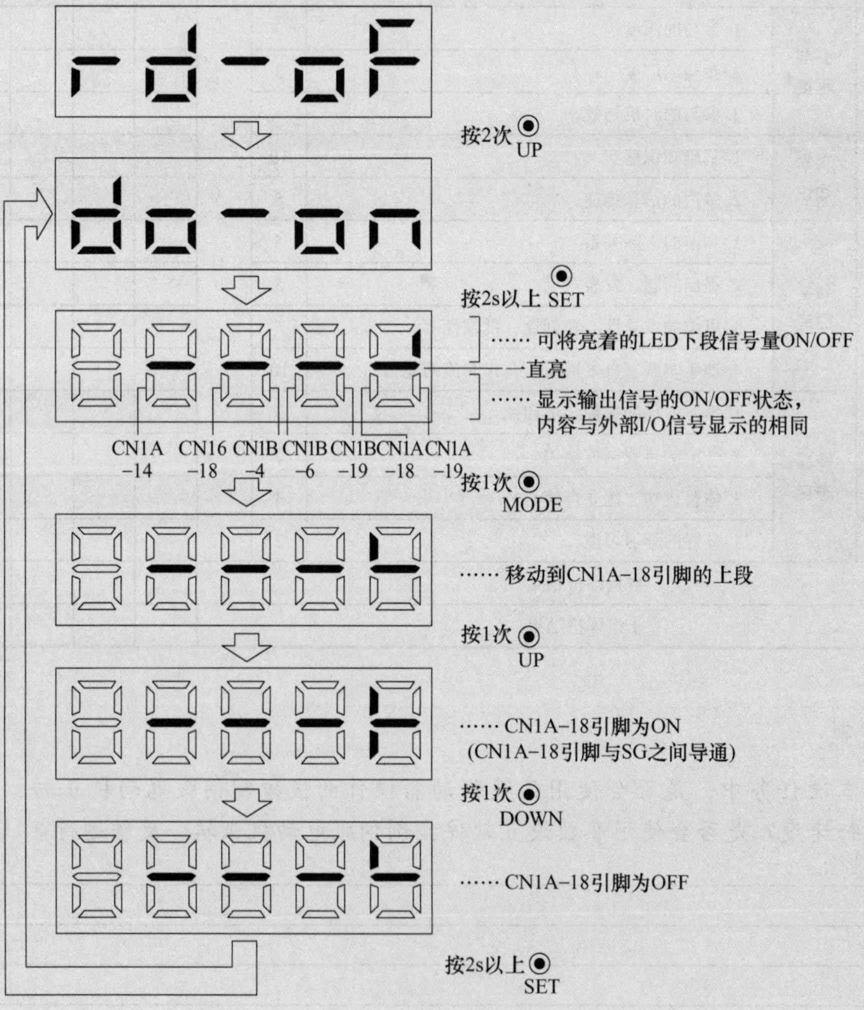

图 7-27 诊断模式下的强制信号输出操作

任务 7.2 PLC 控制伺服电动机正反转运行

伺服驱动器提供位置、速度、转矩三种基本控制模式，可使用单一控制模式，也可选择使用混合模式来进行控制。速度控制和转矩控制一般用模拟量来控制，也可以用端子配合参数来控制；位置控制是通过脉冲来控制的。如果对电动机的速度、位置都没有要求，只要求输出一个恒转矩，应使用转矩控制模式。如果对位置和速度有一定的精度要求，则使用速度控制模式或位置控制模式比较好。就伺服驱动器的响应速度来看，转矩控制模式运算量最小，伺服驱动器对控制信号的响应最快；位置控制模式运算量最大，伺服驱动器对控制信号的响应最慢。

任务要求

图 7-28 为机床进给伺服控制系统的示意图，伺服电动机与滚珠丝杆同轴相连带动工作滑台移动。按下起动按钮 SB1，伺服电动机驱动工作滑台以 20mm/s 速度向左运行工进切削，碰到左限位开关 SQ1 后，伺服电动机驱动工作滑台以 40mm/s 速度向右运行退刀，碰到右限位开关 SQ2 后再次以 20mm/s 速度向左运行工进切削，如此反复运动，直到按下停止按钮 SB2，伺服电动机停止运行。

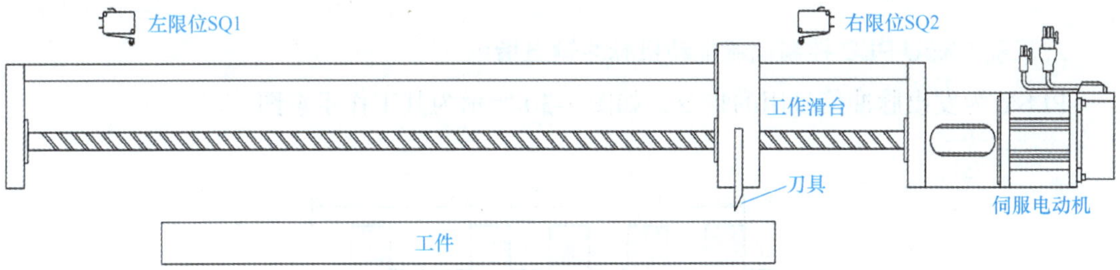

图 7-28 机床进给伺服控制系统的示意图

知识准备

1. 位置控制模式

位置控制模式一般是通过外部输入脉冲的频率来确定转动速度的大小，通过脉冲的个数来确定转动的角度，也有些伺服系统可以通过通信方式直接对速度和位移进行赋值。由于位置控制模式可以对速度和位置都有很严格的控制，所以一般用于精密定位装置，应用领域如数控机床、印刷机械等。

图 7-29 所示为三菱 MR-JE 伺服位置控制模式接线图，需要接收脉冲信号来进行定位。指令脉冲串能够以集电极漏型、集电极源型和差动线驱动等三种形态输入，同时可以选择正逻辑或者负逻辑。其中指令脉冲串形态在 [Pr.PA13] 中进行设置。

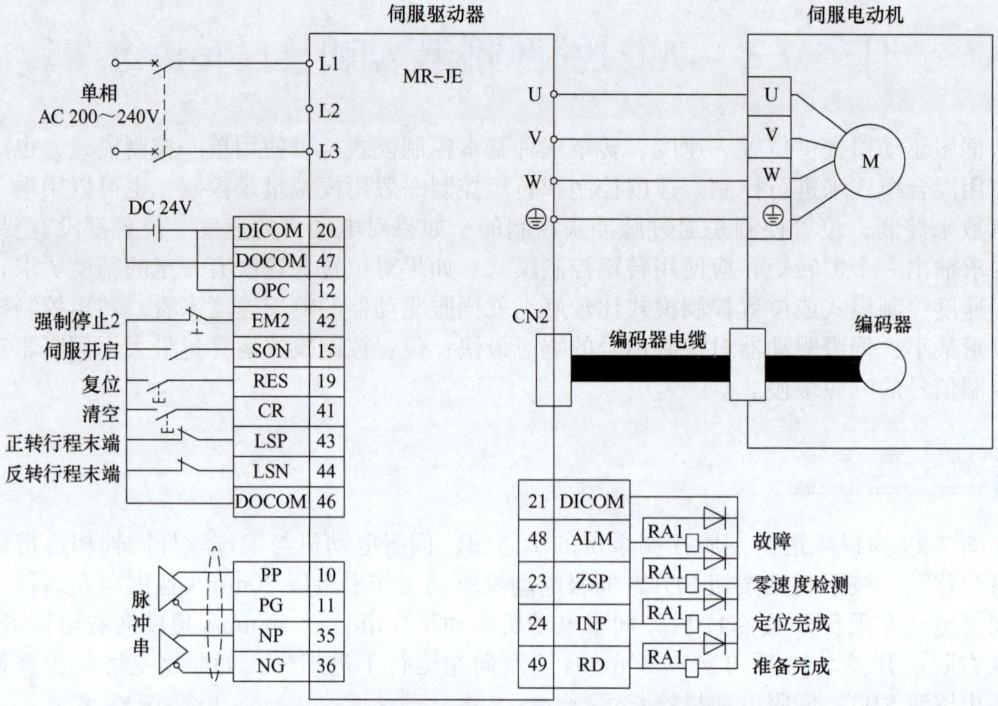

图 7-29　三菱 MR-JE 伺服位置控制模式接线图

2. 三菱 FX5U PLC 控制伺服电动机脉冲输出指令

PLSY 为发出脉冲信号用的指令，如图 7-30 所示为其工作示意图。

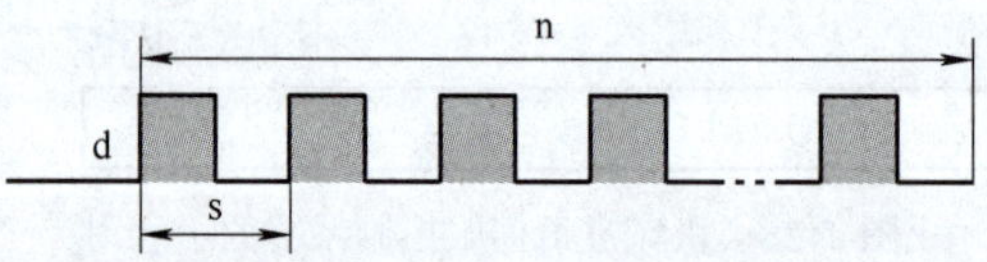

图 7-30　PLSY 工作示意图

PLSY 指令功能：将指令速度 s 中指定的 BIN16 位脉冲列从 d 中指定的软元件输出定位地址 n 中指定的 BIN16 位脉冲，其格式如图 7-31 所示。

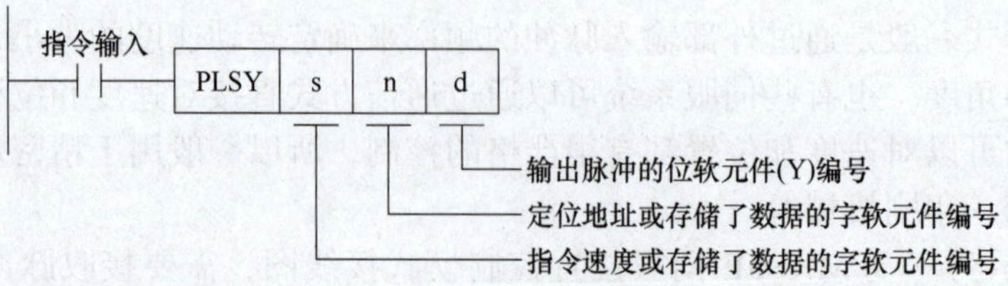

图 7-31　脉冲输出指令格式

作为脉冲输出的位软元件中，FX5U/FX5UC CPU 模块只能使用 Y0 ～ Y3。

任务实施

操作步骤：

PLC 控制伺服电动机综合调速项目实施时，首先要对所需要的硬件进行配置，然后进行 I/O 分配、PLC 接线、伺服接线，再进行伺服参数设置、PLC 程序编制与下载，最后调试运行，调试无误后，形成文档资料。

1. 硬件配置（见表 7-9）

表 7-9　硬件配置

序号	软元件名称	产品名称	型号	数量
1	MELSEC iQ-FX5U	CPU 主机	FX5U-32MT/ES	1
2	MR-JE-10A	伺服驱动器	三菱 MR-JE-10A	1
3	按钮	按钮	自定	2
4	伺服电动机	伺服电动机	HG-KN13J-S100	1
5	丝杆	丝杆	自定	1

2. 列出 I/O 分配表

根据任务要求分析知，需要 5 个输入，2 个输出，具体见表 7-10。

表 7-10　PLC I/O 分配

输入			输出		
器件名称	PLC 地址	功能	器件名称	PLC 地址	功能
SQ1	X0	左限位	PP（CN1-10）	Y0	伺服脉冲信号
SQ3	X1	原点	NP（CN1-35）	Y1	伺服方向信号
SQ2	X2	右限位			
SB1	X3	起动按钮			
SB2	X4	停止按钮			

3. 绘制控制系统硬件接线图

PLC 的输入端子 X0、X1、X2 分别接丝杆的三个限位开关，X3、X4 分别接起动按钮和停止按钮。输出端子 Y0 接伺服驱动器的 CN1 连接器 10 引脚 PP，Y1 接伺服驱动器的 CN1 连接器 35 引脚 NP，PLC 输出端子的公共端子 COM0 接伺服驱动器 CN1 连接器 46 引脚 DOCOM，集电极开路漏型接口用电源输入引脚 OPC（CN1-12）和数字接口用电源输入引脚 DICOM（CN1-20）外接 24V 电源正极。其他接线如图 7-32 所示。

4. PLC 梯形图程序

在 GX Works3 软件中编写程序前，先要对高速 I/O 参数进行设置，设置过程如下。在导航窗口中选择“参数”→“FX5U CPU”→“模块参数”→“高速 I/O”，双击导航窗口中的“高速 I/O”，进入“模块参数高速 I/O”设置界面，在“设置项目一览”中选择“输出功能”，设置定位功能，如图 7-33 所示。

单击“定位”中的“详细设置”，修改基本参数 1，即“脉冲输出模式”选择“1：PULSE/SIGN”，“输出软元件（SIGN/CCW）”选择“Y1”，“单位设置”选择“1：机械系统（μm，cm/min）”，“每转的脉冲数”设置为“1000pulse”，其余默认，如图 7-34 所示。

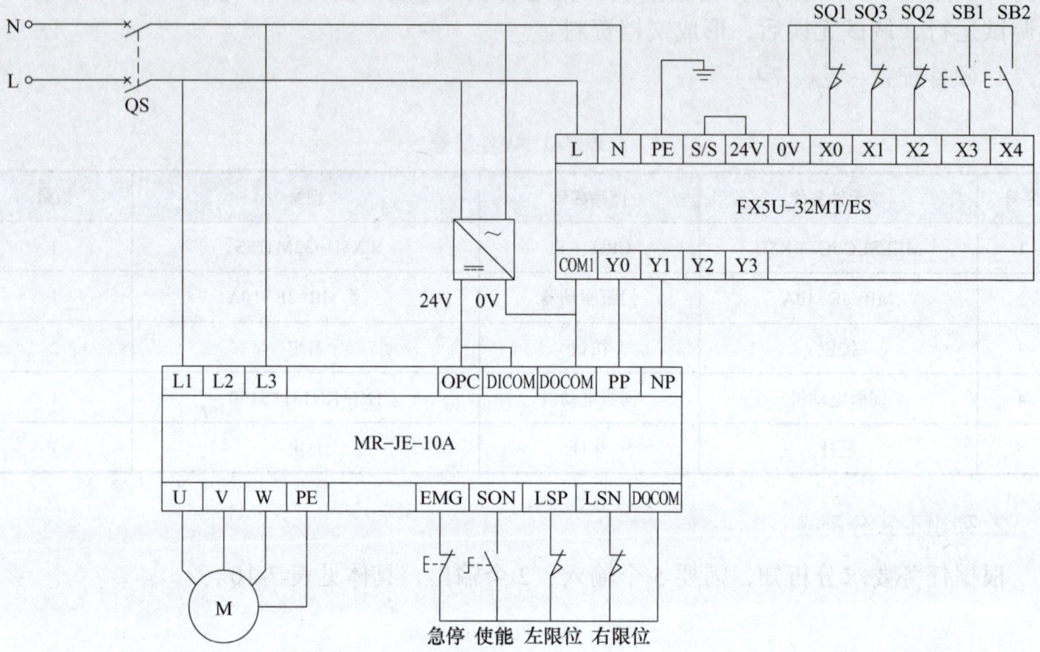

图 7-32 控制系统接线图

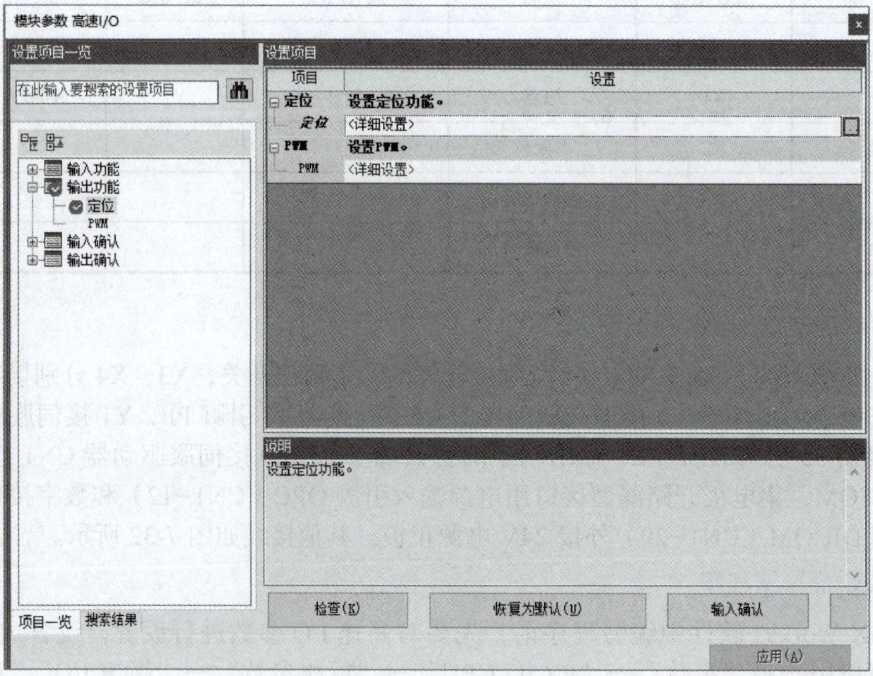

图 7-33 “模块参数高速 I/O”设置界面

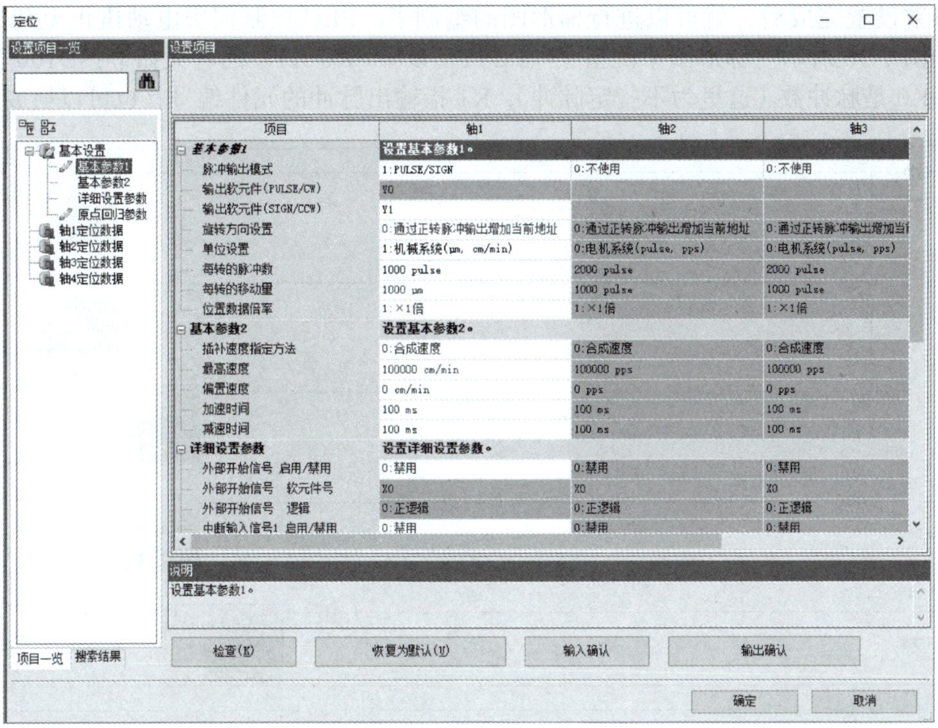
定位
设置项目一览
设置项目
基本设置
基本参数1
基本参数2
详细设置参数
原点回归参数
轴1定位数据
轴2定位数据
轴3定位数据
轴4定位数据
项目 轴1 轴2 轴3
基本参数1 设置基本参数1。
脉冲输出模式 1:PULSE/SIGN 0:不使用 0:不使用
输出软元件(PULSE/CW) Y0
输出软元件(SIGN/CCW) Y1
旋转方向设置 0:通过正转脉冲输出增加当前地址 0:通过正转脉冲输出增加当前地址
单位设置 1:机械系统(μm, cm/min) 0:电机系统(pulse, pps) 0:电机系统(pulse, pps)
每转的脉冲数 1000 pulse 2000 pulse 2000 pulse
每转的移动量 1000 μm 1000 pulse 1000 pulse
位置数据倍率 1:×1倍 1:×1倍 1:×1倍
基本参数2 设置基本参数2。
插补速度指定方法 0:合成速度 0:合成速度 0:合成速度
最高速度 100000 cm/min 100000 pps 100000 pps
偏置速度 0 cm/min 0 pps 0 pps
加速时间 100 ms 100 ms 100 ms
减速时间 100 ms 100 ms 100 ms
详细设置参数 设置详细设置参数。
外部开始信号 启用/禁用 0:禁用 0:禁用 0:禁用
外部开始信号 软元件号 X0 X0 X0
外部开始信号 逻辑 0:正逻辑 0:正逻辑 0:正逻辑
中断输入信号1 启用/禁用 0:禁用 0:禁用 0:禁用
说明
设置基本参数1。
检查(K)
恢复为默认(U)
输入确认
输出确认
确定
取消
项目一览
搜索结果

图 7-34　基本参数 1

修改原点回归参数，即“原点回归　启用/禁用”选择“1：启用”，“近点 DOG 信号　软元件号”选择“X1”，“零点信号　软元件号”选择“X1”，其余默认，如图 7-35 所示，基本参数 2 和详细设置参数不进行修改。设置完成单击“确定”按钮。

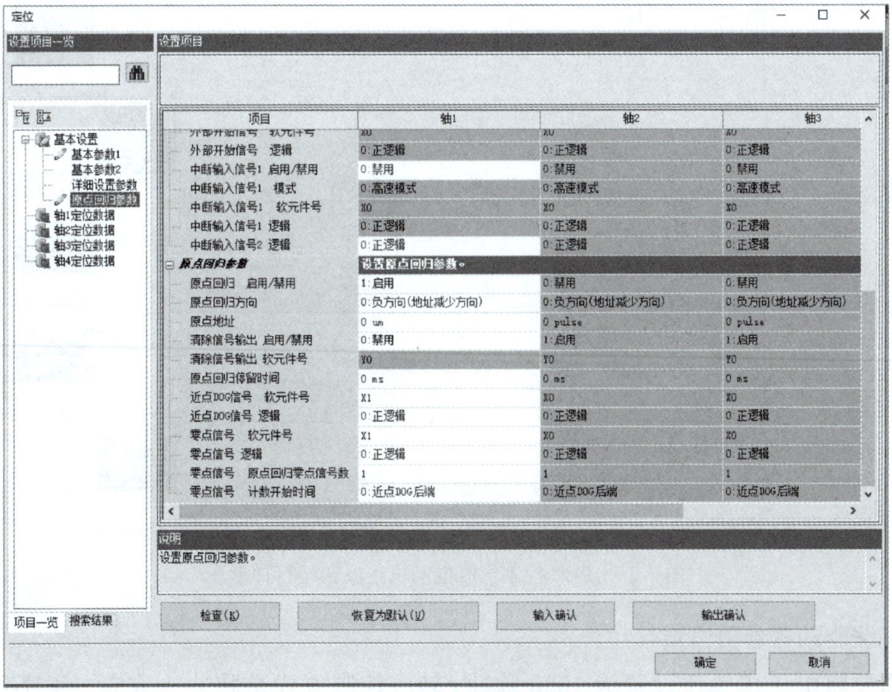
定位
设置项目一览
设置项目
基本设置
基本参数1
基本参数2
详细设置参数
原点回归参数
轴1定位数据
轴2定位数据
轴3定位数据
轴4定位数据
项目 轴1 轴2 轴3
外部开始信号 逻辑 0:正逻辑 0:正逻辑 0:正逻辑
中断输入信号1 启用/禁用 0:禁用 0:禁用 0:禁用
中断输入信号1 模式 0:高速模式 0:高速模式 0:高速模式
中断输入信号1 软元件号 X0 X0 X0
中断输入信号1 逻辑 0:正逻辑 0:正逻辑 0:正逻辑
中断输入信号2 逻辑 0:正逻辑 0:正逻辑 0:正逻辑
原点回归参数 设置原点回归参数。
原点回归 启用/禁用 1:启用 0:禁用 0:禁用
原点回归方向 0:负方向(地址减少方向) 0:负方向(地址减少方向) 0:负方向(地址减少方向)
原点地址 0 um 0 pulse 0 pulse
清除信号输出 启用/禁用 0:禁用 1:启用 1:启用
清除信号输出 软元件号 Y0 Y0 Y0
原点回归停留时间 0 ms 0 ms 0 ms
近点DOG信号 软元件号 X1 X0 X0
近点DOG信号 逻辑 0:正逻辑 0:正逻辑 0:正逻辑
零点信号 软元件号 X1 X0 X0
零点信号 逻辑 0:正逻辑 0:正逻辑 0:正逻辑
零点信号 原点回归零点信号数 1 1 1
零点信号 计数开始时间 0:近点DOG后端 0:近点DOG后端 0:近点DOG后端
说明
设置原点回归参数。
检查(K)
恢复为默认(U)
输入确认
输出确认
确定
取消
项目一览
搜索结果

图 7-35　原点回归参数

参数设置完成后，就可以进行梯形图的编制了。PLC 控制伺服电动机正反转运行梯形图如图 7-36 所示。梯形图中的指令“PLSY　D100 K0 K1”的含义如下：D100 为运行速度，K0 是脉冲数（这里为不指定脉冲），K1 指输出脉冲的元件编号，也可以换成 Y0。

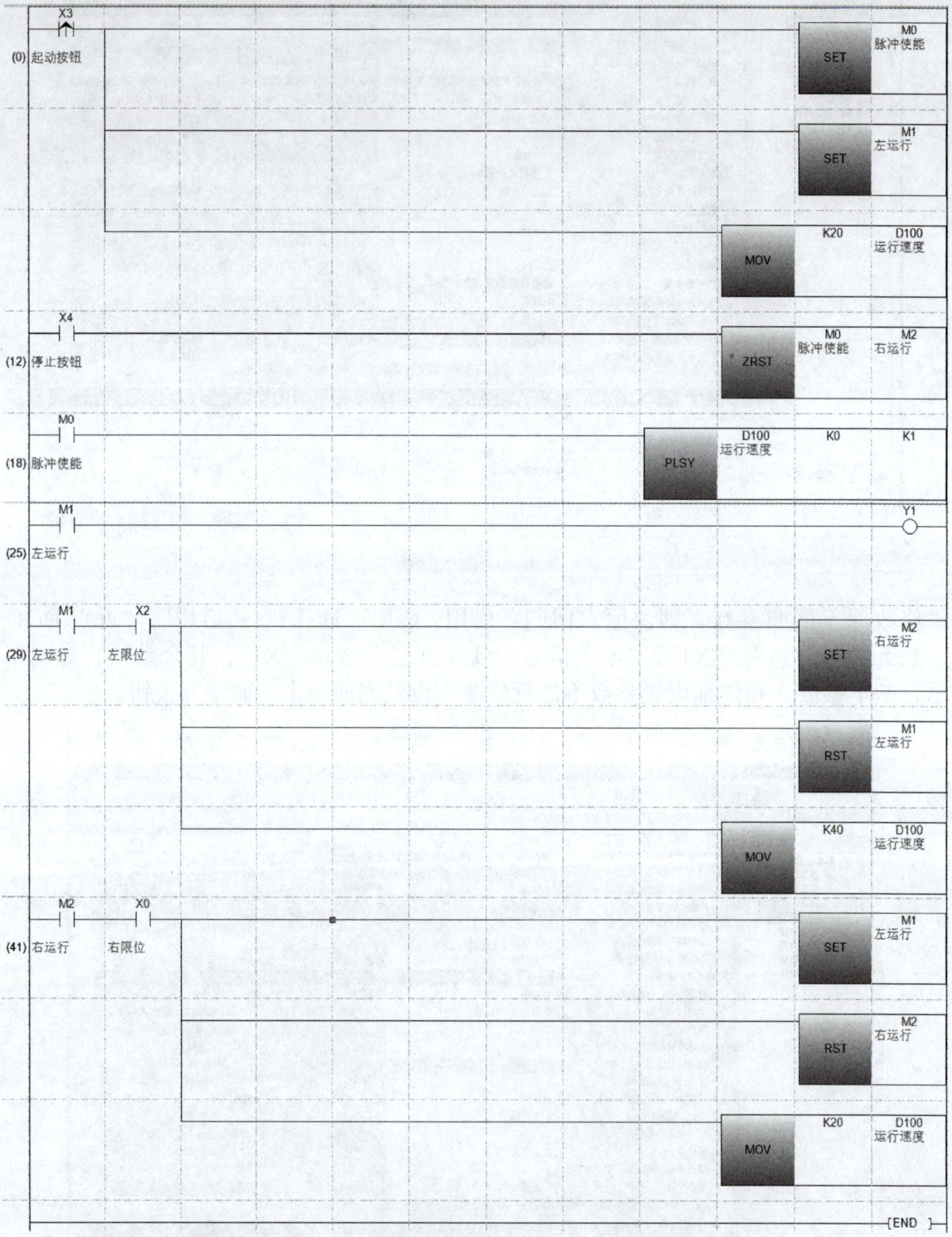

图 7-36　PLC 控制伺服电动机正反转运行梯形图

5. 伺服驱动器参数设置

只需要将电子齿轮比设置为 1000 脉冲 / 转，控制方式是脉冲 + 方向，正序列，其余参数默认，见表 7-11。

表 7-11　伺服驱动器参数设置

编号	简称	名称	初始值	设定值	说明
PA01	STY	运行模式	1000h	1000h	位置控制模式
PA06	CMX	电子齿轮分子（指令脉冲倍率分子）	1	1000	电子齿轮比设置为 1000 脉冲 / 转
PA07	CDV	电子齿轮分母（指令脉冲倍率分母）	1	1	
PA13	PLSS	指令脉冲输入形态	0100h	0001h	用于选择脉冲串输入信号，具体为：正逻辑，脉冲列 + 方向信号

任务评价与反思

任务评价：

请结合自身对本次任务的掌握程度、课堂参与度等方面进行自我评价，小组组长根据组员的活动参与情况给出小组评价。

评价内容	评价指标		权重		等级				
					A	B	C	D	E
					1.0	0.8	0.6	0.2	0
学生学习表现	参与程度	1. 参与的深度	3	60					
		2. 参与的广度	3						
		3. 参与的时机与效率	4						
	科学知识	1. 基础知识落实	10						
		2. 多边的信息传递	5						
	科学探究	1. 和谐的人际关系	5						
		2. 提出问题、发表意见	5						
		3. 思维的求异性、独创性、批判性	5						
		4. 动手实践、自主探索、合作交流的能力	10						
	情感态度	1. 学习活动的兴趣与求知欲	3						
		2. 一定的自我调控能力	2						
		3. 体验成功，建立自信心	3						
		4. 良好的学习习惯	2						
自我评价结果									
小组评价结果									

任务反思：

在本次任务中，是否学会进行伺服驱动器参数设置？能否正确编写 PLC 程序？调试过程中出现了什么问题？

____

____

____

____

职业素养与创新思维

你知道滚珠丝杆、圆台、传动带和滑轮三种类型负载的电子齿轮比计算方法吗？（见表 7-12）

P_t 为伺服电动机分辨率；$\frac{P_t}{FBP}$ 为每转需要的脉冲数。

表 7-12　三种类型负载的电子齿轮比

步骤	负载		
	滚珠丝杆	圆台	传动带和滑轮
1	P：节距 C：指令单位 =0.001mm $1圈=\frac{P}{C}$	C：指令单位 =0.1° $1圈=\frac{360°}{C}$	D：滑轮直径 C：指令单位 =0.02mm $1圈=\frac{\pi D}{C}$
2	滚珠丝杆节距：6mm	1 圈旋转角度：360°	滑轮周长：$\pi \times D=3.14 \times 100mm=314mm$
3	机械减速比：1/1	机械减速比：3/1	机械减速比：2/1
4	$\frac{P_t}{FBP}=2500$脉冲数 / 转	$\frac{P_t}{FBP}=2500$脉冲数 / 转	$\frac{P_t}{FBP}=2500$脉冲数 / 转
5	每圈完成 1 节距需要的指令单位数： 6mm/0.001mm=6000	每圈完成 1 周需要的指令单位数： 360°/0.1°=3600	每圈完成 1 周长需要的指令单位数： 314mm/0.02mm=15700
6	电子齿轮比 = 第 4 项 × 系数 k（这里取 4）× 第 3 项 / 第 5 项，即 $电子齿轮比=\frac{2500\times4}{6000}\times\frac{1}{1}=\frac{5}{3}$	电子齿轮比 = 第 4 项 × 系数 k（这里取 4）× 第 3 项 / 第 5 项，即 $电子齿轮比=\frac{2500\times4}{3600}\times\frac{3}{1}=\frac{25}{3}$	电子齿轮比 = 第 4 项 × 系数 k（这里取 4）× 第 3 项 / 第 5 项，即 $电子齿轮比=\frac{2500\times4}{15700}\times\frac{2}{1}=\frac{200}{157}$

任务 7.3　PLC 控制伺服电动机精确定位

在自动化生产、加工和控制过程中，经常要对加工工件的尺寸或机械设备移动的距离进行准确定位控制。这种定位控制仅仅要求控制对象按指令进入指定的位置，对运动的速度无特殊要求，例如生产过程中的点位控制（比较典型的，如：卧式镗床、坐标镗床、数控机床等，在切削加工前刀具的定位）、仓储系统中对传送带的定位控制，板材的精确定长切割、机械手的轴定位控制等。在定位系统中常使用步进电动机或伺服电动机等作为驱动或控制元件。

任务要求

某机械手装配系统如图 7-37 所示，系统主要由伺服电动机、滚珠丝杆及机械臂组成。机械装配系统能实现 A、B 两种产品的装配生产，A 产品由 1# 料仓与 2# 料仓的零件装配而成，B 产品由 1# 料仓与 3# 料仓的零件装配而成。按下回原点按钮后，机械臂回到原点，原点为装配台位置。按下 A 产品生产按钮 SB1 后，机械臂自原点向左运动 50mm 处抓取 1# 料仓的零件放置在装配台，再向右运动至离原点 50mm 处抓取 2# 料仓的零件放置在装配台，完成 A 产品的装配工作，系统停机；按下 B 产品生产按钮 SB2 后，机械臂自原点向左运动 50mm 处抓取 1# 料仓的零件放置在装配台，再向右运动至离原点 100mm 处抓取 3# 料仓的零件放置在装配台，完成 B 产品的装配工作，系统停机。

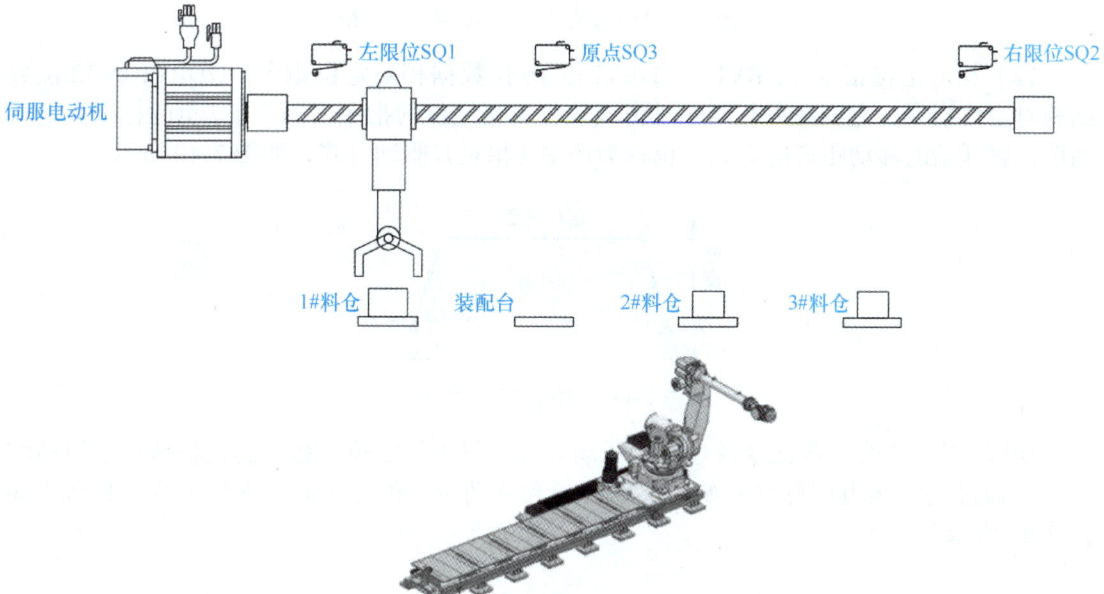

图 7-37　某机械手装配系统图

知识准备

（1）带 DOG 搜索的原点复位指令（DSZR）　DSZR 是 16 位带 DOG 搜索的原点复位指令，DDSZR 是 32 位带 DOG 搜索的原点复位指令，它们可执行原点回归，使机械位置与可编程序控制器内的当前值寄存器一致的指令。如图 7-38 所示，通过执行 DSZR 指令，开始机械原点回归，以指定的速度回归原点。如果 DOG 的传感器为 ON，则减速为蠕变速度，有零点信号输入时停止，完成原点回归。

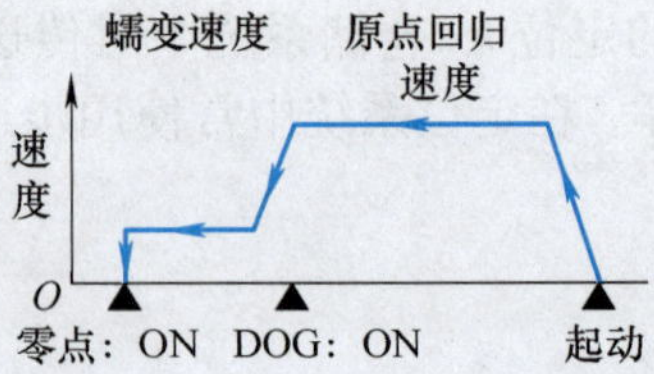

图 7-38　DSZR 动作示意图

DSZR 指令功能：使用该指令进行机械式原点复位。使用正转极限、反转极限，可以进行带 DOG 搜索功能的原点复位，其格式如图 7-39 所示。

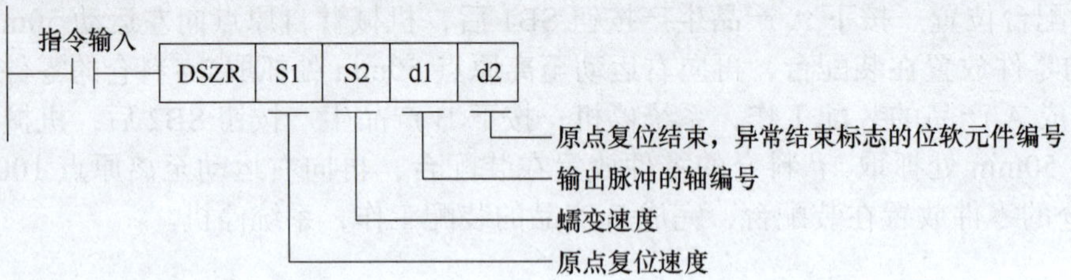

图 7-39　带 DOG 搜索功能的原点复位指令格式

（2）相对定位指令（DRVI）　DRVI 是 16 位数据相对定位指令，DDRVI 是 32 位数据相对定位指令，它们是以相对驱动方式执行单速定位的指令。用带正 / 负的符号指定从当前位置开始的移动距离的方式，也称为增量（相对）驱动方式，如图 7-40 所示。

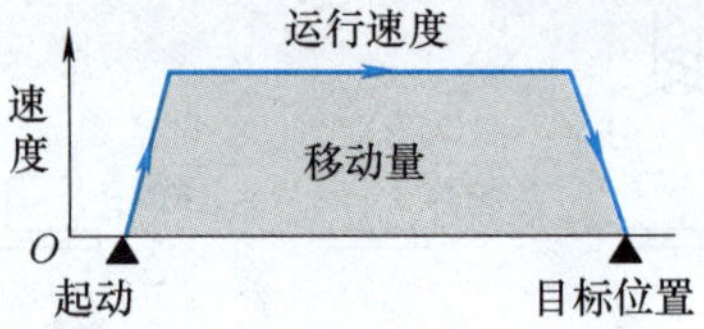

图 7-40　DRVI 工作示意图

DRVI 指令功能：该指令通过相对驱动方式进行 1 档定位。指定的定位地址采用递增方式，通过指定从当前位置开始的移动方向和移动量（相对地址）进行定位，其格式如图 7-41 所示。

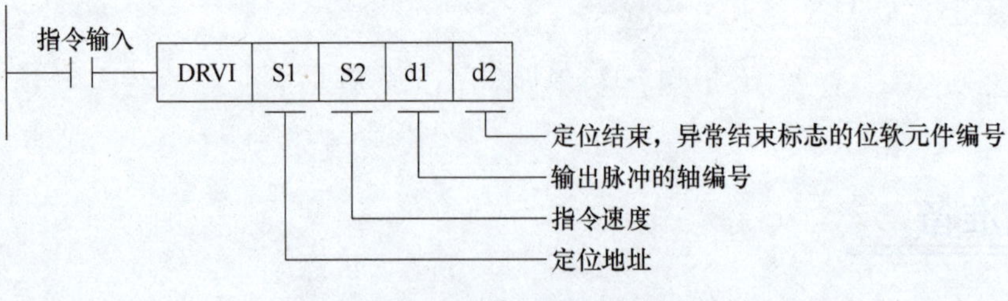

图 7-41　相对定位指令格式

（3）绝对定位指令（DRVA）　DRVA 是 16 位数据绝对定位指令，DDRVI 是 32 位数据绝对定位指令，它们是以绝对驱动方式执行单速定位的指令。用指定从原点（零点）开始的移动距离的方式，也称为绝对驱动方式。其工作示意与 DRVI 类似。

DRVA 指令功能：该指令通过绝对驱动方式进行 1 档定位。指定的定位地址采用绝对方式，以原点为基准，指定位置（绝对地址）进行定位，其格式如图 7-42 所示。

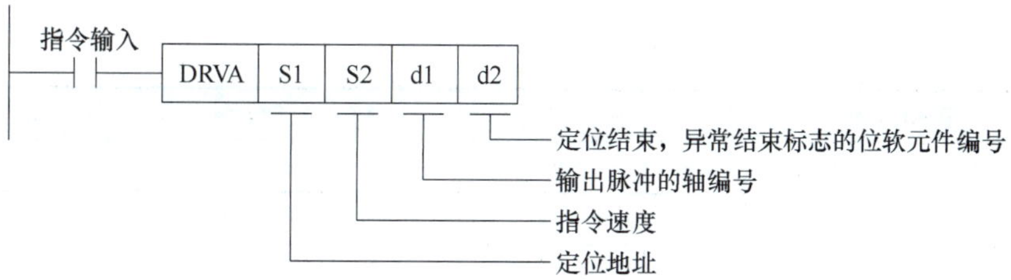

图 7-42　绝对定位指令格式

（4）高速输入 / 输出相关的特殊辅助继电器　当使用 Y0 ～ Y3 作为脉冲输出端软元件时，最多可以定位 12 个轴，这里只给出定位轴 1 的相关辅助继电器，其相关的特殊辅助继电器见表 7-13。

表 7-13　高速输入 / 输出相关的特殊辅助继电器

编号	名称
SM5500	定位轴 1 定位指令驱动中
SM5516	定位轴 1 脉冲输出中监视
SM5532	定位轴 1 发生定位出错
SM5580	定位轴 1 表格转移指令
SM5596	定位轴 1 剩余距离运行有效
SM5612	定位轴 1 剩余距离运行开始
SM5628	定位轴 1 脉冲停止指令
SM5644	定位轴 1 脉冲减速停止指令（带剩余距离运行）
SM5660	定位轴 1 正转极限
SM5676	定位轴 1 反转极限
SM5772	定位轴 1 旋转方向设置
SM5804	定位轴 1 原点回归方向指定
SM5820	定位轴 1 清除信号功能有效
SM5868	定位轴 1 零点信号计数开始时间
SM5916	定位轴 1 定位表格数据初始化禁用

任务实施

操作步骤：

PLC 控制伺服电动机综合调速项目实施时，首先要对所需要的硬件进行配置，然后进行 I/O 分配、PLC 接线、伺服接线，再进行伺服参数设置、PLC 程序编制与下载，最后调试运行，调试无误后，形成文档资料。

1. 硬件配置（表 7-14）

表 7-14　硬件配置

序号	软元件名称	产品名称	型号	数量
1	MELSEC iQ-FX5U	CPU 主机	FX5U-32MT/ES	1
2	MR-JE-10A	伺服驱动器	三菱 MR-JE-10A	1
3	按钮	按钮	自定	2
4	伺服电动机	伺服电动机	HG-KN13J-S100	1
5	丝杆	丝杆	自定	1

2. 列出 I/O 分配表

根据任务要求分析知，需要 5 个输入，2 个输出，具体见表 7-15。

表 7-15　PLC　I/O 分配表

输入			输出		
器件名称	PLC 地址	功能	器件名称	PLC 地址	功能
SQ1	X0	左限位	PP（CN1-10）	Y0	伺服脉冲信号
SQ3	X1	原点	NP（CN1-35）	Y1	伺服方向信号
SQ2	X2	右限位			
SB1	X3	A 产品起动			
SB2	X4	B 产品起动			

3. 绘制控制系统硬件接线图

PLC 的输入端子 X0、X1、X2 分别接丝杆的 3 个限位开关，X3、X4 分别接 A 产品和 B 产品的起动按钮。输出端子 Y0 接伺服驱动器的 CN1 连接器 10 引脚 PP，Y1 接伺服驱动器的 CN1 连接器 35 引脚 NP，PLC 输出端子的公共端子 COM0 接伺服驱动器 CN1 连接器 46 引脚 DOCOM，集电极开路漏型接口用电源输入引脚 OPC（CN1-12）和数字接口用电源输入 DICOM（CN1-20）外接 24V 电源正极。其他接线如图 7-43 所示。

4. PLC 梯形图程序

在 GX Works3 软件中编写程序前，先要对高速 I/O 参数进行设置，设置过程如下。在导航窗口中选择“参数”→“FX5U CPU”→“模块参数”→“高速 I/O”，双击导航窗口中的“高速 I/O”，进入“模块参数　高速 I/O”设置界面，在“设置项目一览”中选择“输出功能”，设置定位功能，如图 7-44 所示。

单击“定位”中的“详细设置”，修改“基本参数 1”，“脉冲输出模式”选择“1：PULSE/SIGN”，“输出软元件（SIGN/CCW）”选择“Y1”，“单位设置”选择“1：机械系统（μm，cm/min）”，“每转的脉冲数”设置为“1000pulse”，“每转的移动量”设置为“2000μm”，其余默认。修改“基本参数 2”，“最高速度”改为“200cm/min”，其余默认，如图 7-45 所示。

修改“原点回归参数”，即“原点回归　启用 / 禁用”选择“1：启用”，“近点 DOG 信号　软元件号”选择“X1”，“零点信号　软元件号”选择“X1”，其余默认，如图 7-46 所示，“详细设置参数”不进行修改。设置完成单击“确定”按钮。

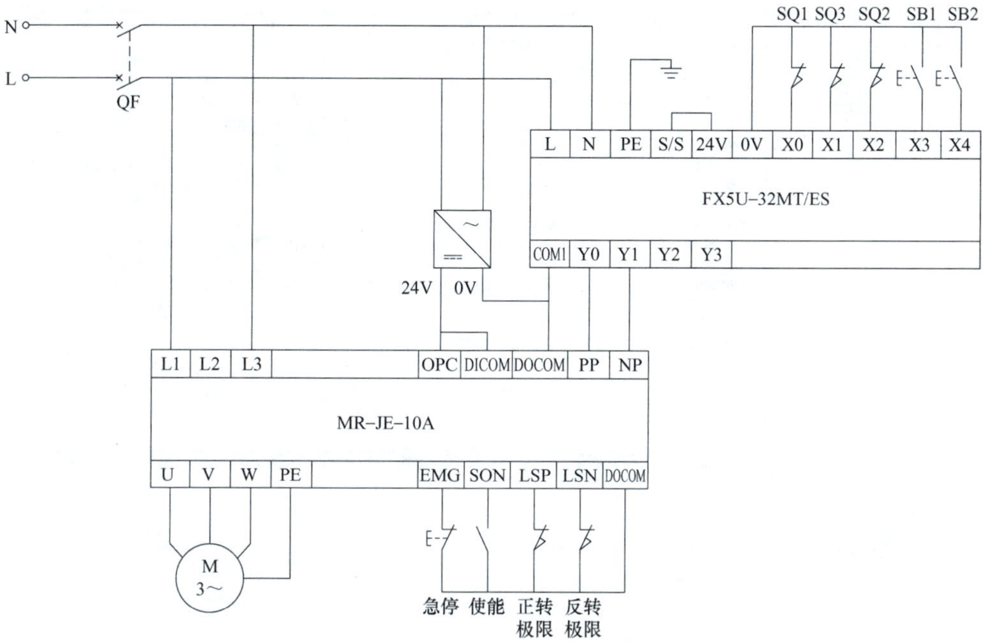

图 7-43　控制系统接线图

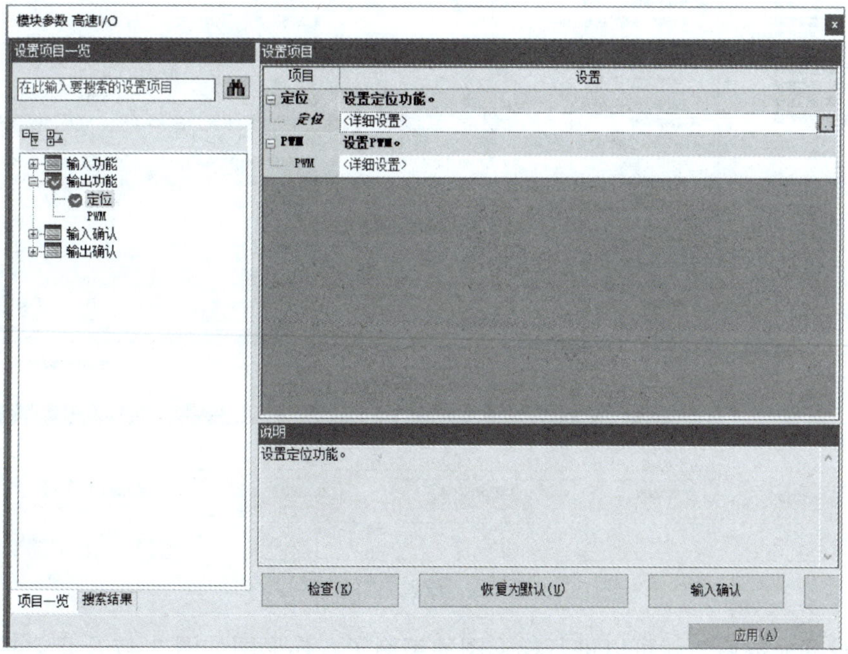

图 7-44　模块参数高速 I/O 设置界面

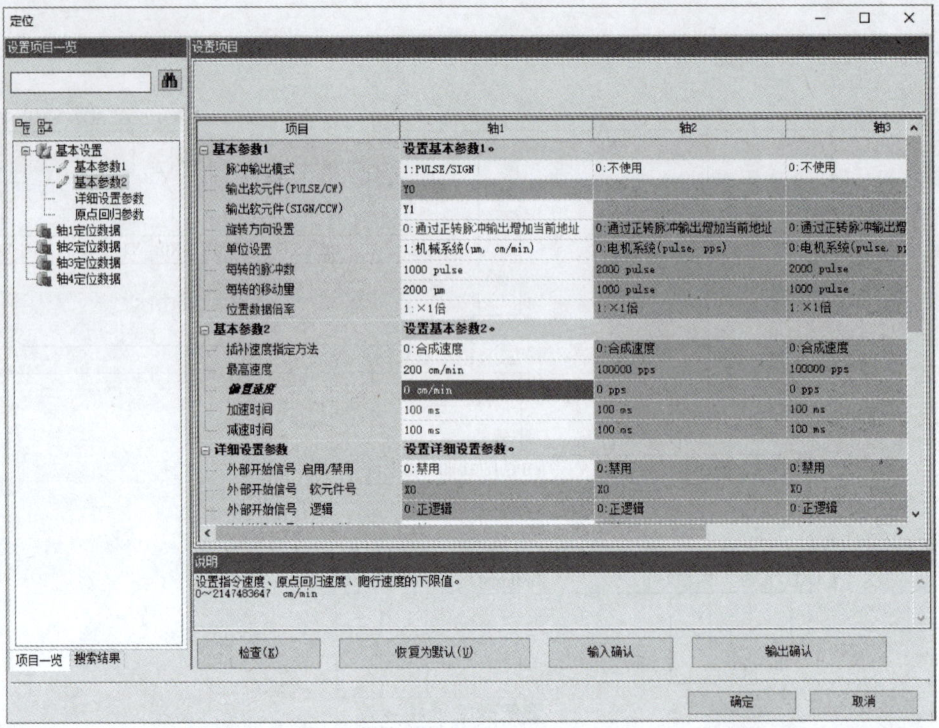

图 7-45　基本参数 1、2

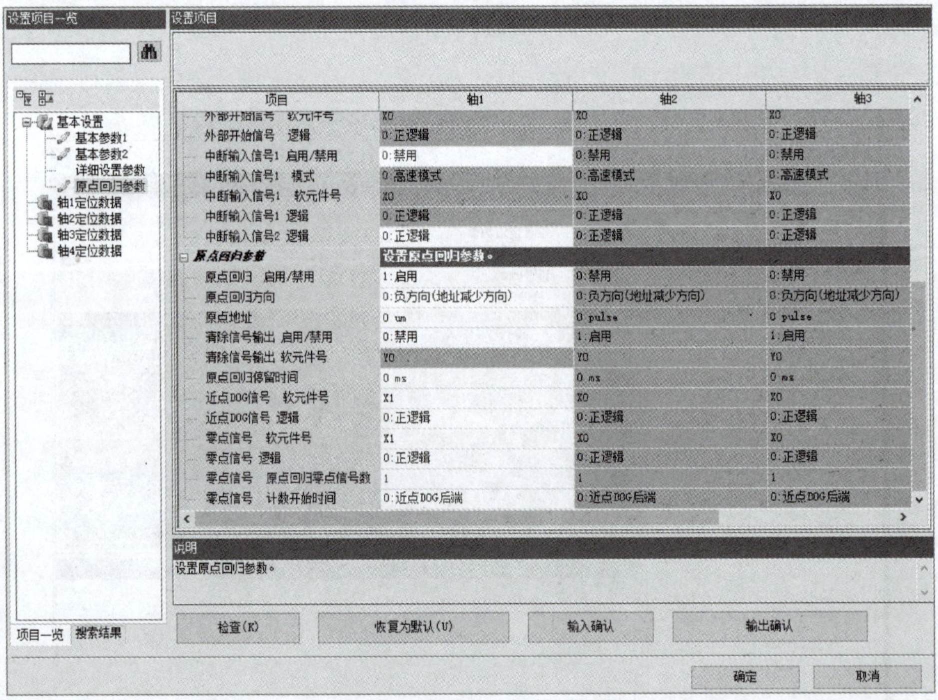

图 7-46　原点回归参数

参数设置完成后，就可以进行梯形图的编制了，梯形图如图 7-47 所示。梯形图中的指令“PLSY　D100 K0 K1”的含义如下：D100 为运行速度，K0 是脉冲数（这里为不指定脉冲），K1 指输出脉冲的元件编号，也可以换成 Y0。

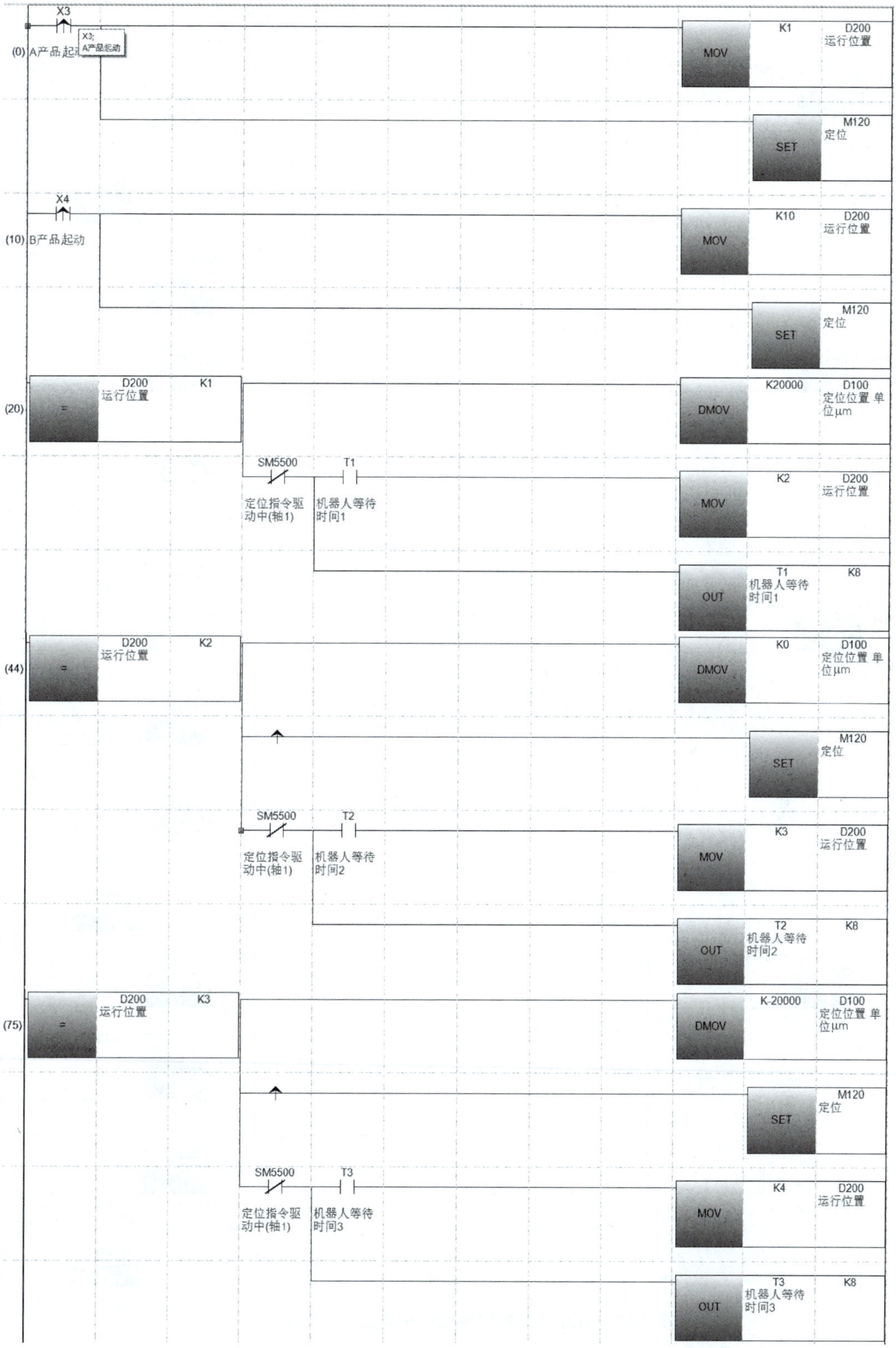
X3
X3;
A产品起动
(0) A产品起动
MOV
K1
D200
运行位置
SET
M120
定位
X4
(10) B产品起动
MOV
K10
D200
运行位置
SET
M120
定位
(20)
=
D200
运行位置
K1
DMOV
K20000
D100
定位位置 单位μm
SM5500
定位指令驱动中(轴1)
T1
机器人等待时间1
MOV
K2
D200
运行位置
OUT
T1
机器人等待时间1
K8
(44)
=
D200
运行位置
K2
DMOV
K0
D100
定位位置 单位μm
SET
M120
定位
SM5500
定位指令驱动中(轴1)
T2
机器人等待时间2
MOV
K3
D200
运行位置
OUT
T2
机器人等待时间2
K8
(75)
=
D200
运行位置
K3
DMOV
K-20000
D100
定位位置 单位μm
SET
M120
定位
SM5500
定位指令驱动中(轴1)
T3
机器人等待时间3
MOV
K4
D200
运行位置
OUT
T3
机器人等待时间3
K8

图 7-47　PLC 控制伺服电动机精确定位梯形图

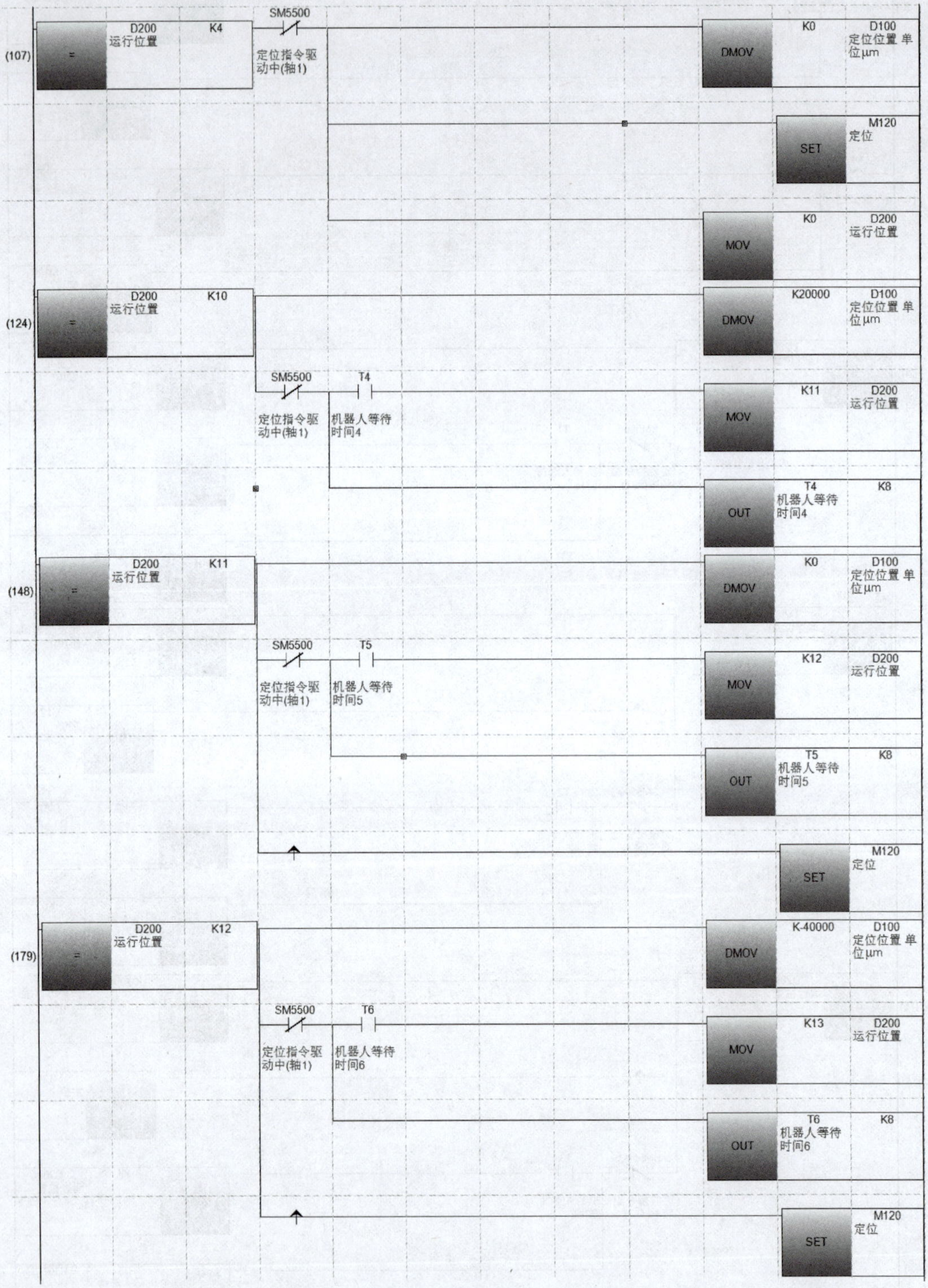
(107)
=
D200
运行位置
K4
SM5500
定位指令驱动中(轴1)
DMOV
K0
D100
定位位置 单位μm
SET
M120
定位
MOV
K0
D200
运行位置
(124)
=
D200
运行位置
K10
DMOV
K20000
D100
定位位置 单位μm
SM5500
定位指令驱动中(轴1)
T4
机器人等待时间4
MOV
K11
D200
运行位置
OUT
T4
机器人等待时间4
K8
(148)
=
D200
运行位置
K11
DMOV
K0
D100
定位位置 单位μm
SM5500
定位指令驱动中(轴1)
T5
机器人等待时间5
MOV
K12
D200
运行位置
OUT
T5
机器人等待时间5
K8
SET
M120
定位
(179)
=
D200
运行位置
K12
DMOV
K-40000
D100
定位位置 单位μm
SM5500
定位指令驱动中(轴1)
T6
机器人等待时间6
MOV
K13
D200
运行位置
OUT
T6
机器人等待时间6
K8
SET
M120
定位

图 7-47　PLC 控制伺服电动机精确定位梯形图（续一）

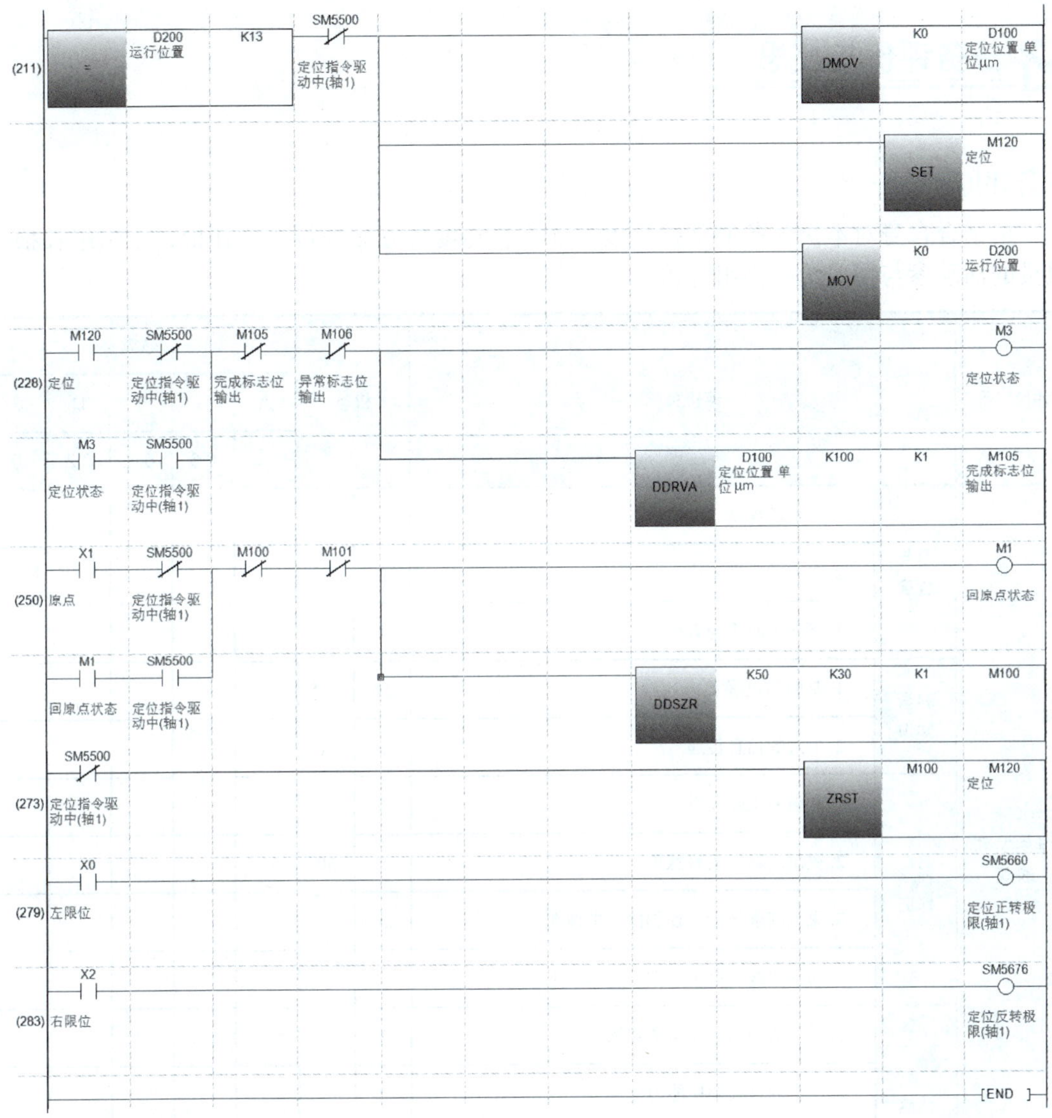

图 7-47　PLC 控制伺服电动机精确定位梯形图（续二）

5. 伺服驱动器参数设置

只需要将电子齿轮比设置为 1000 脉冲 / 转，控制方式是脉冲 + 方向，正序列，其余参数默认，见表 7-16。

表 7-16　伺服驱动器参数设置

编号	简称	名称	初始值	设定值	说明
PA01	STY	运行模式	1000h	1000h	位置控制模式
PA06	CMX	电子齿轮分子（指令脉冲倍率分子）	1	1000	电子齿轮比设置为 1000 脉冲 / 转
PA07	CDV	电子齿轮分母（指令脉冲倍率分母）	1	1	
PA13	PLSS	指令脉冲输入形态	0100h	0001h	用于选择脉冲串输入信号，具体为：正逻辑，脉冲列 + 方向信号

任务评价与反思

任务评价：

请结合自身对本次任务的掌握程度、课堂参与度等方面进行自我评价，小组组长根据组员的活动参与情况给出小组评价。

评价内容	评价指标		权重		等级				
					A	B	C	D	E
					1.0	0.8	0.6	0.2	0
学生学习表现	参与程度	1. 参与的深度	3	60					
		2. 参与的广度	3						
		3. 参与的时机与效率	4						
	科学知识	1. 基础知识落实	10						
		2. 多边的信息传递	5						
	科学探究	1. 和谐的人际关系	5						
		2. 提出问题、发表意见	5						
		3. 思维的求异性、独创性、批判性	5						
		4. 动手实践、自主探索、合作交流的能力	10						
	情感态度	1. 学习活动的兴趣与求知欲	3						
		2. 一定的自我调控能力	2						
		3. 体验成功，建立自信心	3						
		4. 良好的学习习惯	2						
自我评价结果									
小组评价结果									

任务反思：

在本次任务中，程序编写是否理解？调试过程是否顺利？存在哪些问题？

____

____

____

____

职业素养与创新思维

转矩控制模式被应用于需要做扭力控制的场合，主要应用在对材质的受力有严格要求的缠绕和放卷的装置中。例如，绕线装置或拉光纤设备，转矩的设定要根据缠绕半径的变化随时更改以确保材质的受力不会随着缠绕半径的变化而改变。转矩控制模式有两种输入模式：模拟指令输入及指令寄存器输入。模拟指令输入可经由外界的电压来操纵电动机的转矩。指令寄存器输入由内部寄存器参数的数据作为转矩指令。转矩控制模式是通过外部模拟量的输入或直接的地址赋值来设定电动机轴对外的输出转矩的大小。可以通过改变模拟量的设定值来改变设定转矩的大小，也可通过通信方式改变对应地址的数值来实现。

图 7-48 所示为卷纸机结构示意图。在卷纸时，压纸辊将纸压在托纸辊上，卷纸辊在伺服电动机的驱动下卷纸，托纸辊和压纸辊也随之旋转，当收卷的纸达到一定长度时切刀动作，将纸切断，然后进行下一次卷纸过程，其卷纸长度由随托纸辊同轴旋转的编码器来测量。

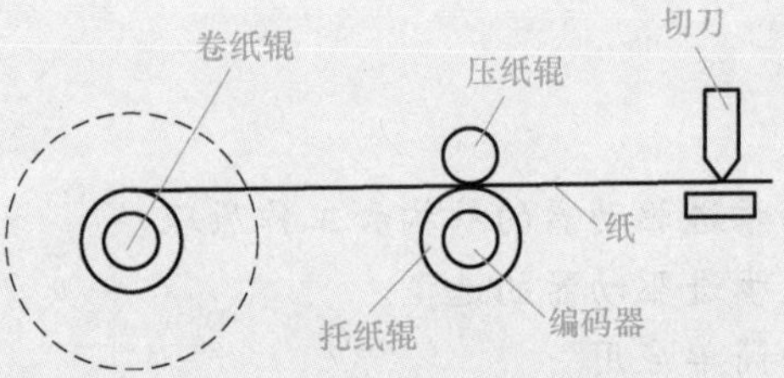

图 7-48　卷纸机结构示意图

现用三菱 FX5U PLC、伺服驱动器和伺服电动机来组成卷纸机控制系统，其控制要求为：

1）按下起动按钮后，伺服电动机驱动卷纸辊开始卷纸，要求张力保持恒定，即开始时卷纸辊快速旋转，随着卷纸直径不断扩大，卷纸辊转速逐渐变慢。当卷纸达到 100m 时切刀动作。

2）按下暂停按钮后，卷纸机停止工作，记录编码器当前的纸长度；再按下起动按钮后，卷纸机在暂停的长度上继续工作，直到 100m 为止。

3）按下停止按钮后，卷纸停止工作，不记录卷纸长度；再按下起动按钮后，卷纸机从 0 开始工作，直到 100m 为止。

项目 8

步进电动机控制系统安装与调试

项目学习任务

- 任务 8.1　认识步进电动机控制系统
- 任务 8.2　PLC 控制步进电动机定位

项目学习目标

➢ **知识目标**

熟悉步进电动机和步进驱动器的结构和工作原理。

掌握步进电动机及步进驱动器的选型。

掌握步进电动机的简单应用。

➢ **技能目标**

能根据实际需求选择合适的步进系统。

能完成简单的步进系统设计。

能完成步进电动机和步进驱动器的电气接线。

会编写控制步进系统的 PLC 程序。

➢ **素养目标**

引入新时代国网“红色工匠”“蓝领创客”张黎明：从一名普通工人成长为点亮万家灯火的时代楷模。

引导学生树立企业规范意识，规范职业行为，学会自我保护，注重企业生产安全培养工程意识、职业规范和职业道德。

任务 8.1　认识步进电动机控制系统

虽然步进电动机已被广泛应用，但步进电动机并不能像普通的直流电动机、交流电动机在常规下使用，它必须由双环形脉冲信号、功率驱动电路等组成控制系统方可使用。因此，用好步进电动机却非易事，它涉及机械、电机、电子及计算机等许多专业知识。步进电动机控制属于“开环”控制的范畴，使用在定位精度一般的场合，如机床的选刀、丝杠的定位等。

任务要求

深入了解步进驱动器内部结构和工作原理，掌握步进电动机、步距角及细分基本概念，会进行步进电动机和步进驱动器的接线。

知识准备

1. 认识步进电动机结构

（1）步进电动机概念和结构　步进电动机是一种将电脉冲转化为角位移的执行机构。当步进电动机接收到一个脉动直流电，就按设定的方向转动一个固定的角度（称为“步距角”），接收到持续的脉动直流电便能够以固定的角度一步一步地旋转。它可以通过控制脉冲个数来控制角位移量，从而达到准确定位的目的；同时可以通过控制脉冲频率来控制电动机转动的速度和加速度，从而达到调速的目的。

认识步进电动机

步进电动机的转速与脉冲频率成正比，脉冲频率越高，单位时间内输入电动机的脉冲个数越多，转速越快，旋转角度越大。

步进电动机广泛用在雕刻机、激光制版机、贴标机、激光切割机、喷绘机、数控机床及机械手等各种中大型自动化设备和仪器中。

通常按励磁方式可以将步进电动机分为三大类：

1）反应式：转子无绕组，定转子，开小齿，步距小，其应用最广。

2）永磁式：转子的极数等于每相定子极数，不开小齿，步距角较大，转矩较大。

3）感应子式（混合式）：开小齿，比永磁式转矩更大、动态性能更好、步距角更小。

图 8-1 所示为步进电动机实物图和拆解后的定子和转子，它们均由磁性材料构成。定、转子铁心由软磁材料或硅钢片叠成凸极结构。步进电动机的定子、转子磁极上均有小齿，其齿数相等。

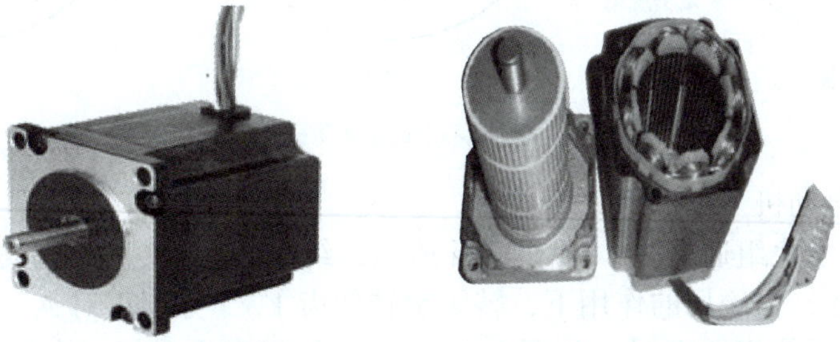

a) 步进电动机实物图　　b) 拆解后的定子和转子

图 8-1　步进电动机实物图和拆解后的定子和转子

在生产实际中，常用的步进电动机有单相（二相）和三相，4 引线的单相电动机与驱动器可以直接相连，如图 8-2a 所示，6 引线的单相电动机与驱动器相连时，中间抽头要悬空，如图 8-2b 所示。

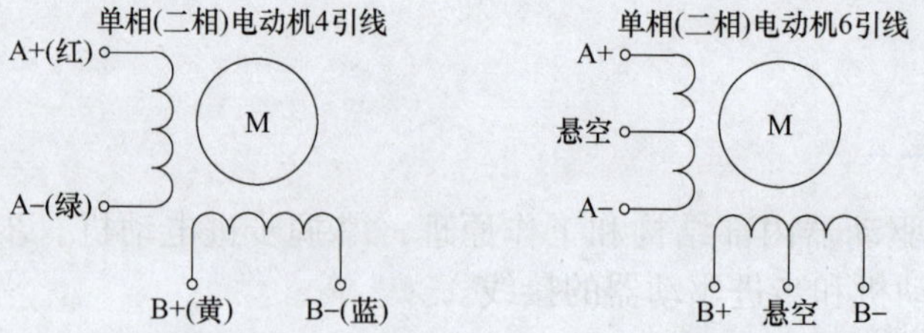

a) 直接相连　　b) 中间抽头悬空的接线

图 8-2　单相的步进电动机与驱动器相连方式

三相步进电动机与驱动器直接相连，如图 8-3 所示。

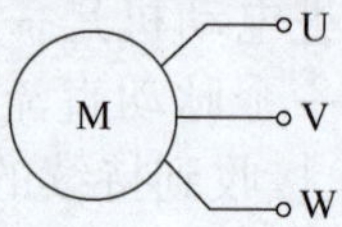

图 8-3　三相步进电动机与驱动器直接相连

（2）步进电动机工作原理　步进电动机种类很多，根据运转方式可分为旋转式、直线式和平面式，其中旋转式应用最为广泛。旋转式步进电动机又分为永磁式和反应式，永磁式步进电动机的转子采用永久磁铁制成，反应式步进电动机的转子采用软磁性材料制成。由于反应式步进电动机具有反应快、惯性小和速度高等优点，因此应用很广泛。

1）反应式步进电动机。图 8-4 所示是一个三相六极反应式步进电动机。它主要由凸极式定子、定子绕组和带有 4 个齿的转子组成。

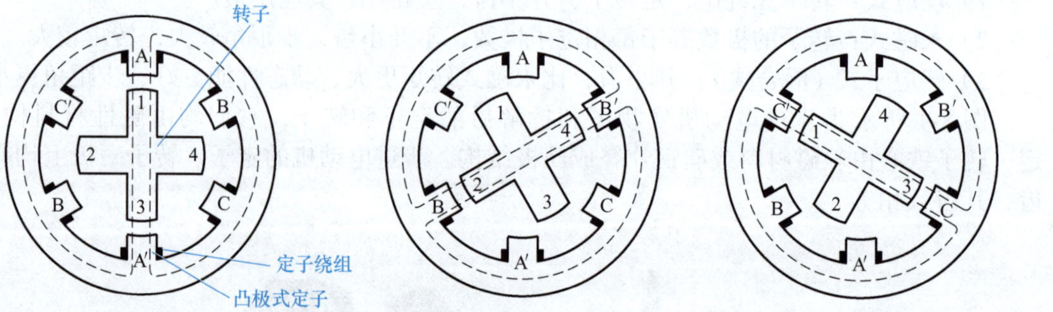

a) 示意图一　　b) 示意图二　　c) 示意图三

图 8-4　三相六极反应式步进电动机工作原理说明

反应式步进电动机工作原理分析如下。

① 当 A 相定子绕组通电时，如图 8-4a 所示，绕组产生磁场，由于磁场磁感线力图通过磁阻最小的路径，在磁场的作用下，转子旋转使齿 1、3 分别正对 A、A′ 极。

② 当 B 相定子绕组通电时，如图 8-4b 所示，绕组产生磁场，在绕组磁场的作用下，转子旋转使齿 2、4 分别正对 B、B 极。

③ 当 C 相定子绕组通电时，如图 8-4c 所示，绕组产生磁场，在绕组磁场的作用下，转子旋转使齿 3、1 分别正对 C、C′ 极。

从图中可以看出，当 A、B、C 相按 A → B → C 顺序依次通电时，转子逆时针旋转，并且转子齿 1 由正对 A 极运动到正对 C′；若按 A → C → B 顺序通电，转子则会顺时针旋转。给某定子绕组通电时，步进电动机会旋转一个角度；若按

A → B → C → A → B → C →…顺序依次不断给定子绕组通电，转子就会连续不断地旋转。

图 8-4 中的步进电动机为三相单三拍反应式步进电动机，其中“三相”是指定子绕组为 3 组，“单”是指每次只有一相绕组通电，“三拍”是指在一个通电循环周期内绕组有 3 次供电切换。

步进电动机的定子绕组每切换一相电源，转子就会旋转一定的角度，该角度称为步距角。在图 8-4 中，步进电动机定子圆周上平均分布着 6 个凸极，任意 2 个凸极之间的角度为 60°，转子每个齿由一个凸极移到相邻的凸极需要前进 2 步，因此该转子的步距角为 30°。步进电动机的步距角可用下面的公式计算：

$$\theta = \frac{360°}{ZN}$$

式中，Z 为转子的齿数；N 为一个通电循环周期的拍数。

图 8-4 中的步进电动机的转子齿数 Z=4，一个通电循环周期的拍数 N=3，则步距角 $\theta = 30°$ 。

2）三相单双六拍反应式步进电动机。三相单三拍反应式步进电动机的步距角较大，稳定性较差；而三相单双六拍反应式步进电动机的步距角较小，稳定性更好。三相单双六拍反应式步进电动机结构示意图如图 8-5 所示。

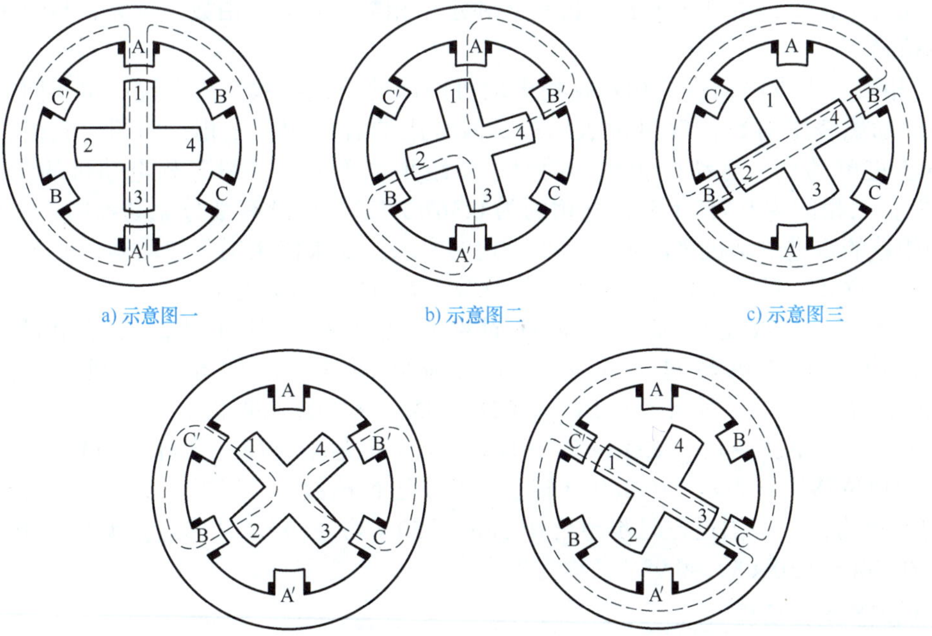

a) 示意图一　b) 示意图二　c) 示意图三

d) 示意图四　e) 示意图五

图 8-5　三相单双六拍反应式步进电动机结构示意图

三相单双六拍反应式步进电动机工作原理分析如下。

① 当 A 相定子绕组通电时，如图 8-5a 所示，绕组产生磁场，由于磁场磁力线力图通过磁阻最小的路径，在磁场的作用下，转子旋转使齿 1、3 分别正对 A、A′ 极。

② 当 A、B 相定子绕组同时通电时，绕组产生图 8-5b 所示的磁场，在绕组磁场的作用下，转子旋转使齿 2、4 分别向 B、B′ 极靠近。

③ 当 B 相定子绕组通电时，如图 8-5c 所示，绕组产生磁场，在绕组磁场的作用下，转子旋转使齿 2、4 分别正对 B、B 极。

④ 当 B、C 相定子绕组同时通电时，如图 8-5d 所示，绕组产生磁场，在绕组磁场的作用下，转子旋转使齿 3、1 分别向 C、C′ 极靠近。

⑤ 当 C 相定子绕组通电时，如图 8-5e 所示，绕组产生磁场，在绕组磁场的作用下，转子旋转使齿 3、1 分别正对 C、C′ 极。

从图中可以看出，当 A、B、C 相按 A → AB → B → BC → C → CA → A…顺序依次通电时，转子逆时针旋转，每一个通电循环分 6 拍，其中 3 个单拍通电，3 个双拍通电，因此这种反应式步进电动机称为三相单双六拍反应式步进电动机。三相单双六拍反应式步进电动机的步距角为 15°。

（3）步进电动机的重要参数

1）步距角。步距角表示控制系统每发一个步进脉冲信号电动机所转动的角度。也可以说，每输入一个脉冲信号电动机转子转过的角度称为步距角，用 θ_s 表示。电动机出厂时给出了一个步距角的值，这个步距角可以称为“电动机固有步距角”，它不一定是电动机实际工作时的实际步距角，实际步距角和驱动器有关。步距角满足：

$$\theta_s = 360° / ZKm$$

式中，Z 为转子齿数；m 为定子绕组相数；K 为通电系数，当前后通电相数一致时 K=1，否则 K=2，即 m 相 m 拍，K=1；m 相 2m 拍，K=2。

由此可见，步进电动机的转子齿数 Z 和定子相数（或运行拍数）越大，步距角越小，控制越精确。

2）相数。步进电动机的相数是指电动机内部的绕组组数，或者说产生不同对极 N、S 磁场的励磁绕组对数，常用 m 表示。目前常用的有二相、三相、四相、五相、六相、八相等步进电动机。电动机相数不同时，步距角也不同。一般二相电动机的步距角为 0.9°/1.8°，三相的为 0.75°/1.5°，五相的为 0.36°/0.72°。在没有细分驱动器时，主要靠选择不同相数的步进电动机来满足自己步距角的要求。如果使用细分驱动器，那么“相数”将变得没有意义，只需在驱动器上改变细分数，就可以改变步距角。

3）拍数。拍数是完成一个磁场周期性变化所需脉冲数，或导电状态，用 n 表示，或指电动机转过一个齿距角所需脉冲数。以四相电动机为例，有四相四拍运行方式，即 AB → BC → CD → DA → AB；四相八拍运行方式，即 A → AB → B → BC → C → CD → D → DA → A。步距角对应一个脉冲信号，电动机转子转过的角位移用 θ 表示。θ=360°（转子齿数 J 运行拍数）。以常规二、四相，转子齿为 50 齿电动机为例，四拍运行时步距角 θ=360°/（50 × 4）=1.8°（又称为整步），八拍运行时步距角 θ=360°/（50 × 8）=0.9°（又称为半步）。

2. 认识步进驱动器

（1）步进驱动器概念和结构　步进电动机不能直接接到工频交流或直流电源上，而必须使用专用的步进电动机驱动器。它由脉冲发生控制单元、功率驱动单元及保护单元等组成。驱动单元与步进电动机直接耦合，也可理解为步进电动机微机控制器的功率接口。驱动器和步进电动机是一个有机整体，步进电动机的运行性能是电动机及其驱动器二者配合所反映的综合效果。步进电动机控制系统如图 8-6 所示。控制器（常用 PLC）发出脉冲信号和方向信号，步进驱动器接收这些信号，先进行环形分配和细分，然后进行功率放大，变成安培级的脉冲信号发送到步进电动机，从而控制步进电动机的速度和位移。

认识步进驱动器

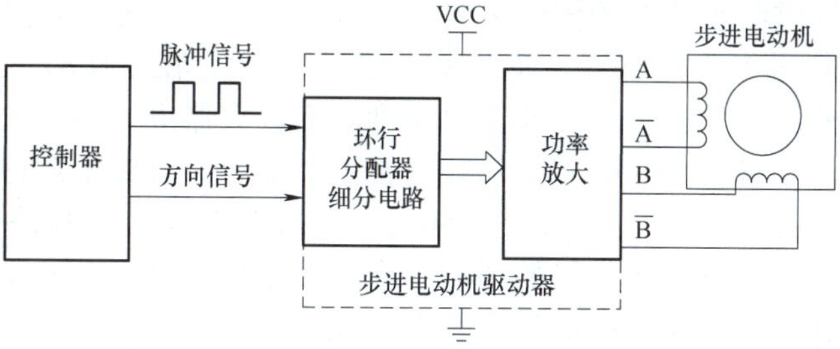

图 8-6　步进电动机控制系统

步进驱动器的品牌众多，如雷赛、步科，其外观如图 8-7 所示。

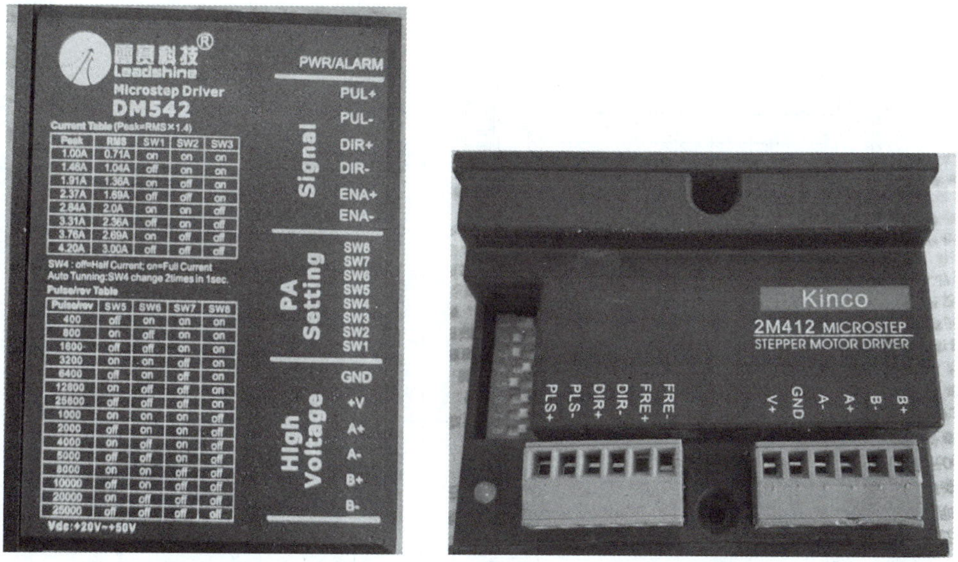

a) 雷赛步进驱动器

b) 步科步进驱动器

图 8-7　步进驱动器外观

（2）内部组成与原理　图 8-8 所示点画线框内部分为步进驱动器，其内部主要由环形分配器和功率放大器组成。

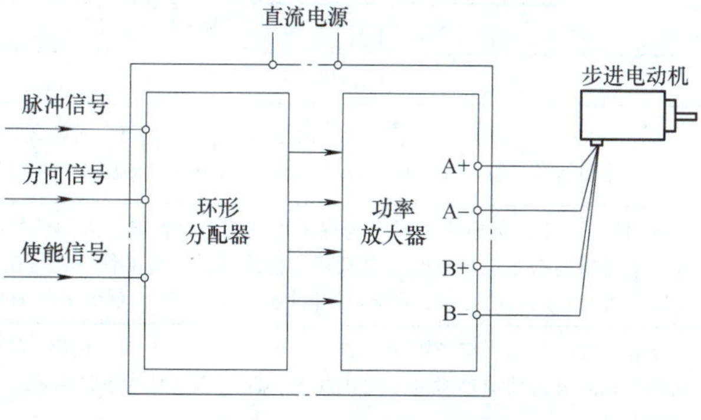

图 8-8　步进驱动器的组成框图

步进驱动器是把控制系统或控制器提供的弱电信号放大为步进电动机能够接受的强电流信号，控制系统提供给驱动器的信号主要有3种输入信号，分别是脉冲信号、方向信号和使能信号，这些信号来自控制器（如PLC、单片机等）。在工作时，步进驱动器的环形分配器将输入的脉冲信号分成多路脉冲，再送到功率放大器进行功率放大，然后输出大幅度脉冲去驱动步进电动机；方向信号的功能是控制环形分配器分配脉冲的顺序，如先送A相脉冲再送B相脉冲会使步进电动机逆时针旋转，那么先送B相脉冲再送A相脉冲则会使步进电动机顺时针旋转；使能信号的功能是允许或禁止步进驱动器工作，当使能信号为禁止时，即使输入脉冲信号和方向信号，步进驱动器也不会工作。

（3）步进驱动器的接线及说明　步进电动机控制属于“开环”控制的范围，使用在定位精度一般的场合，如机床的进刀、丝杠的定位等，这里简单介绍一下步进驱动器的使用方法。图8-9所示为步进电动机驱动器的接线示意，其含义见表8-1。

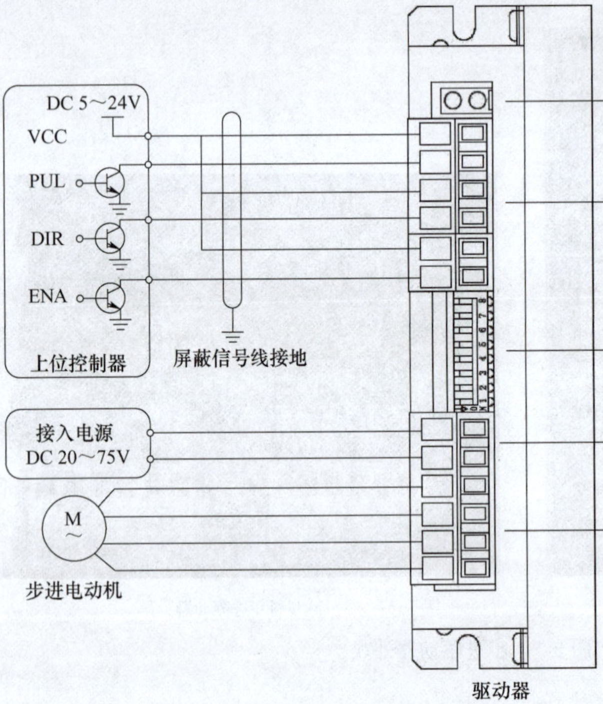

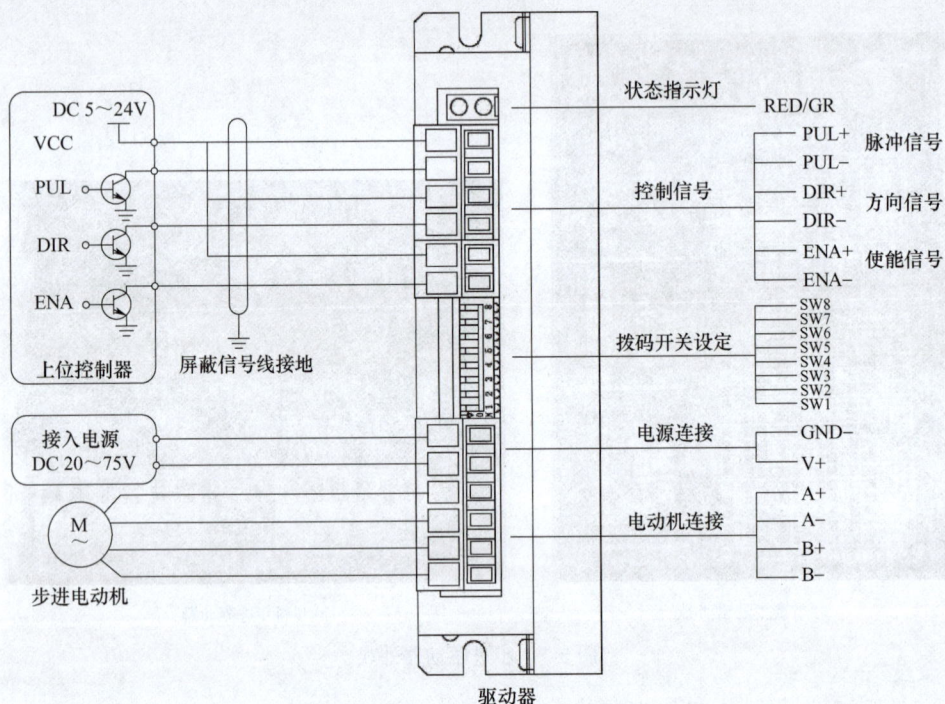

图8-9　步进电动机驱动器接线示意图

表8-1　步进电动机驱动器端子号及其含义

端子号	功能
控制信号接口	
PUL+	脉冲控制信号：脉冲上升沿有效，PUL−高电平时为4～5V，低电平时为0～0.5V。为了可靠响应脉冲信号，脉冲宽度应大于1.2μs。如采用12V或24V时需串电阻
PUL−	
DIR+	方向信号：高/低电平信号，为保证电动机可靠换向，方向信号应先于脉冲信号至少5μs建立。电动机的初始运行方向与电动机的接线有关，互换任一相绕组（如A+、A−交换）可以改变电动机初始运行的方向，DIR−高电平时为4～5V，低电平时为0～0.5V
DIR−	
ENA+	使能信号：此输入信号用于使能或禁止。ENA+接5V，ENA−接低电平时，驱动器将切断电动机各相的电流使电动机处于自由状态，此时步进脉冲不被响应。当需要此功能时，使能信号悬空即可
ENA−	

（续）

端子号	功能
强电接口	
GND	直流电源地
V+	直流电源正极，范围 20 ～ 50V，推荐值 DC 36V
A+、A−	电动机 A 相线圈
B+、B−	电动机 B 相线圈

步进电动机驱动器是把控制系统或控制器提供的弱电信号放大为步进电动机能够接受的强电流信号，控制系统提供给驱动器的信号主要有以下三路：

1）步进脉冲信号 CP：这是最重要的一路信号，因为步进电动机驱动器的原理就是要把控制系统发出的脉冲信号转化为步进电动机的角位移。驱动器每接收一个步进脉冲信号 CP，驱动步进电动机就旋转一步距角，CP 的频率和步进电动机的转速成正比，CP 的脉冲个数决定了步进电动机旋转的角度。这样，控制系统通过脉冲信号 CP 就可以达到电动机调速和定位的目的。

2）方向电平信号 DIR：此信号决定电动机的旋转方向。比如说，此信号为高电平时电动机为顺时针旋转，此信号为低电平时电动机则为反方向逆时针旋转。此种换向方式又称为单脉冲方式。

3）使能信号 EN：此信号在不连接时被认为有效状态，这时驱动器正常工作。当此信号回路导通时，此端为高电平或悬空不接时，此功能无效，电动机可正常运行，此功能若用户不采用，只需将此端悬空即可。

（4）细分设置　为了提高步进电动机的控制精度，现在的步进驱动器都具备了细分设置功能。所谓细分是指通过设置驱动器来减小步距角。例如若步进电动机的步距角为 1.8°，旋转一周需要 200 步，若将细分设为 10，则步距角被调整为 0.18°，旋转一周需要 2000 步。

在步进电动机步距角不能满足使用的条件下，可采用细分驱动器来驱动步进电动机，细分驱动器的原理是通过改变相邻（A、B）电流的大小，以改变合成磁场的夹角来控制步进电动机运转的。采用细分驱动技术可以大大提高步进电动机的步矩分辨率，减小转矩波动，避免低频共振及降低运行噪声。例如当步进电动机的步距角为 1.8°，那么当细分为 2 时，步进电动机收到一个脉冲，只转动 1.8/2=0.9°。

驱动器的侧面连接端子中间一般都有一个红色的 8 位 DIP 功能设定开关，可以用来设定驱动器的工作方式和工作参数，包括细分设置、静态电流设置和运行电流设置。图 8-10 是步科 3M458 驱动器 DIP 开关功能划分说明，表 8-2 和表 8-3 分别为细分设置表和输出电流设置表。

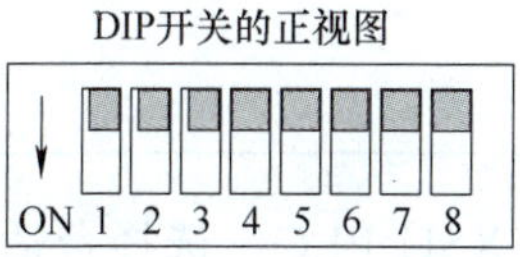

开关序号	ON功能	OFF功能
DIP1～DIP3	细分设置用	细分设置用
DIP4	静态电流全流	静态电流半流
DIP5～DIP8	电流设置用	电流设置用

图 8-10　步科 3M458 驱动器 DIP 开关功能划分说明

表 8-2　细分设置表

DIP1	DIP2	DIP3	细分
ON	ON	ON	400 步 / 转
ON	ON	OFF	500 步 / 转
ON	OFF	ON	600 步 / 转
ON	OFF	OFF	1000 步 / 转
OFF	ON	ON	2000 步 / 转
OFF	ON	OFF	4000 步 / 转
OFF	OFF	ON	5000 步 / 转
OFF	OFF	OFF	10000 步 / 转

表 8-3　输出电流设置表

DIP5	DIP6	DIP7	DIP8	输出电流
OFF	OFF	OFF	OFF	3.0A
OFF	OFF	OFF	ON	4.0A
OFF	OFF	ON	ON	4.6A
OFF	ON	ON	ON	5.2A
ON	ON	ON	ON	5.8A

在设置细分时要注意：

① 一般情况下，细分不能设置过大，因为在步进驱动器输入脉冲不变的情况下，细分设置越大，电动机转速越慢，而且电动机的输出力矩会变小。

② 步进电动机的驱动脉冲频率不能太高，否则电动机输出力矩会迅速减小，而细分设置过大会使步进驱动器输出的驱动脉冲频率过高。

任务实施

1）步进电动机为二相电动机 4 引线，控制器为 FX5U PLC，选择合适的步进驱动器，画出控制系统接线图。

2）步进电动机为二相电动机 6 引线，控制器为 FX5U PLC，选择合适的步进驱动器，画出控制系统接线图。

3）步进电动机为三相电动机，控制器为 FX5U PLC，选择合适的步进驱动器，画出控制系统接线图。

任务评价与反思

任务评价：

请结合自身对本次任务的掌握程度、课堂参与度等方面进行自我评价，小组组长根据组员的活动参与情况给出小组评价。

评价内容	评价指标		权重		等级				
					A	B	C	D	E
					1.0	0.8	0.6	0.2	0
学生学习表现	参与程度	1. 参与的深度	3	60					
		2. 参与的广度	3						
		3. 参与的时机与效率	4						
	科学知识	1. 基础知识落实	10						
		2. 多边的信息传递	5						
	科学探究	1. 和谐的人际关系	5						
		2. 提出问题、发表意见	5						
		3. 思维的求异性、独创性、批判性	5						
		4. 动手实践、自主探索、合作交流的能力	10						
	情感态度	1. 学习活动的兴趣与求知欲	3						
		2. 一定的自我调控能力	2						
		3. 体验成功，建立自信心	3						
		4. 良好的学习习惯	2						
自我评价结果									
小组评价结果									

任务反思：

在本次任务中，你掌握了步进电动机的接线原则了吗？会根据要求进行步进驱动器的细分设置吗？

____

____

____

____

职业素养与创新思维

阅读材料——经济型自动化机器人系统解决方案

直角坐标机器人是以直角坐标系统为基本数学模型，以步进电动机为驱动的单轴机械臂为基本工作单元，以滚珠丝杆、同步带、齿轮齿条为常用传动方式所架构起来的机器人系统，可以完成在三维坐标系中任意一点的到达和遵循可控的运动轨迹运行。作为一种成本低廉、系统结构简单的自动化机器人系统解决方案，直角坐标机器人可以被应用于点胶、滴塑、喷涂、码垛、分拣、包装、焊接、金属加工、搬运、上 / 下料、装配、印刷等常见的工业生产领域，在替代人工、提高生产效率、稳定产品质量等方面具备显著的应用价值。

步进电动机和伺服电动机的区别：

最大的区别是步进电动机是开环控制系统，没有反馈。伺服电动机是闭环控制，本身有反馈。闭环控制比开环控制精度高。

1）控制方式不同：步进电动机是通过控制脉冲的个数来控制转动角度的，一个脉冲对应一个步距角。而伺服电动机是通过控制脉冲时间的长短来控制转动角度。

2）工作流程不同：步进电动机工作一般需要两个脉冲：信号脉冲和方向脉冲。伺服电动机的工作流程则是通过电源连接开关，再连接伺服电动机。

3）低频特性不同：步进电动机低速时易出现低频振动现象，步进电动机容易堵转和丢步。而伺服电动机运转非常平稳，即使在低速时也不会出现振动现象。

4）矩频特性不同：步进电动机输出力矩随转速升高而下降，且在较高转速时会急剧下降，所以其最高工作转速一般为 300 ～ 600r/min。伺服电动机为恒力矩输出，即在其额定转速（一般为 2000r/min 或 3000r/min）以内，输出额定转矩，在额定转速以上为恒功率输出。

5）过载能力不同：步进电动机一般不具有过载能力，而伺服电动机具有较强的过载能力。

任务 8.2　PLC 控制步进电动机定位

在工业控制领域，PLC 和步进电动机的结合已经成为一种常见且高效的运动控制解决方案。通过 PLC 对步进电动机进行控制，可以实现精确的位置控制、速度控制以及运动轨迹规划。

任务要求

图 8-11 为电磁线圈绕线机的示意图，绕线机用于电磁线圈的生产，绕线主轴电动机用于驱动线圈骨架的旋转绕制，排线步进电动机用于电磁导线的导向，使电磁线线圈的绕制紧密平整。

设绕线主轴电动机的转速固定为 10r/s，电磁导线的直径为 1mm，与步进电动机同轴相连的滚珠丝杆螺距为 5mm。按下起动按钮，步进电动机驱动导向轮以 10mm/s 的速度向右运动，碰到右侧限位开关 SQ2 后，步进电动机反向驱动导向轮以 10mm/s 的速度向左运动，碰到左侧限位开关 SQ1 后，步进电动机又驱动导向轮向右运动，如此反复运行，直到按下停止按钮 SB2 后步进电动机停止运行。

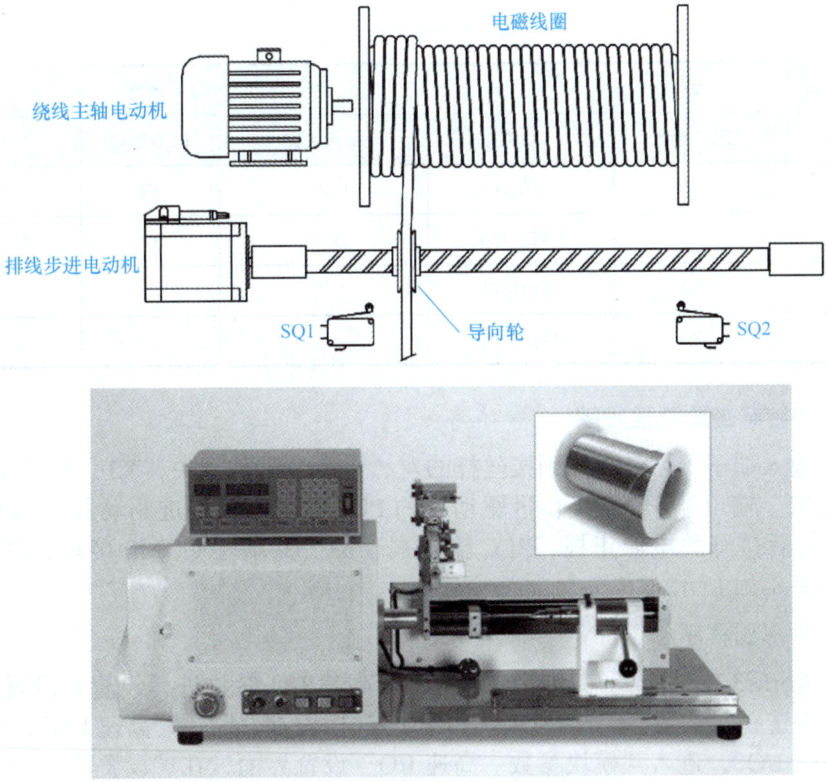

图 8-11　电磁线圈绕线机的示意图

任务实施

操作步骤：

PLC 控制步进电动机综合调速项目实施时，首先要对所需要的硬件进行配置，然后进行 I/O 分配、PLC 接线、伺服接线，再进行伺服参数设置、PLC 程序编制与下载，最后调试运行，调试无误后，形成文档资料。

1. 硬件配置（见表 8-4）

表 8-4　硬件配置

序号	软元件名称	产品名称	型号	数量
1	MELSEC iQ-FX5U	CPU 主机	FX5U-32MT/ES	1
2	Microstep Driver	步进驱动器	雷赛 DM542	1
3	按钮	按钮	自定	2
4	步进电动机	步进电动机	35 步进电动机（单相）	1
5	丝杆（带传感器）	丝杆	自定	1

2. 列出 I/O 分配表

根据任务要求分析知，需要 4 个输入，2 个输出，具体见表 8-5。

表 8-5　PLC I/O 分配

输入			输出		
器件名称	PLC 地址	功能	器件名称	PLC 地址	功能
SQ1	X0	左限位开关	PUL−	Y0	步进脉冲信号
SQ2	X2	右限位开关	DIR−	Y1	步进方向信号
SB1	X3	起动按钮			
SB2	X4	停止按钮			

3. 绘制控制系统硬件接线图

PLC 的输入端子 X0、X2 分别接丝杆的左、右两个限位开关，X3、X4 分别接起动按钮和停止按钮。输出端子 Y0 接步进驱动器的 PUL−，Y1 接步进驱动器的 DIR−，PUL+ 和 DIR+ 短接后接开关电源正极，PLC 输出端子的公共端子 COM0 接开关电源的负极。其他接线如图 8-12 所示。

4. PLC 梯形图程序

在 GX Works3 软件中编写程序前，先要对高速 I/O 参数进行设置，设置过程如下。在导航窗口中选择“参数”→“FX5U CPU”→“模块参数”→“高速 I/O”，双击导航窗口中的“高速 I/O”，进入“模块参数　高速 I/O”设置界面，在“设置项目一览”中选择“输出功能”，设置定位功能，如图 8-13 所示。

单击“定位”中的“详细设置”，修改“基本参数 1”，即“脉冲输出模式”选择“1：PULSE/SIGN”，“输出软元件（SIGN/CCW）”选择“Y1”，“单位设置”选择“1：机械系统（μm，cm/min）”，“每转的脉冲数”设置为“1000pulse”，“每转的移动量”设置为“5000μm”，其余默认，如图 8-14 所示。

修改“原点回归参数”，即“原点回归　启用 / 禁用”选择“1：启用”，“近点 DOG 信号　软元件号”选择“X1”，“零点信号　软元件号”选择“X1”，其余默认，如图 8-15 所示，“基本参数 2”和“详细设置参数”不进行修改。设置完成单击“确定”按钮。

参数设置完成后，就可以进行梯形图的编制了，梯形图如图 8-16 所示。

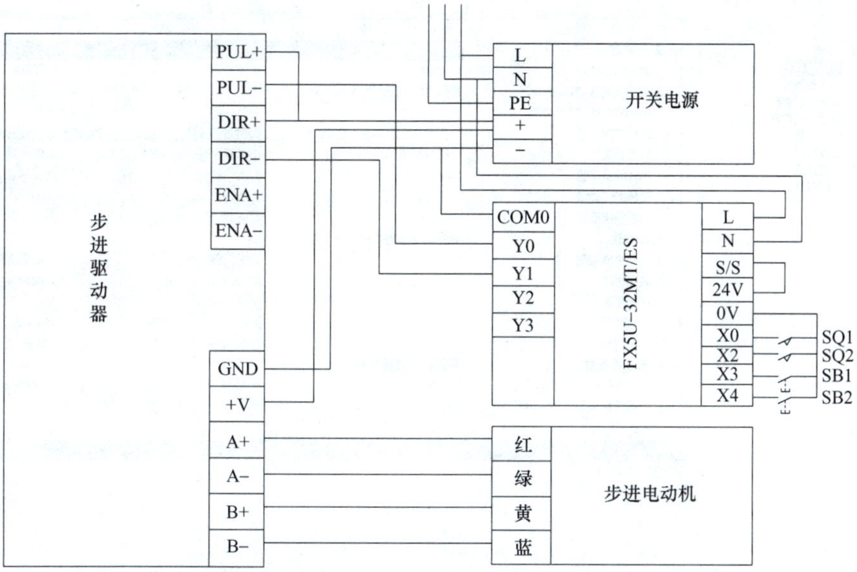

图 8-12　PLC 控制步进电动机接线图

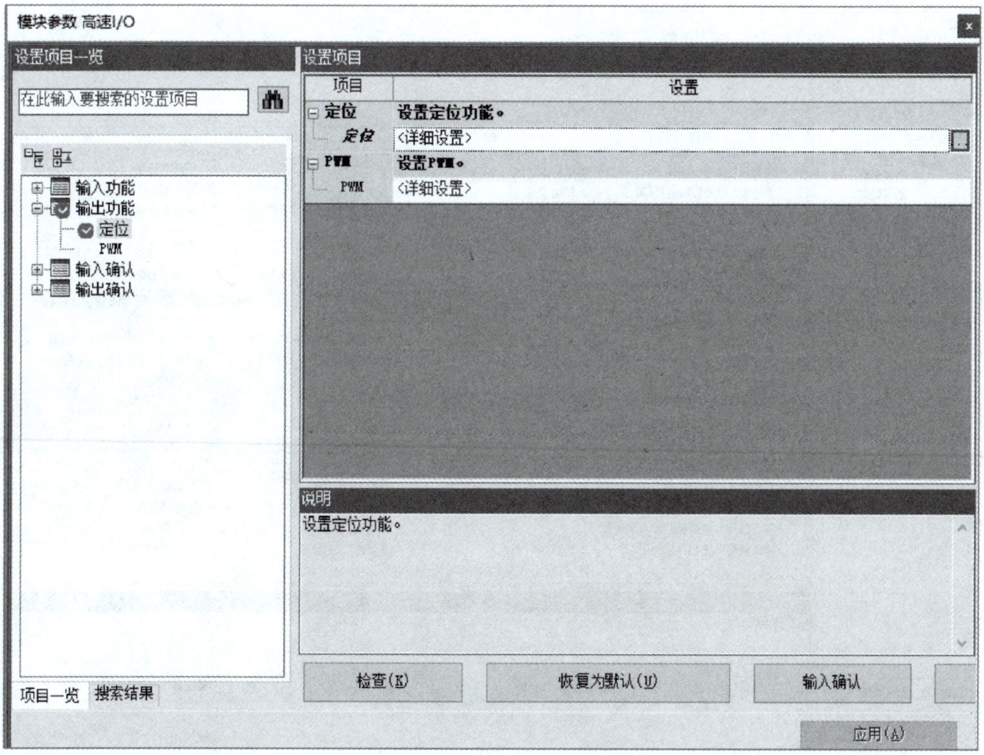

图 8-13　模块参数高速 I/O 设置界面

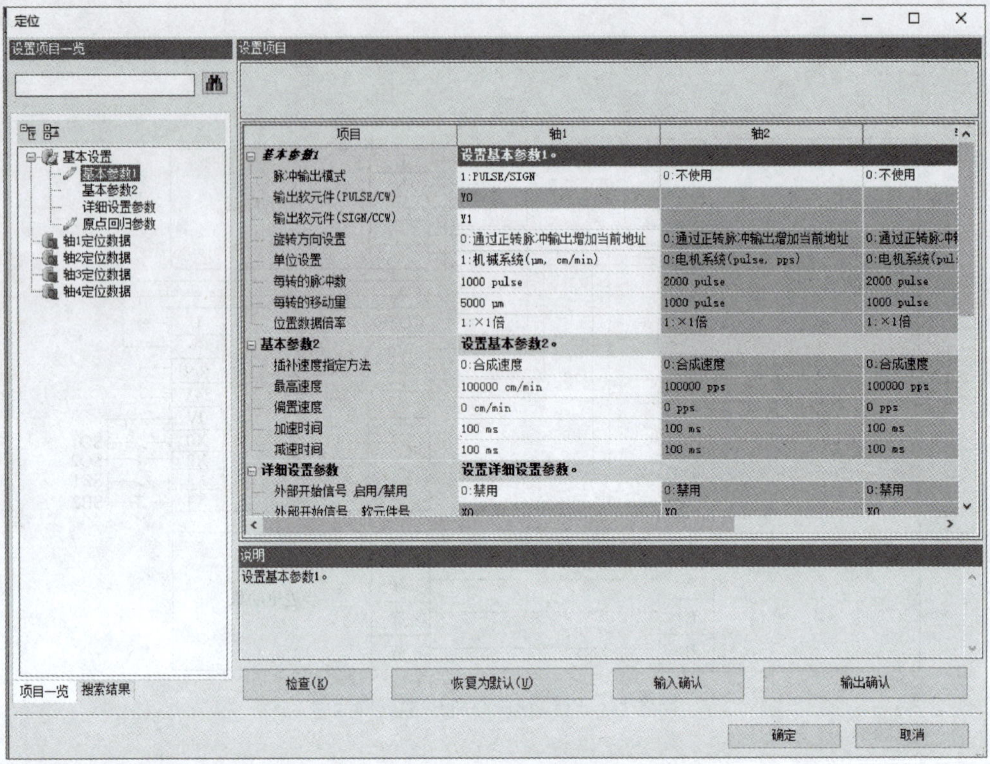
定位
设置项目一览
设置项目
基本设置
基本参数1
基本参数2
详细设置参数
原点回归参数
轴1定位数据
轴2定位数据
轴3定位数据
轴4定位数据
项目
轴1
轴2
基本参数1
设置基本参数1。
脉冲输出模式
1:PULSE/SIGN
0:不使用
0:不使用
输出软元件(PULSE/CW)
Y0
输出软元件(SIGN/CCW)
Y1
旋转方向设置
0:通过正转脉冲输出增加当前地址
单位设置
1:机械系统(μm, cm/min)
0:电机系统(pulse, pps)
每转的脉冲数
1000 pulse
2000 pulse
每转的移动量
5000 μm
1000 pulse
位置数据倍率
1:×1倍
基本参数2
设置基本参数2。
插补速度指定方法
0:合成速度
最高速度
100000 cm/min
100000 pps
偏置速度
0 cm/min
0 pps
加速时间
100 ms
减速时间
100 ms
详细设置参数
设置详细设置参数。
外部开始信号 启用/禁用
0:禁用
说明
设置基本参数1。
项目一览
搜索结果
检查(K)
恢复为默认(U)
输入确认
输出确认
确定
取消

图 8-14 基本参数 1

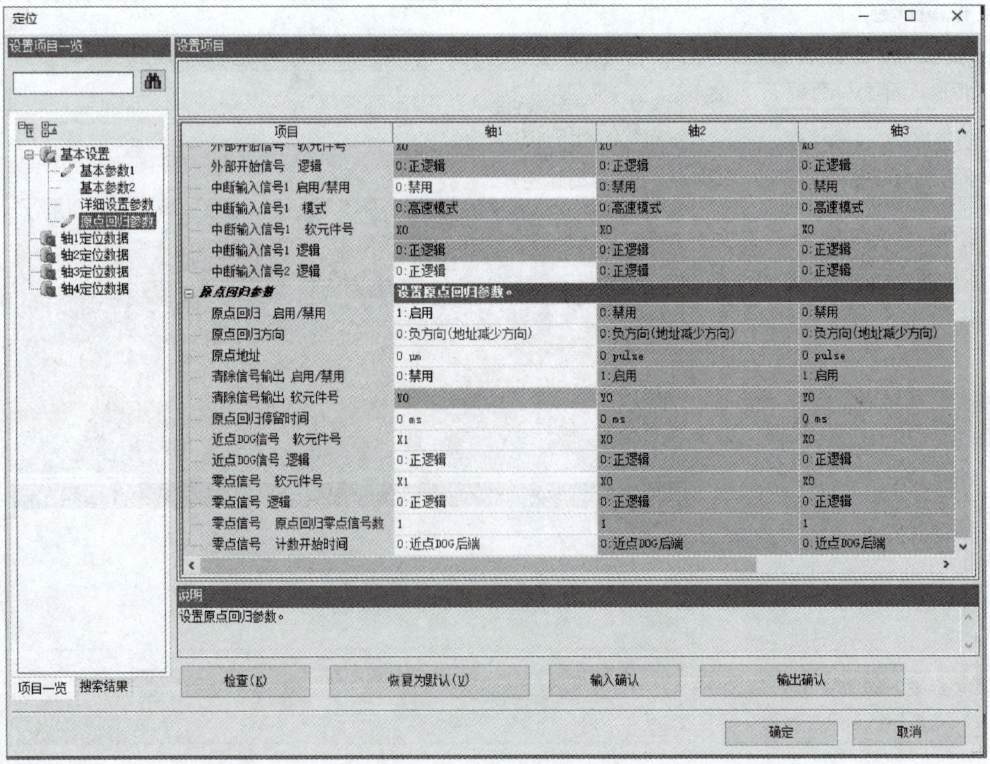
定位
设置项目一览
设置项目
基本设置
基本参数1
基本参数2
详细设置参数
原点回归参数
轴1定位数据
轴2定位数据
轴3定位数据
轴4定位数据
项目
轴1
轴2
轴3
外部开始信号 逻辑
0:正逻辑
中断输入信号1 启用/禁用
0:禁用
中断输入信号1 模式
0:高速模式
中断输入信号1 软元件号
X0
中断输入信号1 逻辑
0:正逻辑
中断输入信号2 逻辑
原点回归参数
设置原点回归参数。
原点回归 启用/禁用
1:启用
0:禁用
原点回归方向
0:负方向(地址减少方向)
原点地址
0 μm
0 pulse
清除信号输出 启用/禁用
0:禁用
1:启用
清除信号输出 软元件号
Y0
原点回归停留时间
0 ms
近点DOG信号 软元件号
X1
X0
近点DOG信号 逻辑
0:正逻辑
零点信号 软元件号
零点信号 逻辑
零点信号 原点回归零点信号数
1
零点信号 计数开始时间
0:近点DOG后端
说明
设置原点回归参数。
项目一览
搜索结果
检查(K)
恢复为默认(U)
输入确认
输出确认
确定
取消

图 8-15 原点回归参数

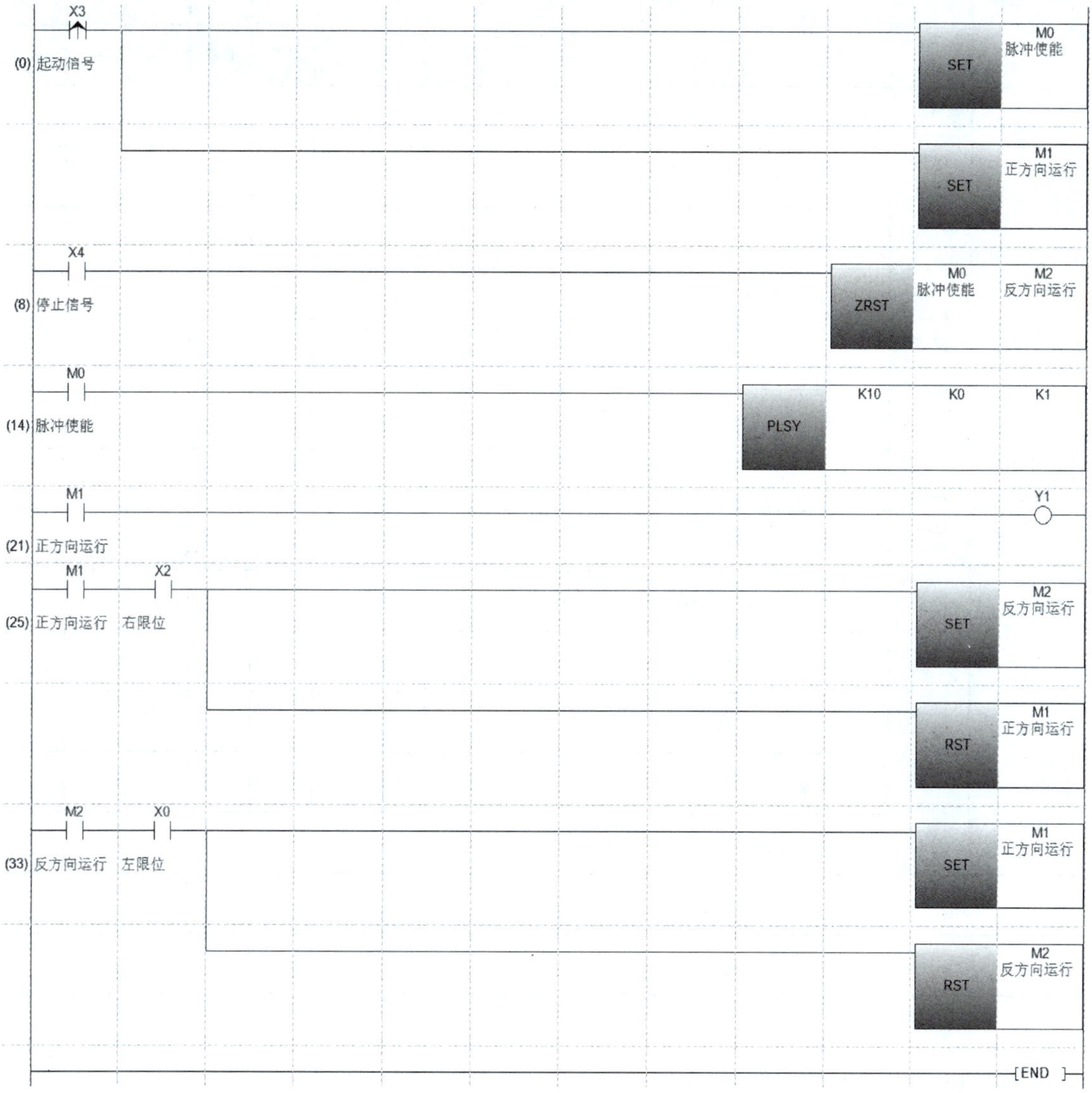

图 8-16　PLC 控制步进电动机正反转往复运行梯形图

任务评价与反思

任务评价：

请结合自身对本次任务的掌握程度、课堂参与度等方面进行自我评价，小组组长根据组员的活动参与情况给出小组评价。

评价内容	评价指标		权重		等级 A 1.0	B 0.8	C 0.6	D 0.2	E 0
学生学习表现	参与程度	1. 参与的深度	3	60					
		2. 参与的广度	3						
		3. 参与的时机与效率	4						
	科学知识	1. 基础知识落实	10						
		2. 多边的信息传递	5						
	科学探究	1. 和谐的人际关系	5						
		2. 提出问题、发表意见	5						
		3. 思维的求异性、独创性、批判性	5						
		4. 动手实践、自主探索、合作交流的能力	10						
	情感态度	1. 学习活动的兴趣与求知欲	3						
		2. 一定的自我调控能力	2						
		3. 体验成功，建立自信心	3						
		4. 良好的学习习惯	2						
自我评价结果									
小组评价结果									

任务反思：

本次任务中，步进电动机和步进驱动器的接线是否顺利？程序编写能否独立完成？调试过程出现了哪些问题？是怎么解决的？

职业素养与创新思维

图 8-17 为自动剥线机的示意图，使用剥线机可对电线进行定长裁剪及剥头。电线从左边穿入，由步进电动机同轴连接的送线轮进行送料，当长度达到预置值后切割刀向下运动，完成定长的切割动作。切割完成后，剥皮刀向下运动割断电线的绝缘层并保持，步进电动机反转完成电线绝缘层的剥离。设剥皮刀与切割刀的距离为 30mm，送线轮的周长为 150mm，剥皮刀与切割刀分别由气缸驱动。要求设计能一次连续完成 20 根电线定长裁剪的程序，电线总长度为 20mm，剥线长度为 12mm。

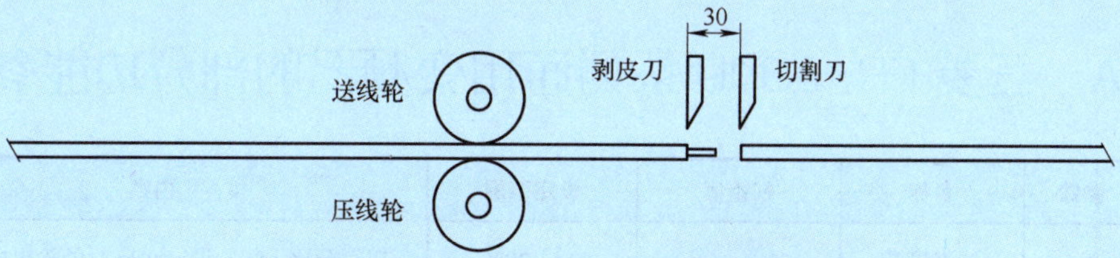

图 8-17　自动剥线机的示意图

附 录

附录 A 三菱 FR-E840 系列通用变频器的部分功能参数表

功能	参数	名称	初始值	设定范围	内容
基本功能	Pr.0	转矩提升	2% ～ 6%	0 ～ 30%	以百分比（%）设定 0Hz 时的输出电压
	Pr.1	上限频率	120Hz	0 ～ 120Hz	设定输出频率的上限
	Pr.2	下限频率	0Hz	0 ～ 120Hz	设定输出频率的下限
	Pr.3	基准频率	50Hz	0 ～ 590Hz	设定电动机的额定转矩时的频率
	Pr.4	3 速设定（高速）	50Hz	0 ～ 590Hz	设定 RH 端子为 ON 时的频率
	Pr.5	3 速设定（中速）	30Hz	0 ～ 590Hz	设定 RM 端子为 ON 时的频率
	Pr.6	3 速设定（低速）	10Hz	0 ～ 590Hz	设定 RL 端子为 ON 时的频率
	Pr.7	加速时间	5s/10s/15s	0 ～ 3600s	设定电动机加速时间（从停止到 Pr.20 的时间）
	Pr.8	减速时间	5s/10s/15s	0 ～ 3600s	设定电动机减速时间（从 Pr.20 到停止的时间）
	Pr.9	电子过热保护	变频器额定电流	0 ～ 500A	设定电动机额定电流
直流制动	Pr.10	直流制动动作频率	3Hz	0 ～ 120Hz	设定直流制动（零速控制、伺服锁定）的动作频率
	Pr.11	直流制动动作时间	0.5s	0.1 ～ 10s，8888	设定直流制动（零速控制、伺服锁定）的动作时间
	Pr.12	直流制动动作电压	6%/4%/2%/1%	0 ～ 30%	设定直流制动电压（转矩） 设定为“0”时，变为无直流制动
—	Pr.13	起动频率	0.5Hz	0 ～ 60Hz	设定起动信号为 ON 时的起动频率

（续）

功能	参数	名称	初始值	设定范围	内容
—	Pr.14	适用负载选择	0	0	恒转矩负载用
				1	降低转矩负载用
				2	恒转矩升降用（反转时提升 0%）
				3	恒转矩升降用（正转时提升 0%）
JOG 运行	Pr.15	点动频率	5Hz	0 ～ 590Hz	设定点动运行时的频率
	Pr.16	点动加 / 减速时间	0.5s	0 ～ 3600s	设定点动运行时的加减速时间。加 / 减速时间设定为频率达到 Pr.20 加 / 减速基准频率设定的频率所需的时间
—	Pr.17	MRS/X10 端子输入选择	0	0 ～ 5	常开输入（0、1）；常闭输入（2、3）；外部端子：常闭输入；通信：常开输入（4、5）
—	Pr.18	高速上限频率	120Hz	0 ～ 590Hz	在以 120Hz 以上的设定值运行时进行设定
—	Pr.19	标准频率电压	8888	0 ～ 1000V 8888、9999	表示基波频率时的输出电压的大小 8888：电源电压的 95%；9999：与电源电压相同
加减速时间	Pr.20	加 / 减速基准频率	50	0 ～ 590Hz	设定以加 / 减速时间为基准的频率。设定加 / 减速时间是指设定从停止到 Pr.20 间的频率变化时间
	Pr.21	加 / 减速时间单位	0	0，1	选择加 / 减速时间设定的单位 0：单位 0.1s；1：单位：0.01s
失速防止	Pr.22	失速防止动作水平（转矩限制水平）	150%	0 ～ 400%	将额定转矩作为 100%，以 “%” 设定转矩限制水平
	Pr.23	倍速时失速防止动作水平补偿系数	9999	0 ～ 200%、9999	0 ～ 200%：在额定频率以上的高速状态下运行时，可以减小失速动作等级 9999：倍速时失速防止动作无效
多段速设定	Pr.24	多段速设定（4 速）	9999	0 ～ 590Hz、9999	通过 RH、RM、RL 信号的逻辑组合，可以进行 4 ～ 7 速的频率设定
	Pr.25	多段速设定（5 速）			
	Pr.26	多段速设定（6 速）			
	Pr.27	多段速设定（7 速）			
—	Pr.29	加 / 减速曲线选择	0	0、1、2	决定加 / 减速时的频率编号曲线 0：直线加减速；1：S 字加减速 A；2：S 字加减速 B

（续）

功能	参数	名称	初始值	设定范围	内容
频率跳变	Pr.31	频率跳变 1A	9999	0 ~ 590Hz	为避免机械共振，当避开某一速度运行时，设定频率为 0 ~ 590Hz
	Pr.32	频率跳变 1B			
	Pr.33	频率跳变 2A			
	Pr.34	频率跳变 2B			
	Pr.35	频率跳变 3A			
	Pr.36	频率跳变 3B			
—	Pr.37	转速显示	1800	0.01 ~ 9998	设定 Pr.505 时的机械速度
—	Pr.40	RUN 键旋转方向选择	0	0，1	0：正转；1：反转
—	Pr.44	第 2 加 / 减速时间	5s/10s/15s	0 ~ 3600s	设定 RT 信号为 ON 时的加 / 减速时间
—	Pr.45	第 2 减速时间	9999	0 ~ 3600s	设定 RT 信号为 ON 时的减速时间
				9999	加速时间 = 减速时间
—	Pr.73	模拟量输入选择	1	0、1、10、11、6、16	可选择端子 2 的输入规格（0 ~ 5V、0 ~ 10V、0 ~ 20mA） 开关 2 处在 V 处（初始状态）可设为 0、1、10、11 开关 2 处在 I 处可设为 6、16
—	Pr.75	复位选择 /PU 脱离检测 /PU 停止选择	14	0 ~ 3、14 ~ 17	可选择操作面板 <STOP/RESET> 键的功能
—	Pr.77	参数写入选择	0	0	仅在停止时可进行写入
				1	无法写入参数
				2	在所有的运行模式下，无论何种运行状态都可进行参数写入
—	Pr.78	反转防止选择	0	0	正转和反转均可
				1	不可反转
				2	不可正转
—	Pr.79	运行模式选择	0	0	外部 /PU 切换模式
				1	PU 运行模式固定
				2	外部运行模式固定
				3	外部 /PU 组合运行模式 1
				4	外部 /PU 组合运行模式 2
				6	无损切换模式。可以在持续运行的状态下进行 PU 运行、外部运行和 NET 运行的切换
				7	外部运行模式（PU 运行互锁）

（续）

功能	参数	名称	初始值	设定范围	内容	
PU 接口通信	Pr.117	PU 通信站号	0	0 ～ 31	为变频器的站号指定 一台计算机连接多台变频器时，设定变频器的站号	
	Pr.118	PU 通信速度	192	48、96、192、384、576、768、1152	设定通信速度。通信速度为设定值 ×100 例如，如果设定值是 192，则通信速度为 19200bit/s	
	Pr.119	PU 通信停止位长 / 数据长	1	0	停止位长度 1bit	数据长度 8bit
				1	停止位长度 2bit	
				10	停止位长度 1bit	数据长度 7bit
				11	停止位长度 2bit	
	Pr.120	PU 通信奇偶校验	2	0	无奇偶校验	
				1	有奇校验	
				2	有偶校验	
	Pr.121	PU 通信再试次数	1	0 ～ 10	设定发生数据接收错误时的再试次数允许值。如果连续发生错误的次数超过了允许值，则变频器将停止运行	
				9999	即使发生通信错误，变频器也不停止运行	
	Pr.122	PU 通信校检时间间隔	0	0	无法进行 PU 接口通信	
				0.1 ～ 999.8s	设定通信校验（断线检测）时间间隔 无通信状态的持续时间如果超过允许时间，则变频器将停止运行	
				9999	不进行通信校验（断线检测）	
	Pr.123	PU 通信等待时间设定	9999	0 ～ 150ms	设定向变频器发送后直到回复的等待时间	
				9999	通过通信数据进行设定。等待时间：设定数据 ×10ms	
	Pr.124	PU 通信 CR/LF 选择	1	0	无 CR、LF	
				1	有 CR	
				2	有 CR、LF	
—	Pr.125	端子 2 频率设定增益频率	50Hz	0 ～ 590Hz	设定端子 2 输入增益（最大）的频率	
—	Pr.126	端子 4 频率设定增益频率	50Hz	0 ～ 590Hz	设定端子 4 输入增益（最大）的频率	

（续）

功能	参数	名称	初始值	设定范围	内容
PID运行	Pr.127	PID 控制自动切换频率	9999	0～590Hz、9999	0～590Hz：设定自动切换为 PID 控制的频率 9999：无 PID 控制自动切换功能
	Pr.128	PID 动作选择	0	0、20、21、40～43、50、51、60、61、1000、1001、1010、1011、2000、2001、2010、2011	进行偏差值、测量值、目标值的输入方法和正作用、负作用的选择
	Pr.129	PID 比例范围	100%	0.1%～1000%、9999	若比例带较窄（参数设定值较小），则测量值的微小变化将会导致执行量的很大变化。因此，随着比例带变窄，响应的灵敏性（增益）将得到改善，但会发生振荡等导致稳定性变差。增益 K_p=1/ 比例带
	Pr.130	PID 积分时间	1s	0.1～3600s、9999	在偏差步进输入时，仅通过积分（I）动作得到与比例（P）动作相同的执行量所需要的时间（Ti）。积分时间变短时，到达设定值将变快，但也更容易发生振荡
	Pr.131	PID 上限	9999	0～100%、9999	设定上限值。如果反馈量超过设定，则输出 FUP 信号。测量值的最大输入（20mA/5V/10V）相当于 100%
	Pr.132	PID 下限	9999	0～100%、9999	设定下限值。如果测量值超出设定范围，则输出 FDN 信号。测量值的最大输入（20mA/5V/10V）相当于 100%
	Pr.133	PID 动作目标值	9999	0～100%、9999	设定 PID 控制时的目标值
	Pr.134	PID 微分时间	9999	0.01～10s、9999	在偏差指示灯输入时，仅得到比例动作（P）的执行量所需要的时间（Td）。随着微分时间的增大，对偏差的变化的响应也越快
—	Pr.160	用户参数组读取选择	0	0、1、9999	0：可以显示简单模式参数 + 扩展参数 1：仅可以显示注册至用户组的参数 9999：仅可以显示简单模式参数
—	Pr.161	频率设定 / 键锁定操作选择	0	0、1、10、11	0、10：无频率自动设定；1、11：有频率自动设定 0、1：按键锁定模式无效：10、11：按键锁定模式有效

（续）

功能	参数	名称	初始值	设定范围	内容
输入端子功能分配	Pr.178	STF 端子功能选择	60	0～5、7、8、10、12～16、18、22～27、30、37、42、43、46、47、50～52、60（仅 STF）、61（仅 STR）、62、65～67、72、74、76、84、87～89、92	正转指令
	Pr.179	STR 端子功能选择	61		反转指令
	Pr.180	RL 端子功能选择	0		低速运行指令
	Pr.181	RM 端子功能选择	1		中速运行指令
	Pr.182	RH 端子功能选择	2		高速运行指令
	Pr.183	MRS 端子功能选择	24		输出停止
	Pr.184	RES 端子功能选择	62		变频器复位
输出端子功能分配	Pr.190	RUN 端子功能选择	0	01、3、4、7、8、11～16、18～20、24～28、30～36、38～41、44～48 等	集电极开路输出端子，RUN（变频器运行中）
	Pr.191	FU 端子功能选择	4		集电极开路输出端子，FU（输出频率检测）
	Pr.192	ABC 端子功能选择	99		继电器输出端子，ALM（异常）
多段速设定	Pr.232	多段速设定（8 速）	9999	0～590Hz、9999	通过 RH、RM、RL、REX 信号的搭配，可以进行 8～15 速的频率设定
	Pr.233	多段速设定（9 速）			
	Pr.234	多段速设定（10 速）			
	Pr.235	多段速设定（11 速）			
	Pr.236	多段速设定（12 速）			
	Pr.237	多段速设定（13 速）			
	Pr.238	多段速设定（14 速）			
	Pr.239	多段速设定（15 速）			

（续）

功能	参数	名称	初始值	设定范围	内容
RS485通信	Pr.338	通信运行指令权	0	0、1	0：起动指令权通信；1：起动指令权外部
	Pr.339	通信速度指令权	0	0～2	0：频率指令权通信；1：频率指令权外部；2：频率指令权外部（没有外部输入时，来自通信的频率设定有效，频率指令端子2无效）
	Pr.340	通信起动模式选择	0	0、1、10	0：依据Pr.79的设定。1：在网络运行模式下起动 10：在网络运行模式下起动，可通过操作面板变更PU运行模式与网络运行模式
	Pr.342	通信EEPROM写入选择	0	0、1	0：通过通信写入参数时，写入到EEPROM和RAM 1：通过通信写入参数时，写入到RAM
	Pr.343	通信错误计数	0	—	显示MODBUS_RTU通信时的通信错误的次数。仅读取
—	Pr.549	协议选择	0	0	三菱变频器（计算机链接）协议
				1	MODBUS_RTU协议
参数清除	Pr.CL	参数清除	0	0、1	将校正参数、端子功能选择参数等之外的参数恢复至初始值
	ALLC	参数全部清除	0	0、1	将包含校正参数、端子功能选择参数在内的所有可以清除的参数均恢复至初始值
	Er.CL	清除报警记录	0	0、1	清除报警记录的内容
	Pr.CH	初始值变更一览表			查询从初始值变更后的参数
	PM	PM初始设定	0		将PM电动机驱动用参数的设定值批量变更为V/F控制的设定值
	AUTO	参数自动设定			可批量变更与三菱电动机人机界面（GOT）连接用的通信参数设定及额定频率（50Hz/60Hz）的参数设定值
	Pr.Md	不同功能的参数设定模式	0	0、1、2	切换为按各功能分组的参数编号显示

附录 B 三菱 FR-E840 变频器常见故障原因及对策表

◆ 错误信息

以信息的形式显示操作上的故障。不切断输出

■ 操作面板锁定

操作面板显示	HOLD	HoLd
内容	已设定为操作锁定模式，除了 <STOP/RESET> 键以外的操作无效	
措施	长按 <MODE> 键 2s 可解除操作锁定	

■ 密码设定中

操作面板显示	LOCD	LoCd
内容	设定有密码功能，处于无法显示、设定参数的状态	
措施	应在 Pr.297 密码注册 / 解除中输入密码，解除密码功能后再进行操作	

■ 禁止写入错误

操作面板显示	Er1	Er 1
内容	• 通过 Pr.77 参数写入选择设定了禁止写入参数的状态下，试图设定参数 • 频率跳变的设定范围重复 • PU 与变频器无法正常通信	
检查要点	• 应确认 Pr.77 的设定值 • 应确认 Pr.31 ～ Pr.36（频率跳变）的设定值 • 应确认 PU 与变频器的连接	

■ 运行中写入错误

操作面板显示	Er2	Er2
内容	Pr.77 参数写入选择 = “0”时，在运行中进行了参数写入	
检查要点	• 是否在运行中	
措施	• 应在停止运行后再进行参数的写入 • 设定 Pr.77= “2”后，在运行中也可以写入参数	

■ 校正错误

操作面板显示	Er3	Er3
内容	模拟输入的偏置、增益的校正值过于接近	
检查要点	应确认校正参数 C3、C4、C6、C7（校正功能）的设定值	

■ 模式指定错误

操作面板显示	Er4	Er4
内容	• Pr.77 参数写入选择 = “1”时，试图在外部、网络运行模式下进行参数设定 • 在操作面板无指令权的状态下写入参数	

（续）

◆ 错误信息

以信息的形式显示操作上的故障。不切断输出

检查要点	● 运行模式是否为“PU 运行模式” ● Pr.551 PU 模式操作权选择的设定值是否正确
措施	● 应将运行模式切换为“PU 运行模式”后，再进行参数的设定 ● 设定 Pr.77=“2”后，与运行模式无关，都将可以进行参数写入 ● 应设定 Pr.551=“4”

■ 错误

操作面板显示	Err.	Err.
内容	● RES 信号已设为 ON ● 变频器输入侧的电压下降时，可能会出现该显示	
措施	● 应将 RES 信号设为 OFF	

◆ 警报

保护功能起动时也不切断输出

■ 失速防止（过电流）

操作面板显示	OLC	oLC
内容	● 变频器输出电流变大，失速防止（过电流）功能已起动	
检查要点	● Pr.0 转矩提升的设定值是否过大 ● Pr.7 加速时间、Pr.8 减速时间可能过短 ● 可能是负载过大 ● 外围设备是否有故障 ● Pr.13 起动频率是否过大 ● Pr.22 失速防止动作等级的设定值是否恰当	
措施	● 应使 Pr.0 的设定按约 1% 逐次增减，并确认电动机的状态 ● 应延长 Pr.7、Pr.8 ● 减轻负载 ● 尝试进行先进磁通矢量控制、实时无传感器矢量控制 ● 尝试变更 Pr.14 适用负载选择的设定 ● 可以通过 Pr.22 失速防止动作等级设定失速防止动作电流。（ND 额定时初始值为 150%）加减速时间有可能变化。应通过 Pr.22 失速防止动作等级提高失速防止动作等级，或者通过 Pr.156 失速防止动作选择使失速防止不起动。此外，也可以通过 Pr.156 设定 OLC 动作时的继续运行	

■ 失速防止（过电压）

操作面板显示	OLV	oLu
内容	● 变频器输出电压变大，失速防止（过电流）功能已起动 ● 电动机的再生能量过大，再生回避功能已起动	
检查要点	● 是否减速运行过急 ● 是否使用了再生回避功能（Pr.882、Pr.883、Pr.885、Pr.886）	
措施	● 减速时间有可能变化。应通过 Pr.8 减速时间延长减速时间	

■ 电子过热保护预报警

操作面板显示	TH	rH
内容	● 在电子过热的累计值达到 Pr.9 电子过热保护的设定值的 85% 以上时显示。达到规定值时，保护电路将起动并停止变频器输出	

（续）

◆ 警报 保护功能起动时也不切断输出	
检查要点	● 是否负载过大，是否加速运行过急 ● Pr.9 的设定值是否恰当
措施	● 减小负载、运行频度 ● 正确设定 Pr.9 的设定值

■ PU 停止

操作面板显示	PS	PS
内容	● 在非 PU 运行模式下通过 <STOP/RESET> 使其停止。（要在非 PU 运行模式模式下使 <STOP/RESET> 生效，需要 Pr.75 复位选择 /PU 脱离检测 /PU 停止选择的设定） ● 通过紧急停止功能使其停止	
检查要点	● 是否按下操作面板的 <STOP/RESET> 键使其停止 ● X92 信号是否为 OFF	
措施	● 可以将起动信号设为 OFF，通过 <PU/EXT> 来解除 ● 可以将 X92 信号设为 ON，通过起动信号 OFF 来解除	

■ 通信异常发生时运行继续中

操作面板显示	CF	CF
内容	在通信线路或通信选件发生了异常的状态下继续运行时显示 （设定 Pr.502=“6”时）	
检查要点	● 通信电缆是否断线 ● 通信选件有无异常	
措施	● 确认通信电缆的连接 ● 更换通信选件	

■ 欠电压

操作面板显示	UV	Uu
内容	若变频器的电源电压下降，则控制电路可能无法发挥正常功能。此外，还会导致电动机的转矩不足、发热的增加。因此，当电源电压下降到约 AC 115V（400V 等级时约为 AC 230V、575V 等级时约为 AC 330V）以下时，将停止变频器的输出并显示“UV”，电压恢复正常后解除警报	
检查要点	电源电压是否正常	
措施	检查电源等电源系统设备	

参考文献

[1] 陈晓军 . 伺服与变频应用技术项目化教程 [M]. 北京：机械工业出版社，2021.

[2] 王廷才 . 变频器原理及应用 [M]. 3 版 . 北京：机械工业出版社，2021.

[3] 徐海，施利春 . 变频器原理及应用 [M]. 2 版 . 北京：清华大学出版社，2017.

[4] 周振超，孙振龙，郭海丰，等 . 变频器原理及应用 [M]. 北京：清华大学出版社，2023.

[5] 谭亚红 . 变频与伺服控制技术 [M]. 北京：北京理工大学出版社，2023.

[6] 刘彤，刘红兵 . 变频与伺服控制技术 [M]. 上海：上海交通大学出版社，2024.

[7] 刘元永，赵云伟 . 变频、伺服、步进应用实践教程 [M]. 北京：电子工业出版社，2019.

[8] 唐修波 . 变频技术及应用 [M]. 北京：中国劳动社会保障出版社，2006.

[9] 李冬冬，许连阁，马宏骞 . 变频器应用与实训教、学、做一体化教程 [M]. 2 版 . 北京：电子工业出版社，2021.

[10] 李方园，黄培 . 变频器控制技术 [M]. 2 版 . 北京：电子工业出版社，2015.

[11] 向晓汉，钱晓忠 . 变频器与伺服驱动技术应用 [M]. 北京：高等教育出版社，2017.

[12] 李方园 . 变频器与伺服应用 [M]. 北京：机械工业出版社，2020.

[13] 向晓汉，宋昕 . 变频器与步进 / 伺服驱动技术完全精通教程 [M]. 北京：化学工业出版社，2017.

[14] 姚晓宁 . 三菱 FX5U PLC 编程及应用 [M]. 北京：机械工业出版社，2021.

[15] 向晓汉 . 三菱 FX5U PLC 编程从入门到精通 [M]. 北京：化学工业出版社，2021.